离心泵应用技术

吴德明　主　编
蔡振东　副主编

中国石化出版社

内 容 提 要

本书详细介绍了泵和水力学的基本知识，泵的汽蚀与防止，泵的运行与调节，泵和原动机的选型，泵的安装、使用及维修，泵的相关试验等内容。

本书可供离心泵使用、维护及设计人员使用，也可供大专院校相关专业师生参考。

图书在版编目（CIP）数据

离心泵应用技术/吴德明主编．—北京：中国石化出版社，2013.3（2024.7 重印）
ISBN 978-7-5114-1847-0

Ⅰ.①离… Ⅱ.①吴… Ⅲ.①离心泵 Ⅳ.①TH311

中国版本图书馆 CIP 数据核字（2013）第 036961 号

中国石化出版社出版发行
地址：北京市东城区安定门外大街 58 号
邮编：100011　电话：(010)57512500
发行部电话：(010)57512575
http://www.sinopec-press.com
E-mail：press@sinopec.com
北京艾普海德印刷有限公司印刷
全国各地新华书店经销

*

787×1092 毫米 16 开本 13.5 印张 334 千字
2013 年 5 月第 1 版　2024 年 7 月第 2 次印刷
定价：40.00 元

前　言

泵作为通用机械产品，广泛地应用在各行各业，如动力发电、石油化工、冶金、采矿、城市给排水、农业排灌等。上至航空航天，下到日常生活，处处都离不开泵。泵的研发和生产也发展迅速，据不完全统计，目前全国有大小泵厂数千家之多。在使用中，泵消耗着大量的动力和电力资源。为普及泵的基本知识，尤其是泵的实际应用技术，力求实际应用中，正确选型，合理安装使用，及时维护检修，使泵在规定范围内运转，节约能源，延长泵的使用寿命，避免安全事故，编者结合数十年“泵”教学与研究及使用工作经验，编写了《离心泵应用技术》一书，以飨读者。

本书侧重于泵实际使用中的问题，根据作者的研究及使用实际经验给予系统全面的说明。前四章阐述了关于泵和水力学的基本知识；后四章全面系统地介绍了从泵选型到安装、使用、故障排除、维修测试等使用者必须具备的实用知识，并且结合实际案例给予说明。叙述中力求深入浅出，文字通俗易懂。

本书适用范围广，泵使用单位的管理人员、采购人员、操作维修人员；泵生产单位的销售人员、售后服务人员；设计院泵的设计人员(如给排水等)及大专院校相关专业师生均可从中受益。

本书由吴德明主编并统稿，参加编写的有吴德明(第一、二、五、七章)，蔡振东(第三、四、八章)，史仲光(第六章)，张孝风参加了部分章节的编写，浙江工业大学牟介刚教授对全书进行了审读。

在编写过程中，张洪波、陈玉珍、陈荣彬帮助打印整理书稿等，做了大量工作，在此表示感谢。

本书在成稿过程中，吸收、引用了大量文献资料，其出处未能一一列出，在此对著作人表示衷心的感谢。

由于编者水平有限，实践经验尚需不断积累，搜索资料的深度和广度仍需完善，书中存在的缺点和可争论之处，敬请广大读者批评指正。

目　录

第一章 水力学与流体力学基础知识

第一节 流体的主要力学性质

一、密度ρ

单位体积流体所具有的质量称为流体的密度，以ρ表示。水的密度见表1-1及表1-2。

对均质流体：

$$\rho = \frac{M}{V} \tag{1-1}$$

式中 ρ——流体的密度，kg/m^3；

M——流体的质量，kg；

V——流体的体积，m^3。

二、重度γ

单位体积流体所具有的重量称为流体的重度，以γ表示。

对均质流体：

$$\gamma = \frac{G}{V} \tag{1-2}$$

式中 γ——流体的重度，N/m^3（工程制 kgf/m^3）；

G——流体的重量，N（工程制 kgf）；

V——流体的体积，m^3。

密度和重度的关系：因为重量是质量和重力加速度的乘积，即：

$$G = Mg$$

代入式（1-2）：

$$\gamma = \frac{Mg}{V} = \rho g \tag{1-3}$$

式中 g——重力加速度，m/s^2，$g = 9.807m/s^2$。

对于4℃左右的水，它的密度$\rho = 1000kg/m^3$，它的重度$\gamma = 9807N/m^3$（工程制：1000 kgf/m^3）。

三、流体的压缩性和热胀性

1. 流体的压缩性

流体受压，体积缩小，密度增大的性质，称为流体的压缩性。流体随压力的增减变化很小，可视为不变，称为不可压缩流体，如液体为不可压缩流体。而气体的体积、密度随压力增减有显著的变化，称可压缩流体。

2. 流体的热胀性

流体受热后，体积膨胀，密度减小的性质，称为流体的热胀性。

表 1-1　一个标准气压下 1~99℃水的性质

温　度/℃	密度 ρ/(kg/m^3)	饱和蒸气压/(kgf/cm^2)	运动黏度 ν/[10^{-7}(m^2/s)]	温　度/℃	密度 ρ/(kg/m^3)	饱和蒸气压/(kgf/cm^2)	运动黏度 ν/[10^{-7}(m^2/s)]
1	999.9	0.0067	17.32	37	993.3	0.0639	6.97
2	999.9	0.0072	16.74	38	993.0	0.0675	6.83
3	1000.0	0.0077	16.19	39	992.6	0.0712	6.71
4	1000.0	0.0083	15.68	40	992.2	0.0752	6.59
5	1000.0	0.0089	15.20	41	991.8	0.0793	6.46
6	999.9	0.0095	14.74	42	991.4	0.0836	6.35
7	999.9	0.0102	14.30	43	991.0	0.0880	6.24
8	999.8	0.0109	13.88	44	990.6	0.0928	6.13
9	999.8	0.0117	13.48	45	990.2	0.0977	6.02
10	999.7	0.0125	13.10	46	989.8	0.1023	5.92
11	999.6	0.0134	12.74	47	989.4	0.1082	5.83
12	999.5	0.0143	12.40	48	988.9	0.1138	5.73
13	999.4	0.0152	12.07	49	988.5	0.1196	5.64
14	999.3	0.0163	11.76	50	988.0	0.1257	5.56
15	999.1	0.0174	11.46	51	987.6	0.1321	5.47
16	998.9	0.0185	11.17	52	987.1	0.1388	5.39
17	998.8	0.0197	10.89	53	986.7	0.1457	5.31
18	998.6	0.0210	10.62	54	986.2	0.1529	5.23
19	998.4	0.0224	10.36	55	985.7	0.1605	5.15
20	998.2	0.0238	10.11	56	985.2	0.1683	5.07
21	998.0	0.0253	9.87	57	984.7	0.1765	4.99
22	997.8	0.0269	9.63	58	984.2	0.1850	4.92
23	997.6	0.0286	9.40	59	983.7	0.1939	4.85
24	997.3	0.0304	9.18	60	983.2	0.2031	4.78
25	997.0	0.0323	8.97	61	982.7	0.2127	4.71
26	996.8	0.0342	8.77	62	982.2	0.2227	4.64
27	996.5	0.0363	8.58	63	981.6	0.2330	4.58
28	996.2	0.0385	8.39	64	981.1	0.2488	4.52
29	995.9	0.0408	8.21	65	980.6	0.2550	4.46
30	995.6	0.0432	8.04	66	980.0	0.2666	4.40
31	995.3	0.0458	7.87	67	979.5	0.2787	4.34
32	995.0	0.0484	7.70	68	978.9	0.2912	4.28
33	994.7	0.0512	7.55	69	978.4	0.3042	4.22
34	994.4	0.0542	7.39	70	977.8	0.3177	4.16
35	994.0	0.0573	7.25	71	977.2	0.3317	4.11
36	993.7	0.0605	7.10	72	976.6	0.3463	4.06

续表

温　度/℃	密度ρ/(kg/m³)	饱和蒸气压/(kgf/cm²)	运动黏度ν/[10^{-7}(m²/s)]	温　度/℃	密度ρ/(kg/m³)	饱和蒸气压/(kgf/cm²)	运动黏度ν/[10^{-7}(m²/s)]
73	976.0	0.3613	4.01	87	967.3	0.6372	3.39
74	975.5	0.3769	3.96	88	966.7	0.6623	3.35
75	974.9	0.3931	3.91	89	966.0	0.6882	3.31
76	974.3	0.4098	3.86	90	965.3	0.7149	3.27
77	973.7	0.4272	3.81	91	964.6	0.7425	3.23
78	973.0	0.4451	3.76	92	964.0	0.7710	3.20
79	972.4	0.4637	3.71	93	963.3	0.8004	3.17
80	971.8	0.4829	3.67	94	926.6	0.8307	3.14
81	971.2	0.5028	3.63	95	961.9	0.8619	3.11
82	970.5	0.5234	3.59	96	961.2	0.8942	3.08
83	969.9	0.5447	3.55	97	960.5	0.9274	3.05
84	969.3	0.5667	3.51	98	959.8	0.9616	3.02
85	968.6	0.5894	3.47	99	959.1	0.9969	2.99
86	968.0	0.6129	3.43				

表1-2　饱和状态下100~374.15℃水的性质

温　度/℃	密度ρ/(kg/m³)	饱和蒸气压/(kgf/cm²)	运动黏度ν/[10^{-7}(m²/s)]	温　度/℃	密度ρ/(kg/m³)	饱和蒸气压/(kgf/cm²)	运动黏度ν/[10^{-7}(m²/s)]
100	958.1	1.0332	2.9116	120	942.9	2.0246	2.4386
101	957.4	1.0707		121	942.1	2.0896	
102	956.7	1.1092		122	941.2	2.1562	
103	955.9	1.1489		123	940.4	2.2246	
104	955.2	1.1898		124	939.4	2.2948	
105	954.7	1.2318	2.7764	125	938.8	2.3667	2.3446
106	953.8	1.2751		126	937.9	2.4405	
107	952.9	1.3196		127	937.1	2.5162	
108	952.2	1.3654		128	936.2	2.5937	
109	951.5	1.4125		129	935.4	2.6732	
110	950.6	1.4609	2.6535	130	934.6	2.7546	2.2583
111	950	1.5107		131	933.7	2.8380	
112	949.1	1.5618		132	932.8	2.9235	
113	948.3	1.6144		133	932	3.0110	
114	947.6	1.6684		134	931.1	3.1010	
115	946.8	1.7239	2.5413	135	930.2	3.192	2.1789
116	946.1	1.7809		136	929.4	3.286	
117	945.3	1.8395		137	928.5	3.838	
118	944.4	1.8996		138	927.6	3.481	
119	943.7	1.9613		139	926.8	3.582	

续表

温 度/℃	密度ρ/（kg/m³）	饱和蒸气压/（kgf/cm²）	运动黏度ν/[10^{-7}(m²/s)]	温 度/℃	密度ρ/（kg/m³）	饱和蒸气压/（kgf/cm²）	运动黏度ν/[10^{-7}(m²/s)]
140	925.8	3.685	2.1056	175	892.1	9.100	1.7236
141	925	3.791		176	891.1	9.317	
142	924.1	3.898		177	890.1	9.538	
143	923.2	4.009		178	889	9.762	
144	922.3	4.122		179	888	9.991	
145	921.4	4.237	2.0378	180	886.9	10.224	1.6832
146	920.5	4.355		181	885.8	10.462	
147	919.5	4.476		182	884.8	10.703	
148	918.6	4.599		183	883.7	10.949	
149	917.7	4.725		184	882.6	11.00	
150	916.8	4.854	1.9753	185	881.5	11.455	1.6458
151	915.8	4.985		186	880.4	11.714	
152	914.9	5.120		187	879.4	11.978	
153	914	5.257		188	878.3	12.247	
154	913	5.397		189	877.1	12.521	
155	912.1	5.540	1.9172	190	876	12.799	1.6107
156	911.1	5.687		191	874.9	13.082	
157	910.2	5.836		192	873.8	13.370	
158	909.2	5.988		193	872.7	13.662	
159	908.2	6.144		194	871.5	13.960	
160	907.3	6.303	1.8633	195	870.4	14.263	1.5781
161	906.3	6.464		196	869.3	14.571	
162	905.3	6.630		197	868.1	14.884	
163	904.3	6.798		198	867	15.203	
164	903.3	6.970		199	865.8	15.526	
165	902.4	7.146	1.8133	200	864.7	15.855	1.5477
166	901.3	7.325		201	863.5	16.190	
167	900.3	7.507		202	862.4	16.530	
168	899.4	7.693		203	861.2	16.875	
169	898.4	7.883		204	860	17.226	
170	897.2	8.076	1.7669	205	858.8	17.583	1.5193
171	896.3	8.274		206	857.6	17.945	
172	895.3	8.474		207	856.5	18.314	
173	894.2	8.679		208	855.2	18.688	
174	893.2	8.888		209	854	19.068	

续表

温　度/℃	密度 ρ/(kg/m^3)	饱和蒸气压/(kgf/cm^2)	运动黏度 ν/[$10^{-7}(m^2/s)$]	温　度/℃	密度 ρ/(kg/m^3)	饱和蒸气压/(kgf/cm^2)	运动黏度 ν/[$10^{-7}(m^2/s)$]
210	852.8	19.454	1.4928	245	806.5	37.243	1.3533
211	851.6	19.846		246	805	37.889	
212	850.3	20.244		247	803.6	38.544	
213	849.1	20.648		248	802.1	39.207	
214	847.9	21.058		249	800.6	39.879	
215	846.7	21.475	1.4681	250	799.2	40.560	1.3391
216	845.4	21.898		251	797.7	41.250	
217	844.2	22.328		252	796.2	41.949	
218	842.9	22.764		253	794.7	42.656	
219	841.6	23.206		253	793.1	43.373	
220	840.3	23.656	1.4453	255	791.6	44.099	1.3262
221	839.1	24.112		256	790.1	44.834	
222	837.8	24.574		257	788.6	45.579	
223	836.5	25.044		258	787	46.332	
224	835.2	25.520		259	785.5	47.096	
225	833.9	26.044	1.4240	260	784	47.869	1.3144
226	832.6	26.494		261	782.4	48.652	
227	831.3	26.992		262	780.8	49.444	
228	830.1	27.496		263	779.2	50.246	
229	828.7	28.008		264	777.5	51.058	
230	827.3	28.528	1.4041	265	776	51.880	1.3039
231	825.3	29.054		266	774.4	52.713	
232	824.7	29.588		267	772.7	53.555	
233	823.2	30.130		268	771.1	54.407	
234	821.9	30.679		269	769.4	55.270	
235	820.5	31.236	1.3858	270	767.8	56.144	1.2947
236	819.2	31.801		271	766.1	57.027	
237	817.8	32.373		272	764.4	57.922	
238	816.7	32.954		273	762.7	58.827	
239	815	33.542		274	761	59.742	
240	813.6	34.138	1.3689	275	759.3	60.669	1.2866
241	812.1	34.743		276	757.6	61.607	
242	810.8	35.355		277	755.8	62.555	
243	809.4	35.976		278	754.1	63.515	
244	808	36.606		279	752.3	64.486	

续表

温　度/℃	密度ρ/(kg/m³)	饱和蒸气压/(kgf/cm²)	运动黏度ν/[10^{-7}(m²/s)]	温　度/℃	密度ρ/(kg/m³)	饱和蒸气压/(kgf/cm²)	运动黏度ν/[10^{-7}(m²/s)]
280	65.468	750.5	1.2798	315	679.1	107.69	1.2525
281	748.7	66.461		316	676.7	109.15	
282	746.9	67.466		317	674.3	110.62	
283	745.2	68.482		318	671.8	112.10	
284	743.3	69.511		319	669.4	113.60	
285	741.6	70.650	1.2742	320	666.9	115.12	1.2446
286	739.6	71.602		321	664.4	116.65	
287	737.8	72.666		322	661.9	118.20	
288	735.9	73.741		323	659.3	119.76	
289	734	74.829		324	656.7	121.34	
290	732.1	75.929	1.2698	325	654.1	122.93	
291	730.2	77.041		326	651.4	124.55	
292	728.2	78.166		327	648.7	126.17	
293	726.3	79.303		328	646	127.82	
294	224.3	80.452		329	643.2	129.48	
295	722.3	81.615	1.2669	330	640.4	131.16	1.2398
296	720.4	82.790		331	637.6	132.86	
297	718.3	83.978		332	634.7	134.57	
298	716.3	85.179		333	631.8	136.30	
299	714.3	86.394		334	628.9	138.05	
300	712.2	87.621	1.2653	335	625.9	139.82	
301	710.1	88.862		336	622.9	141.61	
302	708.1	90.116		337	619.8	143.41	
303	705.9	91.384		338	616.6	145.23	
304	703.8	92.665		339	613.5	147.07	
305	701.7	93.960		340	610.2	148.93	1.2356
306	699.5	95.289		341	606.9	150.81	
307	697.3	96.592		342	603.3	152.71	
308	695.1	97.929		343	600.2	154.63	
309	692.9	99.281		344	596.7	156.56	
310	690.6	100.646	1.2525	345	593.2	158.52	
311	688.4	102.03		346	589.6	160.50	
312	686.1	103.42		347	585.9	162.49	
313	683.8	104.83		348	582.1	164.51	
314	681.4	106.25		349	578.3	166.55	

续表

温　度/℃	密度 ρ/（kg/m³）	饱和蒸气压/（kgf/cm²）	运动黏度 ν/[10^{-7}（m²/s）]	温　度/℃	密度 ρ/（kg/m³）	饱和蒸气压/（kgf/cm²）	运动黏度 ν/[10^{-7}（m²/s）]
350	574.3	168.61	1.2344	363	509.5	197.44	1.23
351	570.4	170.69		364	503	199.82	
352	566.7	172.80		365	496	202.24	
353	561.9	174.92		366	488.7	204.67	
354	557.5	177.07		367	480.7	207.14	
355	552.9	179.24		368	472	209.63	
356	548.2	181.43		369	462.6	212.15	
357	543.3	183.65		370	451.8	214.69	1.2
358	538.2	185.88		371	439	217.27	
359	533	188.15		372	423.1	219.87	
360	527.5	190.43	1.23	373	400.6	222.60	
361	521.7	192.74		374	351.8	225.16	
362	515.8	195.08		374.16	351.5	225.56	

四、流体的黏滞性

流体内部质点间或流层间因相对运动而产生内摩擦力（内力）以反抗相对运动的性质，称为黏滞性。此内摩擦力称为黏滞力。表示流体黏滞性程度大小的量，是动力黏性系数 μ 和运动黏性系数 ν。

1. 动力黏性系数 μ

表征流体内摩擦力与流体性质有关的系数，称动力黏性系数或称动力黏度，简称黏度。它与流体的种类有关。μ 值愈大，表示流体的黏滞性（黏度）愈大。同一类流体的 μ 值随温度的变化而变化，随着液体的温度升高 μ 值降低。

μ 的单位泊（P），1 泊 $=10^{-1}\text{Pa}\cdot\text{s}$。

2. 运动黏性系数 ν

流体动力黏性系数 μ 与密度 ρ 的比值 ν 称流体运动黏性系数或称运动黏度，工程计算中常用到运动黏性系数。

$$\nu=\frac{\mu}{\rho}$$

ν 的单位斯托克斯（St）或称斯。$1\text{St}=1\text{cm}^2/\text{s}$。

表 1－1、表 1－2 中表示了水在不同温度下的运动黏性系数 ν 的值。

第二节　流 体 静 力 学

一、流体静压强

静止液体内部水静压强，如图 1－1 所示。

$$p=p_0+p'=p_0+\rho gh=p_0+\gamma h \qquad (1-4)$$

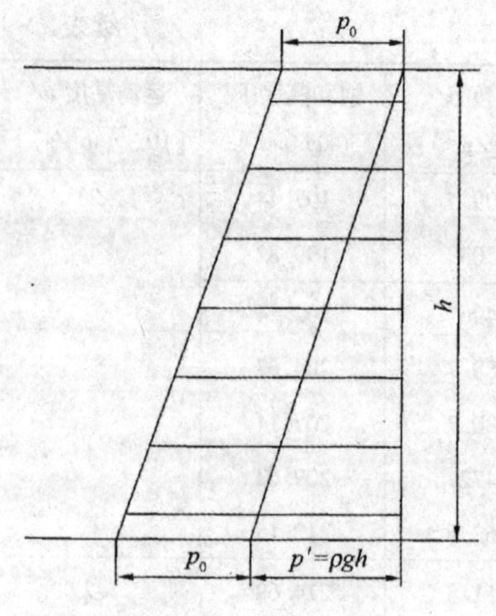

图 1－1　压力分布图

式中　p——静止流体内任何一点处静水压强；

p_0——自由表面上流体静压强；

ρ——液体的密度；

g——重力加速度；

h——该点的淹没深度；

γ——流体的重度。

从式（1－4）可以得出，液体内部任一点的静压强 p 与液面压强 p_0 有关，和该点在液面下的深度有关，并且与液体的重度 γ 有关。

二、压强的计算基准

压强有两种计算基准，绝对压强和相对压强，如图 1－2 所示。

绝对压强：以毫无一点气体存在的绝对真空为零点起算的压强，称为绝对压强。以 p_s 表示。

相对压强：以当地同高程的大气压强 p_b 为零点起算的压强，称为相对压强。以 p 表示。

采用相对压强基准，则大气压强的相对压强为零。

相对压强，绝对压强和大气压强的关系如下式

$$p=p_s-p_b \tag{1-5}$$

某一点的绝对压强只能是正值。但是某一点的相对压强可能是大于大气压强，也可能小于大气压强，因此，相对压强可正可负。当相对压强为正值时，称为表压，或计示压力。当相对压强为负值时称为负压。负压的绝对值称为真空度，即为大气压力不足的部分。

三、压强的量度单位

压强有三种量度单位。

（1）从压强的基本定义出发，单位面积上的力，即：

$N/m^2=Pa$：国际单位称帕斯卡

kgf/cm^2：工程单位称工程大气压

（2）用液柱高度来表示，常用水柱高度或汞柱高度来表示，其单位为 mH_2O，mmH_2O，或 $mmHg$。从式（1－4）$p=p_0+\rho gh$ 计算液体的相对压强时 $p_0=p_b=0$，则有

$$p=\rho gh=\gamma h \tag{1-6}$$

$$h=\frac{p}{\gamma}=\frac{p}{\rho g} \tag{1-7}$$

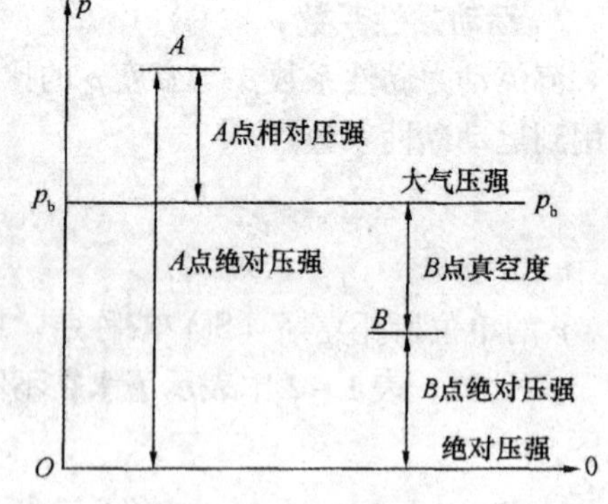

图 1－2　压强的图示

对一个标准大气压相应的水柱高度为

$$h=\frac{p_b}{\gamma_\omega}=\frac{101325\text{N/m}^2}{9807\text{N/m}^3}=10.33\text{m}$$

相应的汞柱高度为

$$h=\frac{p_b}{\gamma_H}=\frac{101325\text{N/m}^2}{133375\text{N/m}^3}=0.76\text{m}=760\text{mm}$$

对一个工程大气压相应的水柱高度为

$$h = \frac{10000\text{kgf/m}^2}{1000\text{kgf/m}^3} = 10\text{m}$$

（3）用大气压的倍数来表示，国际上规定标准大气压用 atm 表示。温度为0℃时海平面上的压强（即 760mmHg）为 101.325kPa 即 1atm = 101.325kPa。工程单位中规定工程大气压用 at 表示，即 1at = 1kgf/cm² = 10mH₂O。表 1－3 表示了各种压强单位的换算关系。

表 1－3　各种压强单位换算关系

压强名称	Pa (N/m^2)	bar ($10^5\ N/m^2$)	mmH_2O (kgf/m^2)	at ($10^4 kgf/m^2$)	标准大气压/ ($1.0332 \times 10^4\ kgf/m^2$)	mmHg
换算关系	9.807	9.807×10^{-5}	1	10^{-4}	9.678×10^{-5}	0.07356
	9.807×10^4	9.807×10^{-1}	10^4	1	9.678×10^{-1}	735.6
	101325	1.01325	10332.5	1.03335	1	760
	133.332	1.3333×10^{-3}	13.595	1.3595×10^{-3}	1.316×10^{-3}	1

第三节　流体动力学

一、流速

1. 流速

流体质点在单位时间内流过的位移，称为流速 v

$$v = \frac{\Delta s}{\Delta t} \tag{1-8}$$

式中　v——流体的流速，m/s；

Δs——流体质点的位移，m；

Δt——流体质点位移 Δs 所经过的时间，s。

2. 平均流速

在某一断面上，流速的平均值称平均流速 v_{cp}，工程计算上常用的是平均流速。对于流体的流速、流量和过流断面面积的关系，用以下公式表示。

对于质量流量 q，可用下式表示：

$$q = \rho F v_{cp}$$

$$v_{cp} = \frac{q}{\rho F} \tag{1-9}$$

式中　q——质量流量，kg/s；

ρ——流体的密度，kg/m³；

F——过流断面面积，m²；

v_{cp}——平均流速，m/s。

对于重量流量 G，可用下式表示：

$$v_{cp} = \frac{G}{\gamma F} \tag{1-10}$$

式中　G——重量流量，N/s 或 kgf/s；

γ——流体的重度，N/m³ 或 kgf/m³。

当液体流动时，温度和压力不变的情况下，其密度 ρ 和重度 γ 是不变的，所以可以用体积流量来表示：

$$v_{cp} = \frac{Q}{F} \tag{1-11}$$

式中　Q——体积流量，m^3/s。

二、流体连续性方程

由图 1-3 所示，在管道中，流体由 1-1 断面流入，2-2 断面流出。根据质量守恒定理，同一时间内流入的质量应该等于流出的质量。

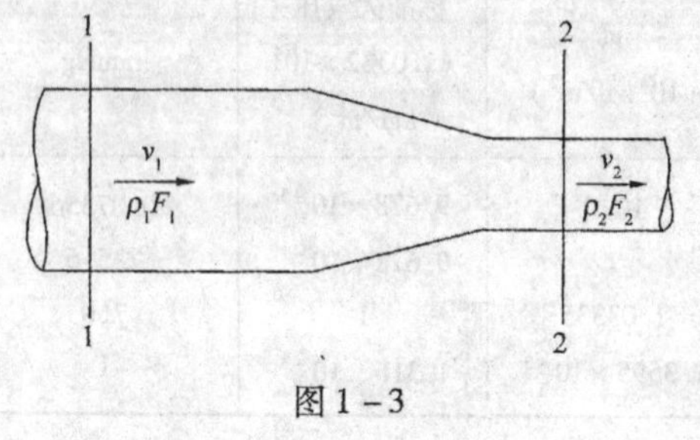

图 1-3

$$M = \rho_1 v_1 F_1 = \rho_2 v_2 F_2 \tag{1-12}$$

式（1-12）就是可压缩流体的连续性方程。

如果流体的密度 ρ 为常数时，即不可压缩流体，$\rho_1 = \rho_2$

$$v_1 F_1 = v_2 F_2 \tag{1-13}$$

式（1-13）为不可压缩流体的连续性方程。

三、流体能量守恒定理－柏努利方程

如图 1-4 所示，假设一股液流，从管道的 1-1 断面流入，经过 2-2 断面流出。若以 0-0为基准线，则在 1-1 断面处：位置高度为 Z_1，平均流速为 v_1，压强为 p_1；2-2 断面处：位置高度为 Z_2，平均流速为 v_2，压强为 p_2，并且假设为理想流体，流体流动过程中没有摩擦力的作用，并为恒定流动，根据能量守恒的原理，就有下式：

$$Z_1 + \frac{p_1}{\rho g} + \frac{v_1^2}{2g} = Z_2 + \frac{p_2}{\rho g} + \frac{v_2^2}{2g} = c \tag{1-14}$$

式中　Z_1、Z_2——断面 1-1 和 2-2 的位置水头，m；

$\frac{p_1}{\rho g}$、$\frac{p_2}{\rho g}$——断面 1-1 和 2-2 的压强水头，m；

$\frac{v_1^2}{2g}$、$\frac{v_2^2}{2g}$——断面 1-1 和 2-2 的单位重量液体所具有的速度水头，m。

这就是理想流体的柏努利方程，其几何意义是单位重量的液体在流动中，其位置水头 Z，压强水头$\frac{p}{\rho g}$及速度水头$\frac{v^2}{2g}$三者之和为一常数。并且三者在流动过程中是可以互相转换的。

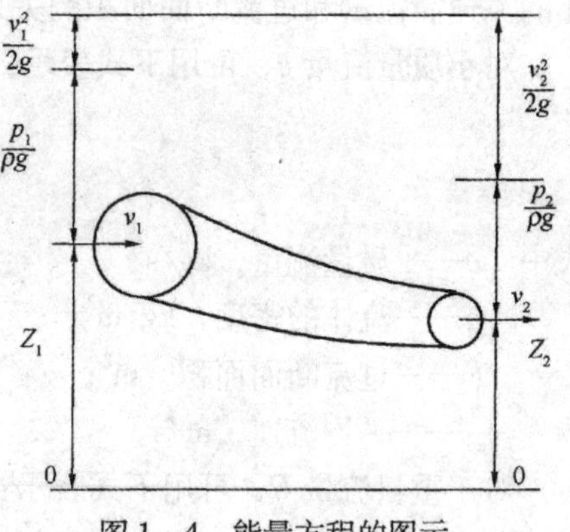

图 1-4　能量方程的图示

但实际流体是有黏性的，液体在流动过程中流体之间有内摩擦阻力，流体与固体壁面之间也有摩擦力，这种摩擦力将会引起水头阻力损失，设为 h_{w1-2}。则式（1-14）可写成：

$$Z_1 + \frac{p_1}{\rho g} + \frac{v_1^2}{2g} = Z_2 + \frac{p_2}{\rho g} + \frac{v_2^2}{2g} + h_{w1-2} \tag{1-15}$$

这就是实际流体的柏努利方程。

第四节　动量方程与动量矩方程

一、动量方程

一元定常流动的动量定律：单位时间内流出控制面（边界面）（如图1－5中的 $ABCD$）与流入控制面流体的动量之差，等于控制面内流体所受外力之向量和。动量方程为：

$$\rho Q\ (\vec{v}_2-\vec{v}_1)\ =\sum\vec{F} \qquad (1-16)$$

式中　ρ——流体的密度；

Q——流过断面上的流量；

$\vec{v}_1$，$\vec{v}_2$——断面1，2上的平均流速；

$\sum\vec{F}$——作用在流体上外力的向量和。

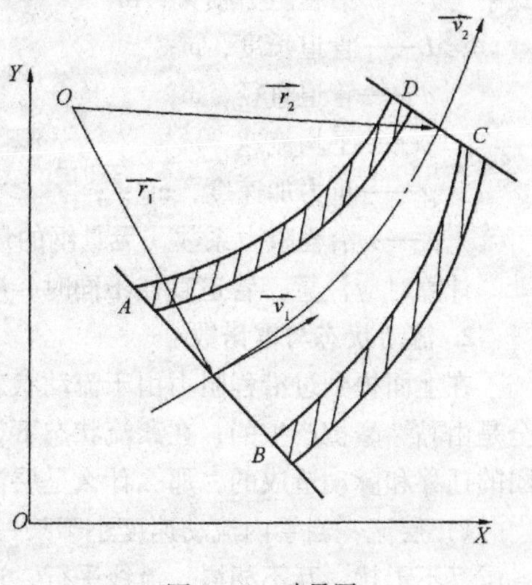

图1－5　动量图

作用在流体上的外力包括流体的质量力，固体作用在流体上的力及控制面外的流体作用在控制面边界处流体的力。

二、动量矩方程

一元定常流体的动量矩定律：单位时间内流出控制面流体的动量对任一定点 O 之矩与流入控制面流体的动量对同一定点 O 之矩的差，等于控制面中的流体所受外力对于 O 点之矩的向量和。动量矩方程式为：

$$\rho Q\ (\vec{r}_2\times\vec{v}_2-\vec{r}_1\times\vec{v}_1)\ =\sum M_0\ (\vec{F}) \qquad (1-17)$$

式中　$\vec{r}$——从任一点 O 到断面形心处的矢量半径；

$\vec{r}\times\vec{v}$——矢量$\vec{r}$与矢量$\vec{v}$的积；

M_0（$\vec{F}$）——外力$\vec{F}$对 O 点之矩。

第五节　流动阻力和能量损失

一、流动阻力分类

实际流体在流动过程中，因黏滞力的作用，流体之间，流体与固体壁面之间有摩擦力及固壁对流体扰动作用，将会引起能量损失。阻力损失可分为两类，一类是沿程阻力损失 h_f；另一类是局部阻力损失 h_j。总的损失应是两者之和：$h_w=\sum h_f+\sum h_j$。

1. 沿程阻力损失 h_f

它是沿流动路程上，由于各流体层之间内摩擦力及流体与固体壁面之间的摩擦力而产生的流动阻力损失。在层流状态下，沿程阻力完全是由黏性摩擦产生的。在紊流状态下，沿程阻力一部分是由附面层内的黏性摩擦产生的，另外是由流体微团的迁移和脉动所造成的。

2. 局部阻力损失 h_j

它是由于流体通过局部障碍时（如阀门、弯头、管道的突然扩大或缩小等），干扰了液体的运动，改变了速度分布、产生漩涡、冲击等所产生的阻力损失 h_j。

二、沿程阻力损失 h_f 的计算

1. 沿程阻力损失计算公式

$$h_f = \lambda \cdot \frac{L}{d} \cdot \frac{v^2}{2g} \tag{1-18}$$

式中 h_f——沿程阻力损失，m；

L——管道长度，m；

d——管道直径，m；

v——平均流速，m/s；

g——重力加速度，m/s^2；

λ——沿程阻力系数，无量纲的量，与流动状态有关。

计算时应注意，管道直径不同时，应分段计算后相加为总的沿程阻力损失 h_f。

2. 流动状态与雷诺数

在上面提到过沿程阻力由于流动状态不同，阻力是不同的，在层流状态下，沿程阻力完全是由黏性摩擦产生的；在紊流状态下，一部分由附面层内黏性摩擦产生，另外是由流体微团的迁移和脉动造成的，那么什么是层流，什么是紊流呢?

1）层流：当管内流动速度小于某一确定值 v_{kp} 时，液体作有规则的层状或流束状运动，各层互不干扰，互不相混，流线平行，这种状态称为层流运动。

2）紊流：当管内流动速度大于某一确定值 v_{kp} 时，液体质点不再作规则的层状运动，而是交错混乱地向前运动，液体质点除纵向运动外，还附加有横向运动，这种运动称为紊流，实际使用中，一般为紊流运动。层流和紊流的判别式为雷诺数 Re。

3）雷诺数 Re

$$Re = \frac{vd}{\nu} \tag{1-19}$$

式中 v——平均流速，m/s；

d——管道直径，m；

ν——运动黏性系数，m^2/s；

Re——雷诺数，无量纲；

当 $Re \leqslant 2320$ 时，层流；

$Re > 2320$ 时，紊流。

在工程计算中，常以 $Re = 2000$ 为临界雷诺数，

即 $Re < 2000$ 时，层流；

$Re > 2000$ 时，紊流。

3. 沿程阻力系数 λ 的计算

沿程阻力系数 λ 与流动状态雷诺数有关，并和管道的表面相对粗糙度有关，即：

$$\lambda = f\ (Re,\ R_a/D)$$

当 $Re < 2000$ 时

$$\lambda = \frac{64}{Re} \tag{1-20}$$

当 $Re>2000$ 时，各紊流状态 λ 值与雷诺数 Re 有关，并且还与管道的相对粗糙度有关。计算相当困难，各国学者推荐了很多经验公式，这里介绍一种比较简单的查图方法。用图1－6莫迪图来查出沿程阻力系数 λ。图中 R_a/D 为相对粗糙度，R_a 为管道壁表面的粗糙度，D 为管道的直径。表 1－4 表示了各种材料管道壁的表面粗糙度 R_a。

表 1－4　管道壁的表面粗糙度 R_a

管道壁的种类	表面粗糙度 R_a/mm	管道壁的种类	表面粗糙度 R_a/mm
玻璃管，拉制黄铜管，铝制管	0.0015～0.01	普通新铸铁管	0.25～0.42
新的无缝钢管	0.05	旧铸铁管	0.45
新的精铸钢管	0.05	旧的生锈钢管	0.60
普通铸铁管	0.19	普通镀锌钢管	0.39
使用几年后的整体钢管	0.19	混凝土管	0.30～3.00
焊接钢管	0.38	铆接钢管	1.00～10.00

对于我们常用的无锈蚀的钢管在输送水的情况下，可查图 1－7 沿程阻力系数 λ 值更为方便。

三、局部阻力损失 h_j 的计算

局部阻力损失计算公式

$$h_j=\zeta\frac{v^2}{2g} \tag{1-21}$$

式中　ζ——局部阻力系数，无量纲；

v——平均流速，m/s；

局部阻力系数 ζ 可查表 1－5 得到。

四、阻力损失的简便近似计算

上述计算方法是比较繁复的，有时为了计算方便可用下面简便近似的计算方法：可按表 1－6，将各种局部阻力损失折合成直管长度并与直管长相加得出总长度，然后查表 1－7、表1－8，得每 100m 直管损失的水头，计算出总的阻力损失水头。

要说明的是这种方法虽然简单，但不很精确，只适合于计算有困难的人员或是只需要近似计算的情况下使用。

五、举例计算阻力损失

【例】 设有离心泵的管路装置，流量 $Q=90\mathrm{m^3/h}$，进出管均为钢管，管内径 $D=100\mathrm{mm}$，直管总长度 $L=50\mathrm{m}$，进水管上有虑网底阀 1 个，90°弯头 1 个，出水管上有闸阀（全开）1 个，逆止阀 1 个，90°弯头 2 个，试求进出管的总阻力损失。

【解 1】 用系数计算法

$$h_w=\sum h_f+\sum h_j$$

$$v=\frac{Q}{F}=\frac{90/3600}{0.1^2\times\pi/4}=3.18\mathrm{m/s}$$

$$Re=\frac{vD}{\nu}$$

查表 1－1，常温（$T=20$℃）的水 $\nu=10.11\times10^{-7}\mathrm{m^2/s}$

$$Re=\frac{3.18\times 0.1}{10.11\times 10^{-7}}=314540>2000$$

为紊流状态

沿程阻力损失：
$$h_f=\lambda\frac{L}{D}\frac{v^2}{2g}$$

查图 1-7，当 $v=3.18\text{m/s}$　$D=100\text{mm}$ 时

$$\lambda=0.018$$

$$h_f=\lambda\frac{L}{D}\frac{v^2}{2g}=0.018\times\frac{50}{0.1}\times\frac{3.18^2}{2\times 9.8}=4.6\text{m}$$

局部阻力损失 $h_j=\zeta\frac{v^2}{2g}$

查表 1-5，底阀 $\zeta=7$

弯头 $\zeta=0.6$

闸阀 $\zeta=0.2$

逆止阀 $\zeta=1.7$

$$h_j=\zeta\frac{v^2}{2g}=(7+0.6\times 3+0.2+1.7)\frac{3.18^2}{2\times 9.8}=5.5\text{m}$$

总的阻力损失 $h_w=h_f+h_j=4.6+5.5=10.1\text{m}$

【解2】　用查表法近似计算

查表 1-6，当 $D=100\text{mm}$ 时，各局部阻力件相当直管长度

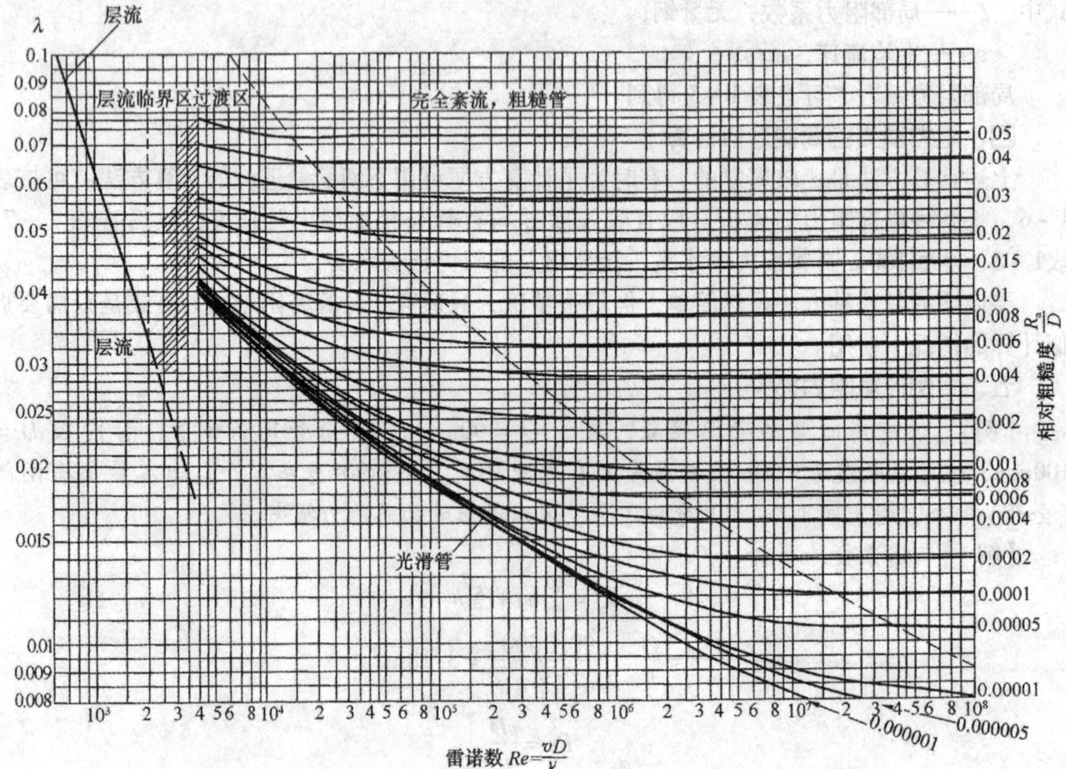

图 1-6　莫迪图

底阀相当 13m

弯头相当 0.5m

闸阀相当 0.3m

逆止阀相当 4.4m

总长度 $L=50+13+0.5\times3+0.3+4.4=69.2$

查表 1-7，当 $Q=90m^3/h$，$D=100mm$ 时

每100m 直管损失水头为 16.7m

则 $h_w=16.7\times\frac{69.2}{100}=11.56m$

与参数计算法相比较，查表法粗略计算总的阻力损失略大于参数计算法，更安全些。

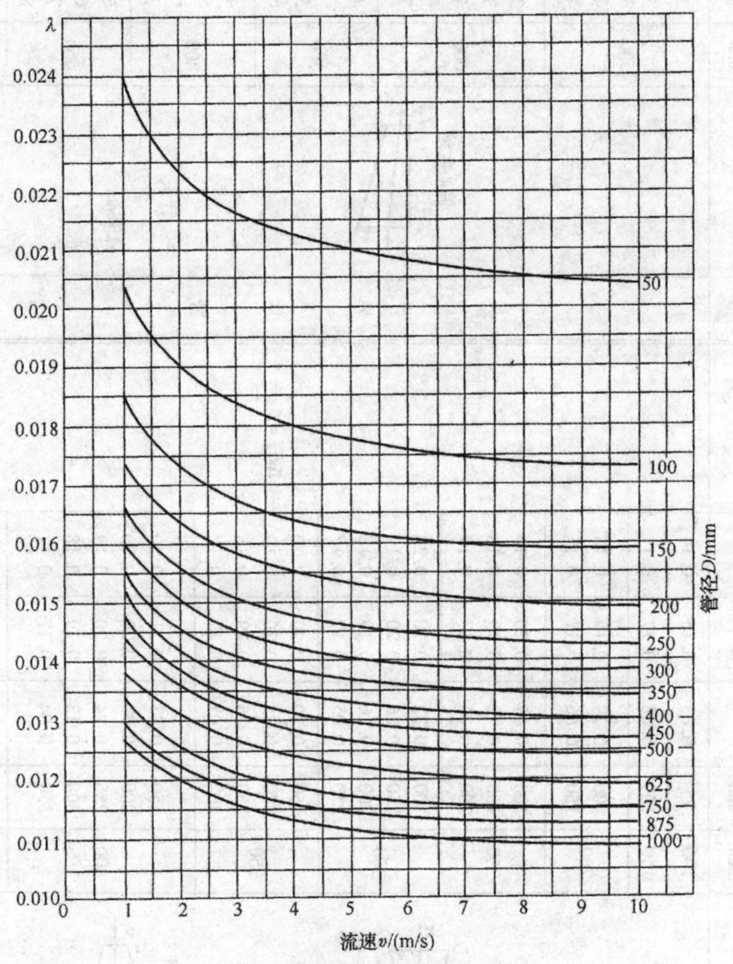

图 1-7　沿程阻力系数 λ 值

表 1-5 局部阻力系数

名称	简图	规格 D/mm	规格 d/mm	扩散管	收缩管	偏心收缩管	计算公式
异径管	扩散 v_1 d D v_2	100	75	0.03	0.16	0.16	$\Delta H_g = \zeta \frac{v_1^2}{2g}$
		150	100	0.08	0.17	0.17	
		200	100	0.19	0.19	0.18	
			150	0.06	0.17	0.17	
		250	100	0.27	0.20	0.19	
			150	0.18	0.19	0.18	
			200	0.06	0.17	0.17	
		300	100	0.32	0.20	0.20	
			150	0.26	0.20	0.19	
			200	0.16	0.19	0.18	
			250	0.05	0.17	0.17	
		350	150	0.30	0.20	0.20	
			200	0.25	0.20	0.19	
			250	0.15	0.19	0.18	
			300	0.05	0.17	0.17	
	收缩 v_2 D d v_1	400	150	0.33	0.21	0.20	
			200	0.30	0.20	0.20	
			250	0.24	0.20	0.19	
			300	0.13	0.19	0.18	
			350	0.04	0.17	0.17	
		450	200	0.33	0.21	0.20	
			250	0.30	0.20	0.20	
			300	0.25	0.20	0.19	
			350	0.13	0.19	0.18	
			400	0.04	0.17	0.17	
异径管	偏心收缩 v_2 D d v_1	500	250	0.32	0.21	0.20	$\Delta H_g = \zeta \frac{v_1^2}{2g}$
			300	0.29	0.20	0.20	
			350	0.21	0.20	0.19	
			400	0.12	0.19	0.18	
			450	0.04	0.17	0.17	
		600	300	0.34	0.21	0.21	
			350	0.30	0.21	0.20	
			400	0.26	0.20	0.20	
			450	0.18	0.20	0.19	
			500	0.11	0.19	0.18	
		700	400	0.32	0.21	0.21	
			450	0.29	0.21	0.20	
			500	0.24	0.20	0.20	
			600	0.10	0.19	0.18	
	注：管长 $L = 2(D - d) + 150\text{mm}$	800	450	0.34	0.21	0.21	
			500	0.31	0.21	0.21	
			600	0.21	0.20	0.20	
			700	0.07	0.19	0.18	
		900	500	0.34	0.22	0.21	
			600	0.29	0.21	0.21	
			700	0.21	0.20	0.20	
			800	0.08	0.19	0.18	
		1000	500	0.37	0.22	0.21	
			600	0.33	0.22	0.21	
			700	0.27	0.21	0.21	
			800	0.18	0.20	0.20	
			900	0.06	0.19	0.18	

表头：局部阻力系数 ζ（扩散管、收缩管、偏心收缩管）

续表

名称	简图	直径比 $\frac{D}{d}$	局部阻力系数 ζ 流速 v_1/(m/s) 0.6	0.9	1.2	1.5	1.8	2.1	2.4	3.0	3.6	4.5	6.0	9.0	12.0	计算公式
突然扩大		1.2	0.11	0.10	0.10	0.10	0.10	0.10	0.10	0.09	0.09	0.09	0.09	0.09	0.08	$\Delta H_g=\zeta\frac{v_1^2}{2g}$
		1.4	0.26	0.26	0.25	0.24	0.24	0.24	0.24	0.23	0.23	0.22	0.22	0.21	0.20	
		1.6	0.40	0.39	0.38	0.37	0.37	0.36	0.36	0.35	0.35	0.34	0.33	0.32	0.32	
		1.8	0.51	0.49	0.48	0.47	0.47	0.46	0.46	0.45	0.44	0.43	0.42	0.41	0.40	
		2.0	0.60	0.58	0.56	0.55	0.55	0.54	0.53	0.52	0.52	0.51	0.50	0.48	0.47	
		2.5	0.74	0.72	0.70	0.69	0.68	0.67	0.66	0.65	0.64	0.63	0.62	0.60	0.58	
		3.0	0.83	0.80	0.78	0.77	0.76	0.75	0.74	0.73	0.72	0.70	0.69	0.67	0.65	
		4.0	0.92	0.89	0.87	0.85	0.84	0.83	0.82	0.80	0.79	0.78	0.76	0.74	0.72	
		5.0	0.96	0.93	0.91	0.89	0.88	0.87	0.86	0.84	0.83	0.82	0.80	0.77	0.75	
		10.0	1.00	0.99	0.96	0.95	0.93	0.92	0.91	0.89	0.88	0.86	0.84	0.82	0.80	
		∞	1.00	1.00	0.98	0.96	0.95	0.94	0.93	0.91	0.90	0.88	0.86	0.83	0.81	
突然缩小	突然缩小	1.1	0.03	0.04	0.04	0.04	0.04	0.04	0.04	0.04	0.04	0.04	0.05	0.05	0.06	$\Delta H_g=\zeta\frac{v_1^2}{2g}$
		1.2	0.07	0.07	0.07	0.07	0.07	0.07	0.07	0.08	0.08	0.08	0.09	0.10	0.11	
		1.4	0.17	0.17	0.17	0.17	0.17	0.17	0.17	0.18	0.18	0.18	0.18	0.19	0.20	
		1.6	0.26	0.26	0.26	0.26	0.26	0.26	0.26	0.26	0.26	0.25	0.25	0.25	0.24	
		1.8	0.34	0.34	0.34	0.34	0.34	0.34	0.33	0.33	0.32	0.32	0.31	0.29	0.27	
		2.0	0.38	0.38	0.37	0.37	0.37	0.37	0.36	0.36	0.35	0.34	0.33	0.31	0.29	
		2.2	0.40	0.40	0.40	0.39	0.39	0.39	0.39	0.38	0.37	0.37	0.35	0.33	0.30	
		2.5	0.42	0.42	0.42	0.41	0.41	0.41	0.40	0.40	0.39	0.38	0.37	0.34	0.31	
		3.0	0.44	0.44	0.44	0.43	0.43	0.43	0.42	0.42	0.41	0.40	0.39	0.36	0.33	
		4.0	0.47	0.46	0.46	0.46	0.45	0.45	0.45	0.44	0.43	0.42	0.41	0.37	0.34	
		5.0	0.48	0.48	0.47	0.47	0.47	0.46	0.46	0.45	0.45	0.44	0.42	0.38	0.35	
		10.0	0.49	0.48	0.48	0.48	0.48	0.47	0.47	0.46	0.46	0.45	0.43	0.40	0.36	
		∞	0.49	0.49	0.48	0.48	0.48	0.47	0.47	0.47	0.46	0.45	0.44	0.41	0.38	

续表

名称	简图	局部阻力系数 ζ														计算公式
弯管	90° 弯管	$\frac{R}{d}$	0.5	1.5	1.5	2.0	3.0	4.0	5.0							$\Delta H_g=\zeta_{90^\circ}\frac{v^2}{2g}$
		ζ_{90°	1.20	0.80	0.60	0.48	0.36	0.30	0.29							
	任意角度的弯管	$\zeta_\alpha=\alpha\zeta_{90^\circ}$														$\Delta H_g=\zeta_\alpha\frac{v^2}{2g}$
		α	20°	30°	40°	50°	60°	70°	80°	90°	100°	120°	140°	160°	180°	
		ζ_α	0.40	0.55	0.65	0.75	0.83	0.88	0.95	1.00	1.05	1.13	1.20	1.27	1.33	
钢制焊接弯管	急转弯管	α	30°	40°	50°	60°	70°	80°	90°							$\Delta H_g=\zeta\frac{v^2}{2g}$
		ζ	0.20	0.30	0.40	0.55	0.70	0.90	1.10							
	90° 弯管	a/d	0.710	0.943	1.174	1.420	1.500	1.850	2.560	3.140	3.720	4.890	5.590	6.280		
		ζ	0.51	0.42	0.38	0.38	0.38	0.39	0.43、	0.43	0.46	0.46	0.44	0.44		
钢制焊接弯管	乙字管	a/d	1.23	1.67	2.37	3.77										$\Delta H_g=\zeta\frac{v^2}{2g}$
		ζ	0.30	0.32	0.26	0.24										

续表

名称	简图	局部阻力系数 ζ																计算公式
钢制焊接弯钢	45°弯头	d/mm	80	100	125	150	200	250	300	350	400	450	500	600	700	800	900	1000	$\Delta H_g=\zeta\frac{v^2}{2g}$
		ζ	0.26	0.32	0.33	0.36	0.36	0.44	0.39	0.45	0.45	0.51	0.48	0.51	0.51	0.53	0.54	0.54	
	90°弯头	d/mm	80	100	125	150	200	250	300	350	400	450	500	600	700	800	900	1000	
		ζ	0.51	0.63	0.65	0.72	0.72	0.78	0.87	0.89	0.90	0.96	1.01	1.01	1.02	1.05	1.07	1.08	
铸铁弯头	标准铸铁90°弯头	d/mm	75	100	125	150	200	250	300	350	400	450	500	600	700	800	900		
		ζ	0.34	0.42	0.43	0.48	0.48	0.52	0.58	0.59	0.60	0.64	0.67	0.67	0.68	0.70	0.71		
	标准铸铁45°弯头	d/mm	75	100	125	150	200	250	300	350	400	450	500	600	700	800	900		
		ζ	0.17	0.21	0.22	0.24	0.24	0.26	0.29	0.30	0.30	0.32	0.34	0.34	0.34	0.35	0.36		
	标准可锻铸铁90°弯头	d/mm	15	20	25	32	40	50	70	80	100	125	150						
		ζ	0.95	1.00	1.03	1.04	1.10	1.10	1.12	1.13	1.14	1.16	1.18						

续表

<table>
<tr><th>名称</th><th>简图</th><th>局部阻力系数 ζ</th><th>计算公式</th></tr>
<tr><td rowspan="3">组合弯头</td><td></td><td>ζ 为每个弯头的 2 倍</td><td rowspan="6">$\Delta H_g=\zeta\frac{v^2}{2g}$</td></tr>
<tr><td></td><td>ζ 为每个弯头的 3 倍</td></tr>
<tr><td></td><td>ζ 为每个弯头的 4 倍</td></tr>
<tr><td>升降式单向阀</td><td></td><td>7.5</td></tr>
<tr><td>旋启式单向阀</td><td></td><td>
<table>
<tr><td>d/mm</td><td>150</td><td>200</td><td>250</td><td>300</td><td>350</td><td>400</td><td>500</td><td>≥600</td></tr>
<tr><td>ζ</td><td>6.6</td><td>5.5</td><td>4.5</td><td>3.5</td><td>3.0</td><td>2.5</td><td>1.8</td><td>1.7</td></tr>
</table>
</td></tr>
<tr><td>闸阀</td><td></td><td>
当全开时（即 $a/d=0$）
<table>
<tr><td>d/mm</td><td>15</td><td>20 ~ 50</td><td>80</td><td>100</td><td>150</td><td>200 ~ 250</td><td>300 ~ 450</td><td>500 ~ 800</td><td>900 ~ 1000</td></tr>
<tr><td>ζ</td><td>1.5</td><td>0.5</td><td>0.4</td><td>0.2</td><td>0.1</td><td>0.08</td><td>0.07</td><td>0.06</td><td>0.05</td></tr>
</table>
当各种开启度时
<table>
<tr><td>a/d</td><td>$\frac{1}{8}$</td><td>$\frac{2}{8}$</td><td>$\frac{3}{8}$</td><td>$\frac{4}{8}$</td><td>$\frac{5}{8}$</td><td>$\frac{6}{8}$</td><td>$\frac{7}{8}$</td></tr>
<tr><td>$A_{开启}/A_{总}$</td><td>0.948</td><td>0.856</td><td>0.740</td><td>0.609</td><td>0.466</td><td>0.315</td><td>0.159</td></tr>
<tr><td>ζ</td><td>0.15</td><td>0.26</td><td>0.81</td><td>2.06</td><td>5.52</td><td>17.0</td><td>97.8</td></tr>
</table>
</td></tr>
</table>

续表

<table>
<tr><th>名称</th><th>简图</th><th colspan="16">局部阻力系数 ζ</th><th>计算公式</th></tr>
<tr><td rowspan="3">蝶阀</td><td>全开时</td><td colspan="16">0.1 ~ 0.30</td><td rowspan="3">$\Delta H_g = \zeta \frac{v^2}{2g}$</td></tr>
<tr><td rowspan="2">各种开启度</td><td>α</td><td>5°</td><td>10°</td><td>15°</td><td>20°</td><td>25°</td><td>30°</td><td>35°</td><td>40°</td><td>45°</td><td>50°</td><td>55°</td><td>60°</td><td>65°</td><td>70°</td><td>90°</td></tr>
<tr><td>ζ</td><td>0.24</td><td>0.52</td><td>0.90</td><td>1.54</td><td>2.51</td><td>3.91</td><td>6.22</td><td>10.80</td><td>18.70</td><td>32.60</td><td>58.80</td><td>118</td><td>256</td><td>751</td><td>∞</td></tr>
<tr><td rowspan="3">截止阀（全开时）</td><td>普通式</td><td colspan="16">4.3 ~ 6.1</td><td rowspan="3">$\Delta H_g = \zeta \frac{v^2}{2g}$</td></tr>
<tr><td>斜轴杆</td><td colspan="16">1.4 ~ 2.5</td></tr>
<tr><td>角形</td><td colspan="16">3.0 ~ 5.0</td></tr>
<tr><td rowspan="2">蝶式泥阀</td><td rowspan="2"></td><td colspan="4">α</td><td colspan="2">15°</td><td colspan="2">20°</td><td colspan="2">30°</td><td colspan="2">45°</td><td colspan="2">60°</td><td colspan="2">70°</td><td rowspan="3">$\Delta H_g = \zeta \frac{v^2}{2g}$
式中 $\zeta_0 = 1.1\gamma_2\zeta$
γ_2——泥浆重度</td></tr>
<tr><td colspan="4">ζ</td><td colspan="2">90</td><td colspan="2">62</td><td colspan="2">30</td><td colspan="2">9.5</td><td colspan="2">3.2</td><td colspan="2">1.7</td></tr>
<tr><td>升降式泥阀</td><td></td><td colspan="16">$\zeta = a_1 + B_1\left(\frac{d}{h}\right)$
$a_1 = 0.55 + \frac{4}{d}(6 - 0.1d)$
$B_1 = 0.15 \sim 0.16$</td></tr>
</table>

续表

<table>
<tr><th>名称</th><th>简　图</th><th colspan="12">局部阻力系数ζ</th><th>计算公式</th></tr>
<tr><td rowspan="2">升降式泥阀</td><td></td><td colspan="12">$\zeta = a_2 + B_2\left[\frac{d^2}{(\pi d - S)h}\right]^2$
$a_2 = (0.8 \sim 1.6)d \qquad B_2 = 1.7 \sim 1.75$
S——泥阀叶片总厚度。每个叶片厚为t，则$S = nt$。
注：关于S的说明，仅供参考</td><td rowspan="2">$\Delta H_g = \zeta_0 \frac{v^2}{2g}$
式中　$\zeta_0 = 1.1\gamma_2\zeta$
γ_2——泥浆重度</td></tr>
<tr><td></td><td colspan="12">$\zeta = 2.6 - 0.8 \times \frac{d}{h} + 0.14 \times \left(\frac{d}{h}\right)^2$</td></tr>
<tr><td>逆止阀</td><td></td><td colspan="12">$\zeta = 1.7 \sim 2.0$</td><td>$\Delta H_g = \zeta \frac{v^2}{2g}$</td></tr>
<tr><td rowspan="2">扎口</td><td rowspan="2"></td><td>f/F</td><td>0.05</td><td>0.1</td><td>0.2</td><td>0.3</td><td>0.4</td><td>0.5</td><td>0.6</td><td>0.7</td><td>0.8</td><td>0.9</td><td>1.0</td><td rowspan="4">$\Delta H_g = \zeta \frac{v_2^2}{2g}$</td></tr>
<tr><td>ζ</td><td>1070</td><td>245</td><td>51</td><td>18.4</td><td>8.2</td><td>4.0</td><td>2.0</td><td>0.97</td><td>0.41</td><td>0.13</td><td>0</td></tr>
<tr><td rowspan="2">隔板</td><td rowspan="2">($F_1>20f$)</td><td>f/F_2</td><td>0.1</td><td>0.2</td><td>0.3</td><td>0.4</td><td>0.5</td><td>0.6</td><td>0.7</td><td>0.8</td><td>0.9</td><td colspan="2">1.0</td></tr>
<tr><td>ζ</td><td>232</td><td>51</td><td>20</td><td>9.6</td><td>5.3</td><td>3.1</td><td>1.9</td><td>1.2</td><td>0.73</td><td colspan="2">0.43</td></tr>
</table>

续表

名称	简图	局部阻力系数 ζ	计算公式
格栅	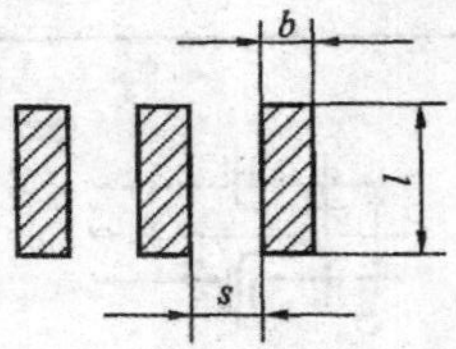	见下	$\Delta H_g = \zeta \frac{v^2}{2g}$

$$\zeta = K\left(\frac{b}{b+s}\right)^{1.6}\left[2.3 \times \frac{l}{s} + 8 + 2.9 \times \frac{s}{l}\right]\sin\alpha$$

式中　K——格栅杆条横断面形状的系数

矩　形 $K = 0.504$

圆弧形 $K = 0.318$

流线型 $K = 0.182$

α——水流与栅杆的夹角

矩形格栅与水流的夹角 $\alpha = 90°$时的 ζ 值

$\frac{l}{s}$	$\frac{b}{s}$ 0.1	0.2	0.3	0.4	0.5	0.6	0.7	0.8	0.9	1.0	1.1	1.2
1.0	0.138	0.364	0.613	0.862	1.104	1.332	1.547	1.748	1.938	2.111	2.273	2.425
1.5	0.142	0.375	0.629	0.885	1.133	1.370	1.590	1.796	1.991	2.170	2.336	2.492
2.0	0.150	0.396	0.665	0.936	1.199	1.448	1.681	1.901	2.105	2.294	2.470	2.635
2.5	0.160	0.421	0.710	0.998	1.278	1.543	1.792	2.025	2.244	2.445	2.634	2.809
3.0	0.171	0.450	0.758	1.066	1.364	1.647	1.912	2.161	2.395	2.610	2.819	2.998
3.5	0.182	0.480	0.807	1.137	1.454	1.756	2.039	2.304	2.552	2.783	2.996	3.196
4.0	0.194	0.511	0.859	1.208	1.546	1.868	2.169	2.451	2.716	2.959	3.186	3.399
4.5	0.205	0.542	0.911	1.282	1.641	1.981	2.300	2.600	2.881	3.139	3.385	3.605
5.0	0.217	0.573	0.964	1.357	1.736	2.096	2.434	2.751	3.048	3.322	3.577	3.815

注：如为圆弧形杆条，则上表数据应乘以系数0.63

如为流线型杆条，则上表数据应乘以系数0.36

如格栅与水流夹角 $\alpha = 90°$，则上表数据应乘以 $\sin\alpha$ 值

续表

名称	简图	局部阻力系数 ζ											计算公式
孔板		$\frac{d}{D}$	0.30	0.40	0.45	0.50	0.55	0.60	0.65	0.70	0.75	0.80	$\Delta H_g = H\left[1-\left(\frac{d}{D}\right)^2\right]$ 或 $\Delta H_g = \zeta \frac{v^2}{2g}$ 式中 H——进口与收缩截面处的压力水头差，m d——收缩截面直径，m D——管道直径，m
		ζ	309	87	50.4	29.8	18.4	11.3	7.35	4.37	2.66	1.55	
标准喷嘴		$\frac{d}{D}$	0.30	0.40	0.45	0.50	0.55	0.60	0.65	0.70	0.75	0.80	$\Delta H_g = H\left[1-1.4\times\left(\frac{d}{D}\right)^2\right]$ 或 $\Delta H_g = \zeta \frac{v^2}{2g}$ 式中符号意义同上
		ζ	108.8	29.8	16.9	9.9	5.9	3.5	2.1	1.2	0.76	—	
文丘里喷嘴		$\frac{d}{D}$	0.30	0.40	0.45	0.50	0.55	0.60	0.65	0.70	0.75	0.80	$\Delta H_g = 0.22H\left[1-\left(\frac{d}{D}\right)^2\right]$ 或 $\Delta H_g = \zeta \frac{v^2}{2g}$ 式中符号意义同上
		ζ	26.6	7.5	4.41	2.76	1.74	1.09	0.69	0.44	0.27	—	
文丘里管	($\varphi=6°$)	$\frac{d}{D}$	0.30	0.40	0.45	0.50	0.55	0.60	0.65	0.70	0.75	0.80	$\Delta H_g = 0.14H\left[1-\left(\frac{d}{D}\right)^2\right]$ 或 $\Delta H_g = \zeta \frac{v^2}{2g}$ 式中符号意义同上
		ζ	19	5.3	3.06	1.9	1.15	0.69	0.42	0.26	—	—	
滤水网	没有底阀	2～3											$\Delta H_g = \zeta \frac{v^2}{2g}$

续表

<table>
<tr><th>名称</th><th>简 图</th><th colspan="12">局部阻力系数ζ</th><th>计算公式</th></tr>
<tr><td rowspan="2">滤水网</td><td rowspan="2">有底阀</td><td>d/mm</td><td>40</td><td>50</td><td>75</td><td>100</td><td>150</td><td>200</td><td>250</td><td>300</td><td colspan="2">350~450</td><td>500~600</td><td rowspan="7">$\Delta H_g = \zeta \frac{v^2}{2g}$</td></tr>
<tr><td>ζ</td><td>12</td><td>10</td><td>8.5</td><td>7.0</td><td>6.0</td><td>5.2</td><td>4.4</td><td>3.7</td><td colspan="2">3.6</td><td>3.5</td></tr>
<tr><td rowspan="5">进口</td><td rowspan="2">具有交角的进口</td><td>α</td><td>5°</td><td>10°</td><td>15°</td><td>20°</td><td>30°</td><td>40°</td><td>50°</td><td>60°</td><td>70°</td><td>80°</td><td>90°</td></tr>
<tr><td>ζ</td><td>1.00</td><td>0.99</td><td>0.98</td><td>0.96</td><td>0.91</td><td>0.85</td><td>0.78</td><td>0.70</td><td>0.63</td><td>0.56</td><td>0.50</td></tr>
<tr><td>伸入水池的进口</td><td colspan="12">a) 当 $l/d \geqslant 4$ 时，$\zeta = 1.0$　　b) 当 $l/d < 4$ 时，$\zeta = 0.75$</td></tr>
<tr><td>带喇叭口伸入水池的进口</td><td colspan="12">a) 当 $l/d \geqslant 4$ 时，$\zeta = 0.56$　　b) 当 $l/d < 4$ 时，$\zeta = 0.20 \sim 0.56$</td></tr>
<tr><td>带喇叭口的进口</td><td colspan="12">0.1</td></tr>
</table>

续表

<table>
<tr><th>名称</th><th>简 图</th><th colspan="10">局部阻力系数 ζ</th><th>计算公式</th></tr>
<tr><td rowspan="3">进口</td><td>进口没有修圆</td><td colspan="10">0.50</td><td rowspan="3">$\Delta H_g = \zeta \frac{v^2}{2g}$</td></tr>
<tr><td rowspan="2">进口稍微修圆
进口完全修圆</td><td colspan="10">0.20～0.25</td></tr>
<tr><td colspan="10">0.05～0.10</td></tr>
<tr><td rowspan="4">出口</td><td rowspan="3">流入明集</td><td>A_1/A_2</td><td>0.1</td><td>0.2</td><td>0.3</td><td>0.4</td><td>0.5</td><td>0.6</td><td>0.7</td><td>0.8</td><td>0.9</td><td rowspan="4">$\Delta H_g = \zeta \frac{v_1^2}{2g}$</td></tr>
<tr><td>ζ</td><td>0.81</td><td>0.64</td><td>0.49</td><td>0.36</td><td>0.25</td><td>0.16</td><td>0.09</td><td>0.04</td><td>0.01</td></tr>
<tr><td colspan="10">A_1、A_2——过水断面面积(m^2)</td></tr>
<tr><td>流入水箱（池）</td><td colspan="10">1.0</td></tr>
</table>

表1-6 各种局部阻力损失折合直管长度表

m

口径/mm	局部阻力损失种类							
	底阀	逆止阀	闸阀（全开）	有喇叭进水口	无喇叭进水口	弯头（90°）	弯头（45°）	扩散管
50	5.3	1.8	0.1	0.2	0.5	0.2	0.1	0.3
75	9.2	3.1	0.2	0.4	0.9	0.4	0.2	0.5
100	13	4.4	0.3	0.5	1.3	0.5	0.3	0.7
125	17.4	5.9	0.4	0.7	1.8	0.7	0.4	0.9
150	22.2	7.5	0.5	0.9	2.2	0.9	0.5	1.1
200	33	11.3	0.7	1.3	3.3	1.3	0.7	1.7
250	44	14.9	0.9	1.8	4.4	1.8	0.9	2.2
300	56	19	1.1	2.2	5.6	2.2	1.1	2.8
350	64	22	1.3	2.6	6.5	2.6	1.3	3.2
400	76	25.8	1.5	3.0	7.6	3.0	1.5	3.8
450	88	30.2	1.8	3.5	8.8	3.5	1.8	4.4
500	100	34	2.0	4.0	10	4.0	2.0	5.0

表 1-7 100m 直管(钢管)损失扬程表

流量		管径/mm															
		50		70		80		100		125		150		200		250	
m^3/h	L/s	流速 v/(m/s)	损失/m	流速 v/(m/s)	损失/m	流速 v/(m/s)	损失/m	流速 v/(m/s)	损失/m	流速 v/(m/s)	损失/m	流速 v/(m/s)	损失/m	流速 v/(m/s)	损失/m	流速 v/(m/s)	损失/m
10.80	3.0	1.41	9.98	0.85	2.74	0.60	1.17	0.35	0.298	0.23	0.106						
12.60	3.5	1.65	13.6	0.99	3.65	0.70	1.55	0.40	0.393	0.264	0.140						
14.40	4.0	1.88	17.7	1.13	4.68	0.81	1.98	0.46	0.501	0.30	0.176	0.21	0.0754				
16.20	4.5	2.12	22.4	1.28	5.86	0.91	2.46	0.52	0.620	0.34	0.218	0.24	0.0924				
18.00	5.0	2.35	27.7	1.42	7.23	1.01	3.00	0.58	0.749	0.38	0.263	0.265	0.112				
19.80	5.5	2.59	33.5	1.56	8.75	1.11	3.58	0.63	0.892	0.414	0.311	0.29	0.132				
21.60	6.0	2.82	39.9	1.67	10.4	1.21	4.21	0.69	1.05	0.45	0.365	0.32	0.154	0.20	0.0474		
23.40	6.5			1.84	12.2	1.31	4.94	0.75	1.21	0.49	0.422	0.344	0.178	0.21	0.0544		
25.20	7.0			1.99	14.2	1.41	5.73	0.81	1.39	0.53	0.481	0.37	0.203	0.23	0.0619		
27.00	7.5			2.13	16.3	1.51	6.57	0.87	1.58	0.565	0.546	0.40	0.230	0.24	0.0703		
28.80	8.0			2.27	18.5	1.61	7.48	0.92	1.78	0.60	0.615	0.424	0.258	0.26	0.0786		
32.40	9.0			2.55	23.4	1.81	9.46	1.04	2.21	0.68	0.762	0.477	0.320	0.29	0.0966		
36.00	10.00			2.84	28.9	2.01	11.7	1.15	2.69	0.753	0.923	0.53	0.387	0.32	0.117	0.20	0.0362
39.60	11.00					2.21	14.1	1.27	3.24	0.83	1.10	0.58	0.460	0.36	0.138	0.22	0.0428
43.20	12.00					2.42	16.8	1.39	3.85	0.90	1.29	0.64	0.539	0.39	0.162	0.24	0.0520
46.80	13.00					2.62	19.7	1.50	4.52	0.98	1.50	0.69	0.624	0.42	0.186	0.26	0.0578

续表

流量		管径/mm															
		80		100		125		150		200		250		300		350	
m^3/h	L/s	流速 v/(m/s)	损失/m	流速 v/(m/s)	损失/m	流速 v/(m/s)	损失/m	流速 v/(m/s)	损失/m	流速 v/(m/s)	损失/m	流速 v/(m/s)	损失/m	流速 v/(m/s)	损失/m	流速 v/(m/s)	损失/m
50.40	14.00	2.82	22.9	1.62	5.24	1.05	1.72	0.74	0.715	0.45	0.214	0.28	0.0659				
57.60	16.00			1.85	6.85	1.20	2.21	0.85	0.915	0.52	0.272	0.32	0.0835	0.22	0.0331		
64.80	18.00			2.08	8.66	1.36	2.79	0.95	1.14	0.58	0.337	0.36	0.103	0.25	0.0406		
72.00	20.00			2.31	10.7	1.51	3.45	1.06	1.38	0.65	0.407	0.40	0.124	0.274	0.0492	0.20	0.023
81.00	22.50			2.60	13.5	1.69	4.36	1.19	1.72	0.73	0.506	0.45	0.154	0.31	0.0605	0.225	0.0283
90.00	25.00			2.89	16.7	1.88	5.39	1.32	2.12	0.81	0.614	0.50	0.186	0.34	0.073	0.25	0.0301
99.00	27.50					2.07	6.52	1.46	2.57	0.89	0.732	0.55	0.221	0.38	0.0864	0.275	0.0403
108.00	30.00					2.26	7.76	1.59	3.05	0.97	0.86	0.60	0.258	0.41	0.101	0.30	0.0471
126.00	35.00					2.64	10.6	1.85	4.16	1.14	1.15	0.70	0.343	0.48	0.134	0.35	0.062
135.00	37.50					2.82	12.1	1.99	4.77	1.22	1.30	0.75	0.39	0.513	0.151	0.375	0.0701
144.00	40.00					3.01	13.8	2.12	5.43	1.30	1.48	0.80	0.439	0.55	0.170	0.40	0.0787
162.00	45.00							2.38	6.87	1.46	1.88	0.90	0.545	0.62	0.211	0.45	0.973
180.00	50.00							2.65	8.49	1.63	2.32	1.00	0.663	0.68	0.255	0.50	0.117
198.00	55.00							2.91	10.3	1.79	2.80	1.10	0.792	0.75	0.305	0.55	0.139
216.00	60.00									1.95	3.34	1.20	0.93	0.82	0.357	0.60	0.163
234.00	65.00									2.11	3.92	1.30	1.09	0.89	0.415	0.65	0.189

续表

流量		管径/mm								流量		管径/mm			
		200		250		300		350				300		350	
m^3/h	L/s	流速 v/(m/s)	损失/m	流速 v/(m/s)	损失/m	流速 v/(m/s)	损失/m	流速 v/(m/s)	损失/m	m^3/h	L/s	流速 v/(m/s)	损失/m	流速 v/(m/s)	损失/m
252	70	2.28	4.54	1.40	1.27	0.96	0.476	0.70	0.216	648	180	2.46	3.04	1.80	1.32
270	75	2.44	5.22	1.50	1.45	1.03	0.54	0.75	0.246	684	190	2.60	3.39	1.90	1.47
288	80	2.60	5.93	1.60	1.65	1.09	0.61	0.80	0.277	720	200	2.74	3.76	2.00	1.63
306	85	2.76	6.70	1.70	1.87	1.16	0.683	0.85	0.310	795.6	221	3.02	4.59	2.21	1.99
324	90	2.93	7.51	1.80	2.09	1.23	0.761	0.90	0.344	860.4	239			2.39	2.33
342	95			1.90	2.33	1.30	0.848	0.95	0.381	936.0	260			2.60	2.76
360	100			2.00	2.58	1.37	0.939	1.00	0.419	1011.6	281			2.81	3.22
396	110			2.20	3.12	1.51	1.14	1.10	0.500	1087.2	302			3.02	3.72
432	120			2.40	3.72	1.64	1.35	1.20	0.587						
468	130			2.60	4.36	1.78	1.59	1.30	0.689						
504	140			2.81	5.06	1.92	1.84	1.40	0.799						
540	150			3.01	5.81	2.05	2.11	1.50	0.917						
576	160					2.19	2.40	1.60	1.04						
612	170					2.33	2.71	1.70	1.18						

表 1-8 100m 直管(铸铁管)损失扬程表

流量		管径/mm															
		50		70		100		125		150		200		250		300	
m^3/h	L/s	流速 v/(m/s)	损失/m	流速 v/(m/s)	损失/m	流速 v/(m/s)	损失/m	流速 v/(m/s)	损失/m	流速 v/(m/s)	损失/m	流速 v/(m/s)	损失/m	流速 v/(m/s)	损失/m	流速 v/(m/s)	损失/m
10.80	3.0	1.59	13.7	0.70	1.67	0.39	0.398	0.25	0.133								
12.60	3.5	1.86	18.6	0.81	2.22	0.45	0.526	0.29	0.175	0.20	0.0723						
14.40	4.0	2.12	24.3	0.93	2.84	0.52	0.669	0.33	0.222	0.23	0.0909						
16.20	4.5	2.39	30.8	1.05	3.53	0.58	0.829	0.37	0.274	0.26	0.112						
18.00	5.0	2.65	38.0	1.16	4.30	0.65	1.00	0.414	0.331	0.286	0.135						
19.80	5.5	2.92	45.9	1.28	5.17	0.72	1.20	0.455	0.392	0.315	0.160						
21.60	6.0			1.39	6.15	0.78	1.40	0.50	0.460	0.344	0.187						
23.40	6.5			1.51	7.22	0.84	1.62	0.54	0.531	0.373	0.216	0.21	0.0531				
25.20	7.0			1.63	8.37	0.91	1.86	0.58	0.609	0.40	0.246	0.225	0.0605				
27.00	7.5			1.74	9.61	0.97	2.12	0.62	0.690	0.43	0.279	0.24	0.0683				
28.80	8.0			1.86	10.9	1.01	2.39	0.66	0.775	0.46	0.314	0.257	0.0765				
32.40	9.0			2.09	13.8	1.17	2.99	0.745	0.963	0.52	0.391	0.29	0.0942				
36.00	10.0			2.33	17.1	1.30	3.65	0.83	1.17	0.57	0.469	0.32	0.113	0.20	0.0384		
39.60	11.00			2.56	20.7	1.43	4.42	0.91	1.10	0.63	0.559	0.354	0.135	0.226	0.0456		
43.20	12.00			2.79	24.6	1.56	5.26	0.99	1.64	0.69	0.665	0.39	0.158	0.246	0.0529		
46.80	13.00			3.02	28.9	1.69	6.17	1.08	1.90	0.75	0.760	0.42	0.182	0.27	0.0612		

续表

流量		管径/mm															
		100		125		150		200		250		300		350			
m³/h	L/s	流速 v/(m/s)	损失/m	流速 v/(m/s)	损失/m	流速 v/(m/s)	损失/m	流速 v/(m/s)	损失/m	流速 v/(m/s)	损失/m	流速 v/(m/s)	损失/m	流速 v/(m/s)	损失/m		
50.40	14.00	1.82	7.16	1.16	2.19	0.80	0.871	0.45	0.208	0.29	0.0695						
57.60	16.00	2.08	9.35	1.32	2.84	0.92	1.11	0.51	0.264	0.33	0.0886	0.23	0.0358				
64.80	18.00	2.34	11.80	1.49	3.59	1.03	1.39	0.58	0.328	0.37	0.109	0.255	0.0443				
72.00	20.00	2.60	14.60	1.66	4.43	1.15	1.69	0.64	0.397	0.41	0.132	0.283	0.0532				
81.00	22.50	2.92	18.50	1.86	5.61	1.29	2.12	0.72	0.493	0.46	0.163	0.32	0.0655	0.234	0.0311		
90.00	25.00			2.07	6.92	1.43	2.61	0.80	0.598	0.51	0.197	0.354	0.0793	0.26	0.0375		
108.00	30.00			2.48	9.96	1.72	3.77	0.96	0.84	0.62	0.275	0.424	0.110	0.312	0.0518		
126.00	35.00			2.90	13.60	2.01	5.13	1.12	1.12	0.72	0.364	0.495	0.145	0.364	0.0682		
135.00	37.50					2.15	5.88	1.21	1.27	0.77	0.413	0.53	0.164	0.39	0.0772		
144.00	40.00					2.29	6.69	1.29	1.44	0.82	0.463	0.57	0.185	0.42	0.0866		
162.00	45.00					2.58	8.47	1.45	1.83	0.92	0.579	0.64	0.229	0.47	0.107		
180.00	50.00					2.87	10.5	1.61	2.26	1.03	0.705	0.71	0.277	0.52	0.130		
198.00	55.00							1.77	2.73	1.13	0.841	0.78	0.331	0.57	0.154		
216.00	60.00							1.93	3.25	1.23	0.991	0.85	0.388	0.62	0.181		
234.00	65.00							2.09	3.81	1.33	1.17	0.92	0.45	0.68	0.209		
252.00	70.00							2.25	4.42	1.44	1.35	0.99	0.517	0.73	0.239		

续表

流量		管径/mm								流量		管径/mm	
		200		250		300		350				350	
m^3/h	L/s	流速 v/(m/s)	损失/m	流速 v/(m/s)	损失/m	流速 v/(m/s)	损失/m	流速 v/(m/s)	损失/m	m^3/h	L/s	流速 v/(m/s)	损失/m
270	75	2.41	5.08	1.54	1.55	1.06	0.588	0.78	0.271	795.60	221	2.30	2.21
288	80	2.57	5.78	1.64	1.76	1.13	0.663	0.83	0.306	860.40	239	2.48	2.59
306	85	2.73	6.52	1.75	1.99	1.20	0.741	0.88	0.342	936	260	2.70	3.06
324	90	2.89	7.31	1.85	2.23	1.27	0.830	0.94	0.380	1011.60	281	2.92	3.58
342	95			1.95	2.48	1.34	0.925	0.99	0.420				
360	100			2.05	2.75	1.41	1.020	1.04	0.462				
396	110			2.26	3.33	1.56	1.24	1.14	0.553				
432	120			2.46	3.96	1.70	1.48	1.25	0.652				
468	130			2.67	4.65	1.84	1.73	1.35	0.765				
504	140			2.88	5.39	1.98	2.01	1.46	0.888				
540	150					2.12	2.31	1.56	1.020				
576	160					2.26	2.62	1.66	1.160				
612	170					2.40	2.96	1.77	1.310				
648	180					2.55	3.32	1.87	1.470				
684	190					2.69	3.70	1.97	1.630				
720	200					2.83	4.10	2.08	1.81				

第二章　离心泵的基础知识

第一节　泵的分类及型号

一、泵的定义

泵是一种抽送液体或增加液体能量的机器，即把原动机的机械能变为液体能量的机器统称为泵。

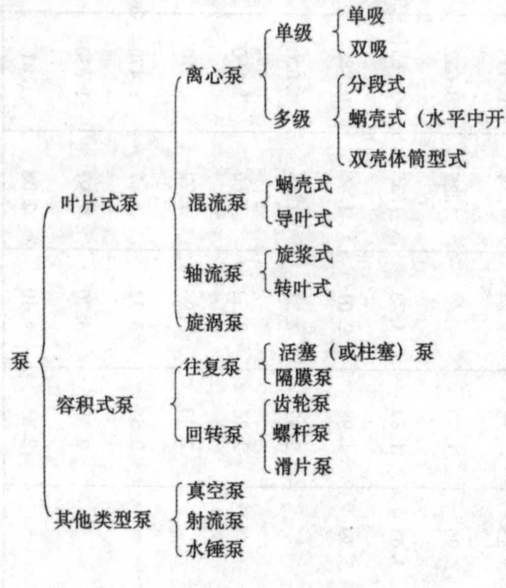

图2－1　泵的分类

二、泵的分类

按其作用原理，可将泵分为三大类，如图2－1所示。

1. 叶片式泵

它是利用旋转叶轮的叶片和液体相互作用来输送液体或增加液体的能量。主要有离心泵、混流泵、轴流泵和旋涡泵等。其特点是流量大、扬程较低、体积较小。这其中旋涡泵为小流量高扬程泵；混流泵和轴流泵为大流量低扬程泵；离心泵介于它们之间，使用范围最为广泛。

2. 容积式泵

它是利用工作室容积周期性变化来输送液体或增加液体的能量。如往复泵（活塞泵）（图2－2）、柱塞泵、隔膜泵、转子泵（图2－3）、齿轮泵（图2－4）、螺杆泵（图2－5）等。其特点是流量小、扬程高、体积大。

3. 其他类型泵

是利用流体能量来输送液体的泵，如射流泵（图2－6）、水锤泵（图2－7）等。

图2－8表示了各种类型泵的使用范围。从图中可以看出，离心泵所占的区域最大，使用也最为广泛。其流量在5～20000m^3/h；扬程在8～2800m的范围内。

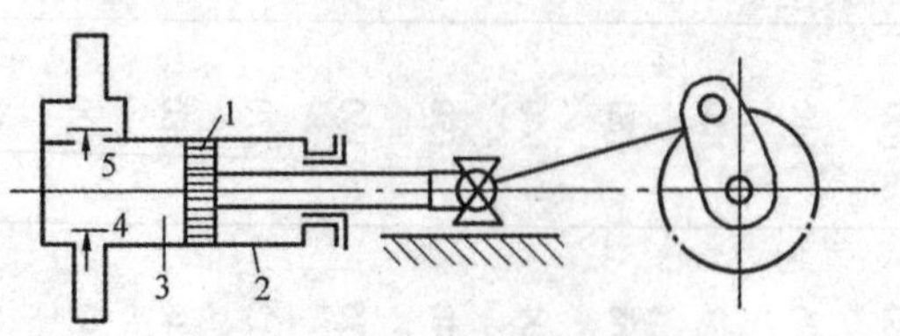

图2－2　往复泵示意图

1—活塞；2—泵缸；3—工作室；4—吸水阀；5—压水阀

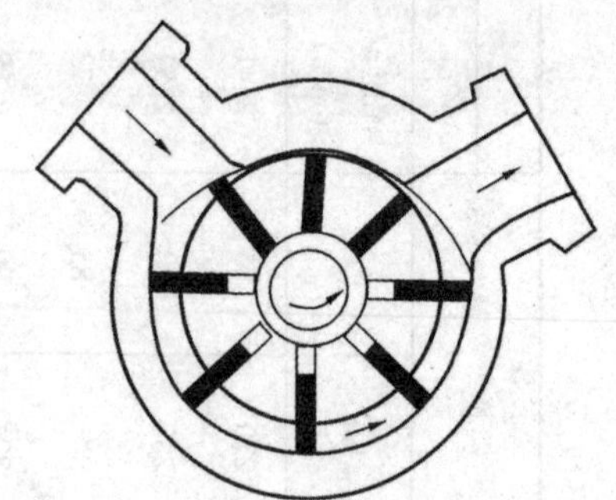

图2－3　转子泵示意图

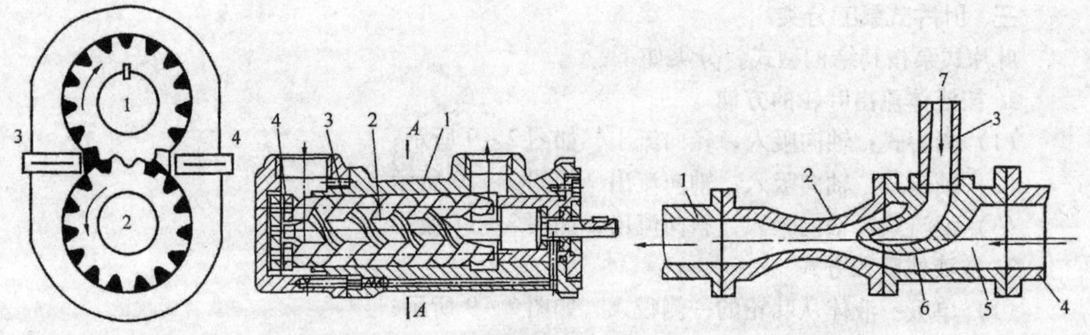

图2-4　齿轮泵示意图

1—主动轮；2—从动轮；3—吸油管；4—压油管

图2-5　螺杆泵示意图

1—泵壳；2—主动螺杆；3—从动螺杆；4—轴承

图2-6　射流泵示意图

1—排出管；2—扩散管；3—管子；4—吸入管；5—吸入室；6—喷嘴；7—工作流体；

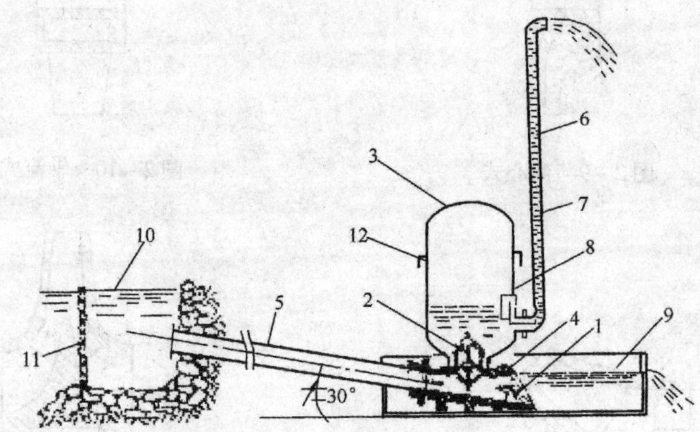

图2-7　水锤泵示意图

1—冲击阀；2—进水阀；3—空气室；4—机座；5—进水管；6—出水管；7—放气细管；8—排气罩；9—排水池；10—进水池；11—滤栅；12—吊钩

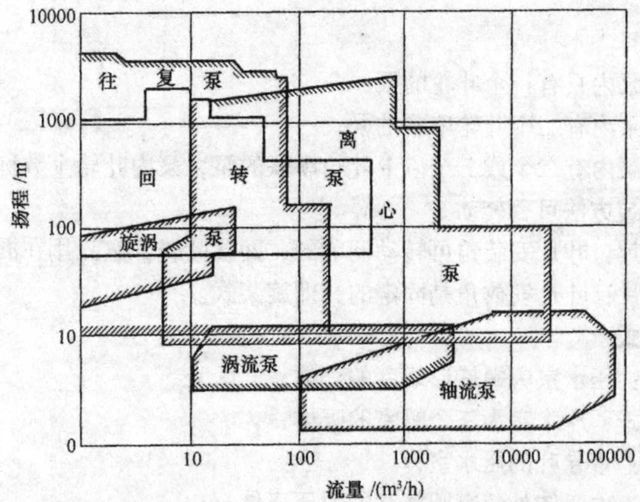

图2-8　各种泵的使用范围

三、叶片式泵的分类

叶片式泵按其结构型式，分类如下：

1. 按液体流出叶轮的方向

（1）离心式：轴向吸入，径向流出，如图2－9所示；

（2）轴流式：轴向吸入，轴向流出，如图2－10所示；

（3）混流式：轴向吸入，斜向流出，如图2－11所示。

2. 按液体吸入方式

（1）单吸：液体从叶轮的一侧吸入，如图2－9所示；

（2）双吸：液体从叶轮的两侧吸入，如图2－12所示。

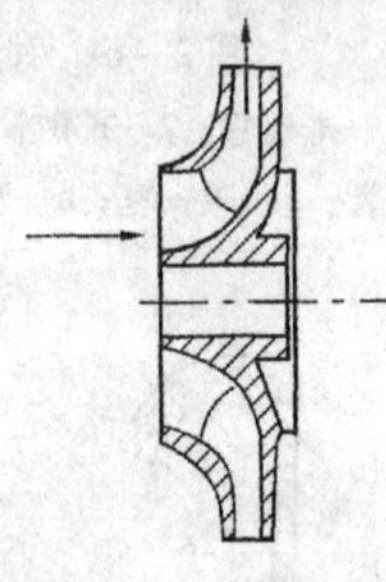

图2－9　离心式

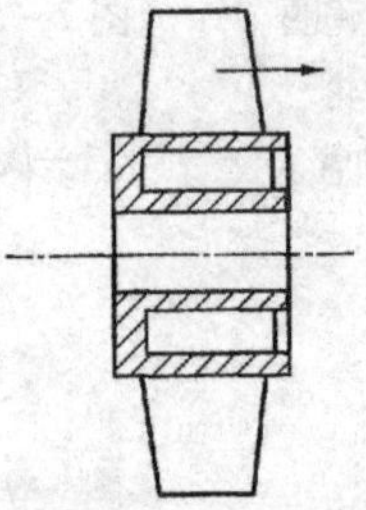

图2－10　轴流式

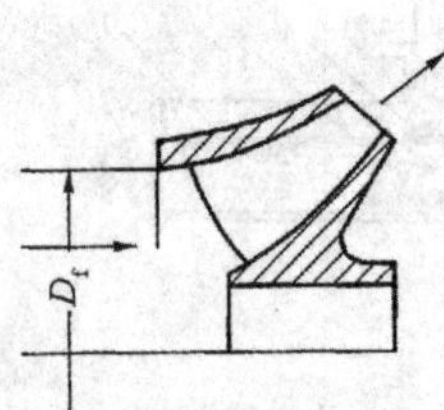

图2－11　混流式

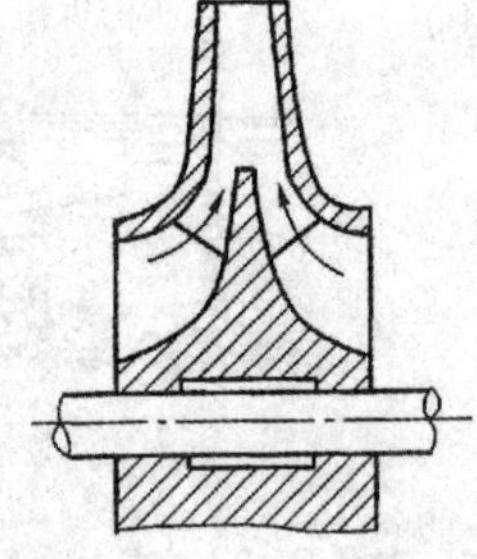

图2－12　双吸叶轮

3. 按叶轮数目

（1）单级：泵内只有一个叶轮的泵；

（2）两级：泵内有二个叶轮串联的泵；

（3）多级：泵内有二个或二个以上叶轮串联的泵，泵内叶轮个数称为多级泵的级数。

4. 按叶片安装方法可否转动

（1）可调叶片：叶片安装角可转动调节的，即转叶式，它只用在混流式和轴流式中；

（2）固定叶片：叶片安放角是固定的，即旋桨式。

5. 按泵体形式

（1）蜗壳式：压水室为螺旋形蜗室的壳体；

（2）双蜗壳式：压水室为二个蜗室的壳体；

（3）透平泵：带导叶的压水室；

（4）筒式泵：内壳体外装有圆筒状的耐压壳体；

（5）双壳泵：双层壳体泵。

6. 按壳体剖分方式

（1）分段式（节段式）：在分段式多级泵中，每一级壳体都是分开式的，并与主轴垂直的平面剖分；

（2）水平中开式：壳体在通过轴心线的平面上水平分开，剖分是水平的。

7. 按主轴方向

（1）卧式：主轴水平放置；

（2）立式：主轴垂直放置；

（3）斜式：主轴倾斜放置。

四、离心泵的主要零部件及结构型式

1. 离心泵的主要零部件

（1）叶轮。

叶轮是将来自原动机的能量传递给液体的零件，流体流经叶轮后能量增加。叶轮一般由前盖板、后盖板、叶片和轮毂组成。有前后盖板的叶轮称闭式叶轮，如果没有前盖板的称半开式叶轮，如果前后盖板都没有称开式叶轮。

（2）泵体。

常由吸水室和压水室两大部分组成。

吸水室的作用是引导流体平顺均匀地进入叶轮，吸水室主要有三种结构形式：锥形管吸水室、圆环型吸水室和半螺旋型吸水室。

压水室的作用是以最小的损失将从叶轮中流出的液体收集起来，均匀地引至泵的出口或次级叶轮，在这个过程中，还将流体的一部分动能变为压力能。压水室主要有螺旋形蜗室、环形压出室、径向导叶、流导式导叶和扭曲叶片式导叶等。

（3）泵轴。

泵轴支承并带动叶轮旋转。泵轴一端用键和叶轮螺母固定叶轮，另一端装联轴器与电机连接。泵轴应有足够的强度和刚度，一般由碳素钢或合金钢制成。

（4）密封环。

由于叶轮旋转时，将能量传递给液体，所以在离心泵中形成了高压区和低压区。为了减少高压区液体向低压区流动，在泵体和叶轮上分别安装了两个密封环，两密封环之间有很小的间隙，以减少高压区液体向低压区流动。装在泵体上的叫泵体密封环，装在叶轮上的叫叶轮密封环，密封环磨损后可以更换。

（5）轴封机构。

在泵轴伸出泵体处，旋转的轴和固定的泵体之间有轴封机构。轴封机构有两个作用：一是减少有压力的液体流出泵外，二是防止空气进入泵内。泵的轴封有填料密封、机械密封、油封等。详见第五章“泵的轴封选择与应用”。

（6）轴向力平衡机构。

泵在运行中由于作用在转子上的力不对称产生了轴向力，为了泵平稳正常运转，需要对轴向力给予平衡。单级泵中常采用平衡孔或平衡管平衡轴向力，多级泵中一般采用平衡盘或平衡鼓平衡轴向力。详见本章第十节。

离心泵除了上述主要零件外，还有中段、轴承体、托架、支架、联轴器等主要零部件。

2. 离心泵的结构形式

离心泵的结构形式基本上可按轴的位置分为卧式和立式两大类。再根据压出室形式、吸入方式和叶轮级数又可分为如下的几种基本形式：

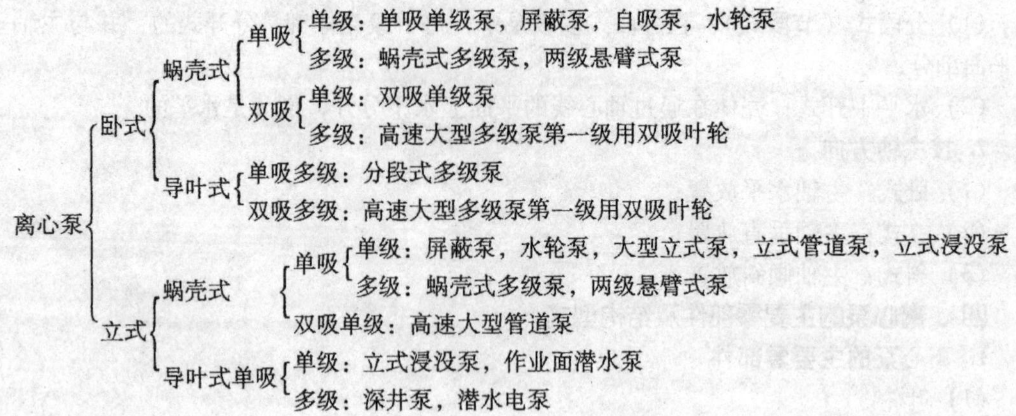

五、泵的型号

为了区别不同种类、结构、用途及性能的泵，给它们编制一个记号，即型号来加以区分。表示泵型号的方法很多，我国泵的型号一般用汉语拼音字头和有关数字来表示：用汉语拼音字头来表示泵的种类、结构或用途；用数字来表示泵的口径、流量、扬程和叶轮直径等，老的泵型号还用来表示泵的比转数。

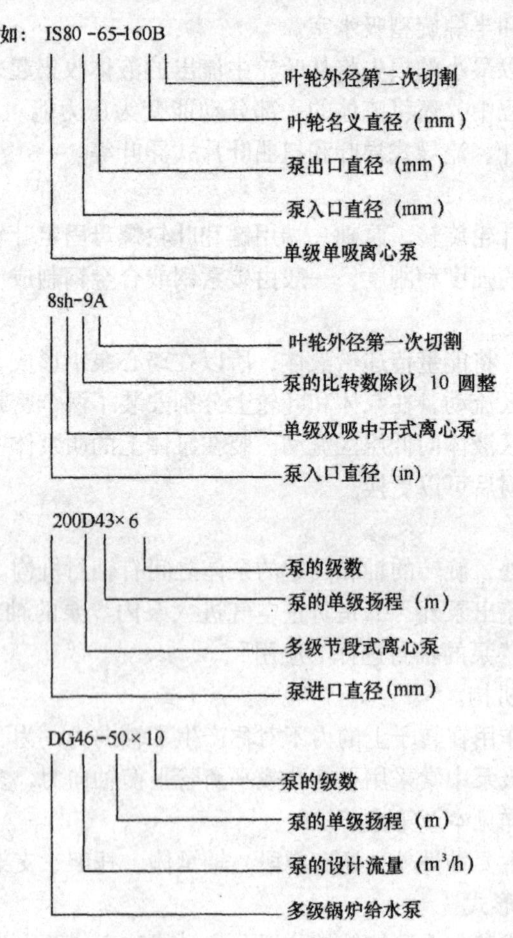

表示的方法很多，一定要正确了解它的含义，一般样本或说明书中会详尽说明它的型号含义。

第二节　离心泵的几种常用结构

一、单级或两级单吸悬臂泵

如图2－13所示，这种结构泵用途最广。泵轴的一端在托架内用轴承支承，另一端悬出，装有叶轮，所以这种结构型式的泵常被称为悬臂泵。轴承可以用稀油润滑，也可以用油脂润滑。轴封常采用填料或机械密封等，扬程低的泵可用骨架式橡胶密封。轴向力平衡常采用平衡孔或背叶片。图2－13泵体为后开门的结构，装拆时可不必拆卸进出口管路，但也可为前开门的结构，换叶轮时比较方便，只要把泵盖拆下即可。为了增加泵的稳定性，底脚也可放到悬架上。单级扬程不能满足时，可制成两级泵，一般两个叶轮采用背靠背排列以平衡轴向力。对高温泵采用水平中心支承支架式的结构。

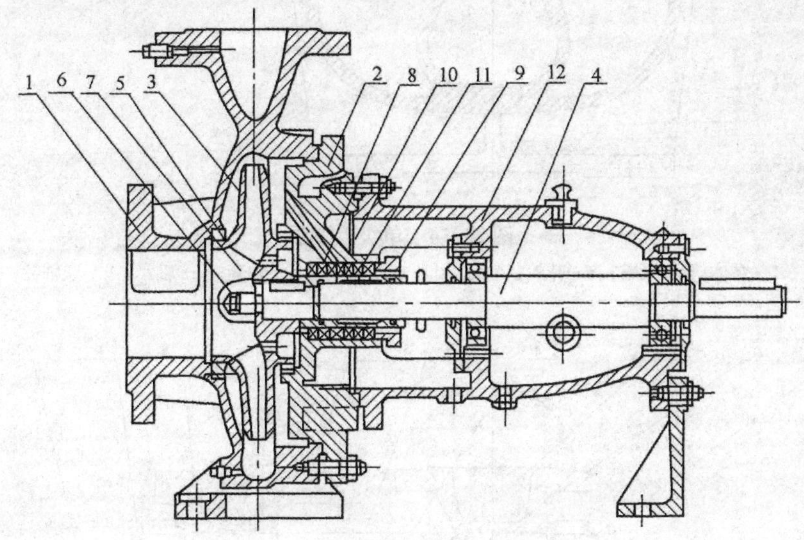

图2－13　单级单吸悬架式泵

1—泵体；2—泵盖；3—叶轮；4—轴；5—密封环；6—叶轮螺母；7—制动垫圈；8—轴套；9—填料压盖；10—填料环；11—填料；12—悬架轴承部件

二、单级双吸离心泵

如图2－14所示，这种结构泵使用也很广泛。它实际上相当于将两个相同的叶轮背靠背地装在一根轴上并联工作，所以这种泵不但流量大，而且可以自动平衡轴向力。单级双吸泵一般采用半螺旋形吸入室，泵体为蜗壳式压水室并水平中开式。轴承装在泵轴的两端，小型泵采用滚动轴承，大型泵采用滑动轴承。这种泵工作平稳可靠，维修方便，只要打开泵盖即可将整个转子取出，可不动进出管路及电机。

三、分段式多级泵

如图2－15所示，这种结构泵使用也极广泛。它实际上相当于将几个叶轮装在一根轴上串联工作，所以泵的扬程可以比较高，每个叶轮均有相应的导叶。第一级叶轮一般是单吸的，但为了改善泵的汽蚀性能，可将第一级叶轮制成双吸。泵的轴承在泵轴的两端支承，功率小的泵用滚动轴承，功率大的泵用滑动轴承，稀油润滑，甚至需要用强制润滑方式。轴向力的平衡常采用平衡盘结构或平衡鼓结构。采用平衡盘结构时，整个转子可以左右窜动，靠平衡盘自动的将转子维持在平衡位置上。少数还有采用平衡孔结构。

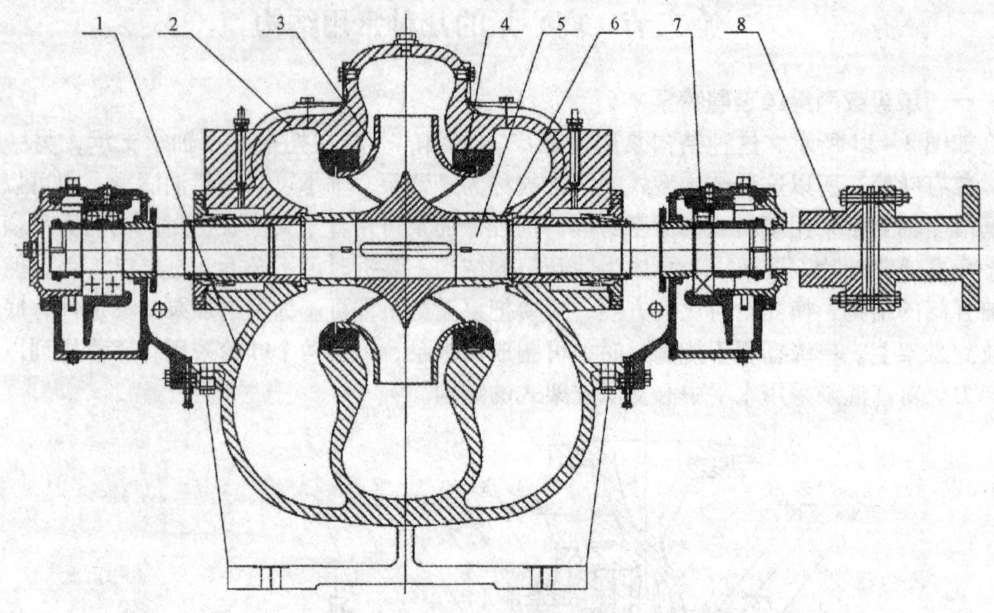

图 2-14 单级双吸泵

1—泵体；2—泵盖；3—叶轮；4—密封环；5—泵轴；6—轴套；7—轴承；8—联轴器

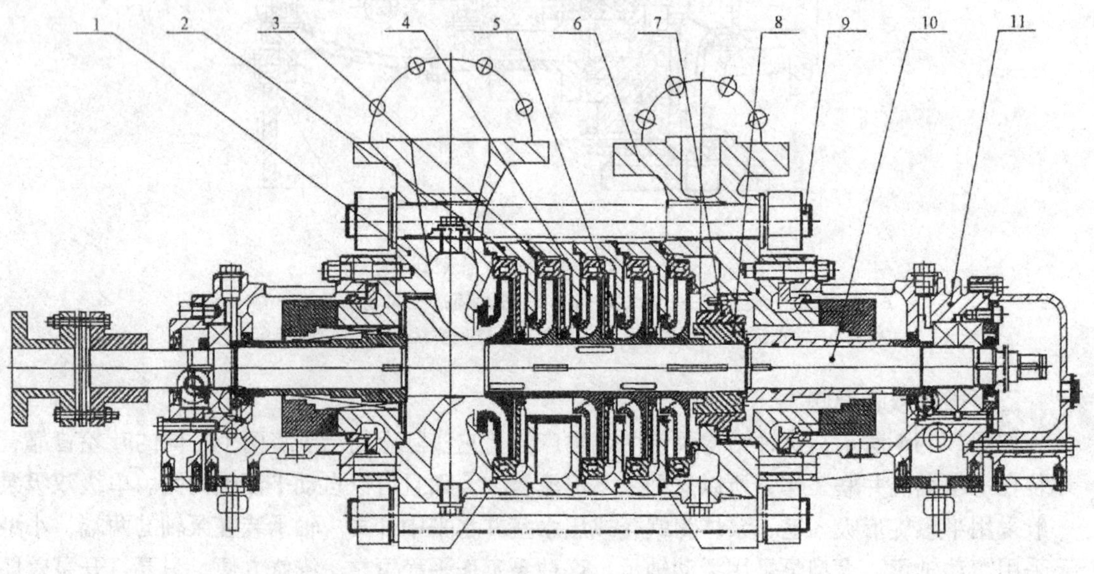

图 2-15 分段式多级泵

1—吸入段；2—中段；3—导叶；4—叶轮；5—密封环；6—压出段；7—平衡盘；8—平衡板；9—穿杠；10—轴；11—轴承部件

四、蜗壳式多级泵

采用螺旋形压水室的泵俗称蜗壳泵。泵体由几个蜗壳组成，串联工作，叫蜗壳式多级泵。每个叶轮均有相应的螺旋形压水室，泵体采用水平中开式。叶轮一般采用对称布置，自动平衡轴向力，进、出口都铸在泵体上。所以检修非常方便，可以不拆卸进、出口管路，只要把上泵体（泵盖）打开即可取出整个转子。其缺点泵体体积大，且结构复杂，对铸造加工增加了难度。所以价格也较高，一般用于流量较大，扬程较高，运行可靠性要求较高的地方。

五、立式管道泵

如图 2－16 所示，其结构较简单，进、出口同在一水平线上，可直接安装在管道中，电机在上面，占地面积很小。压水室一般为螺旋形蜗壳，泵本身可以没有轴承，直接用电机轴承，对功率大的，泵本身要有自己的轴承，轴封一般为机械密封，也可以用填料。

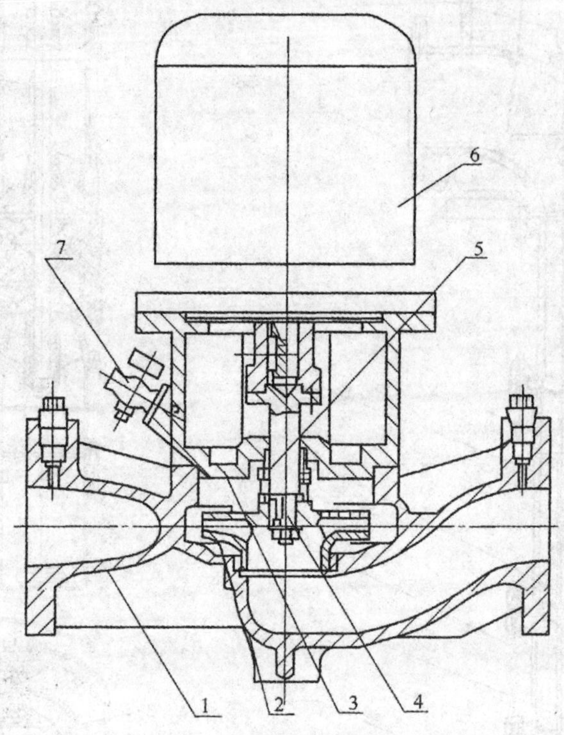

图 2－16　立式管道泵

1—泵体；2—叶轮；3—泵盖；4—轴；5—机械密封；6—电机；7—放气旋塞

六、立式浸没式泵

如图 2－17 所示，其泵将叶轮浸没于液体之中，启动时无需灌水或抽真空，使用非常方便，占地面积小，泵的基础也很小。图 2－17 为单管式的浸没泵，即泵轴和扬水管同在一管中。在作为污水泵时，扬水管可做成双管式的，即泵轴在一管中，被输送的液体在另一管中流动，其叶轮可设计为无堵塞式的叶轮，更不易堵塞。

七、深井泵

如图 2－18 所示，主要用于深井中把水提到地面上来。这种泵由于要下到深井中去，受到井径的限制，所以是细长的。深井泵一般用立式电机，装在地面的泵座上，经很长的传动轴带动井下的叶轮转动，通过很长的扬水管将井水提上来。它实际也是立式浸没式的一种，不过它的外径要求更小，泵更长。

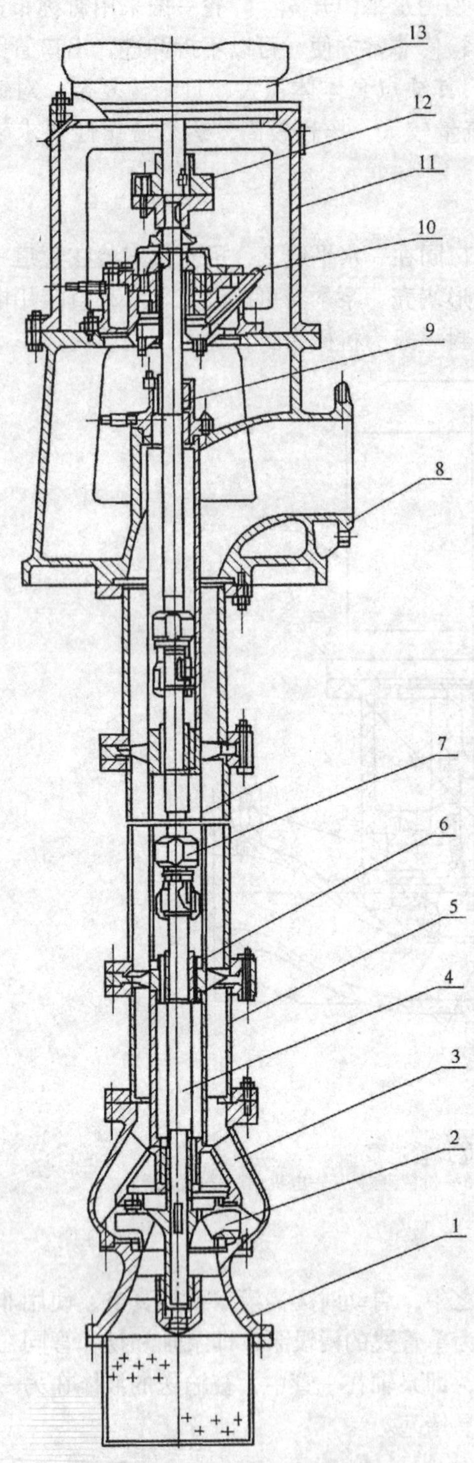

图 2－17　立式淹没式泵

1—泵盖；2—叶轮；3—泵体；4—泵轴；5—扬水管；
6—滑动轴承；7—联轴节；8—泵座；9—轴封；
10—滚动轴承；11—电机支架；12—联轴器；
13—电机

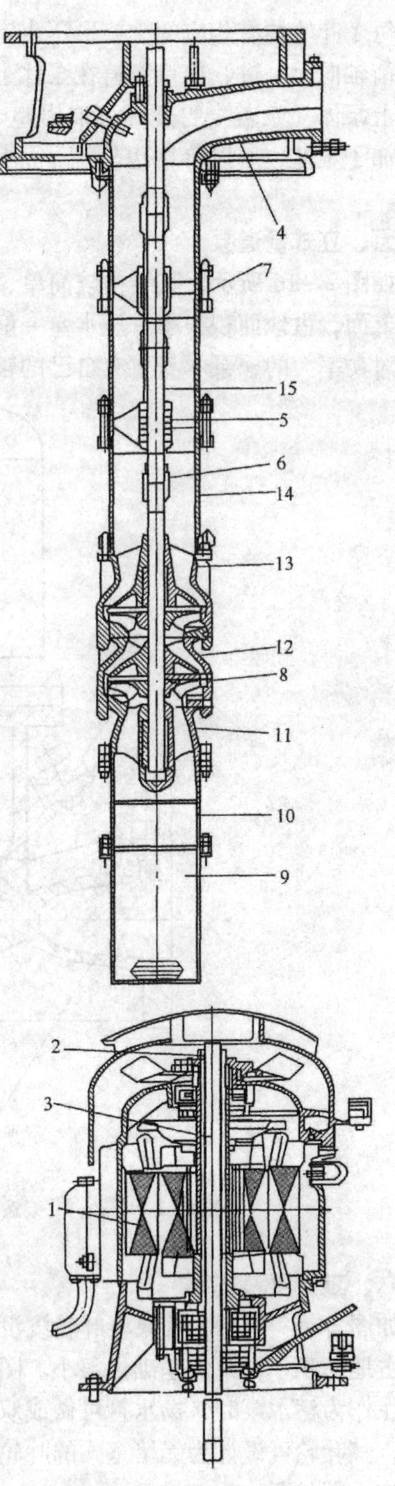

图 2－18　深井泵

1—立式电机；2—调整螺母；3—传动轴；4—泵座；
5—中间轴承；6—联轴器 ；7—螺栓；8—叶轮；
9—滤水网；10—吸入管；11—下壳；12—中壳；
13—上壳；14—扬水管；15—传动轴

八、潜水电泵

如图 2－19 所示，潜水电泵也是用来把深井中的水提到地面上，只是把电机和泵连在一起放于井下水中去了，直接由电机带动泵的叶轮旋转。省去了泵座、扬水管、中间传动轴、联轴器等，大大简化了泵的结构。但由于要把电机放入井下水中运行，所以对电机绕组绝缘要采取特殊措施。目前，潜水电机大多采用湿式的。但当电机一旦产生故障修理是比较困难的。

图 2－20 所示是作业面潜水泵，它也是泵和电机置于水下工作，但不受井径的限制需要细长，并且置于水下很浅。这种泵的电机一般是干式的，有干式和充油式两种。这种泵安装方便，启动前也不需要灌水，使用极其方便。所以常在野外，移动使用的工地中使用。它的流量、扬程、功率一般都较小。

九、屏蔽泵

如图 2－21 所示，屏蔽泵又称无轴封泵；泵的叶轮和电机转子连成一体，电机的转子和定子用薄壁圆筒封闭起来，使电机绕组与被输送的液体隔开，并装在一个密封壳体内，故不需要轴封，从根本上消除了被输送液体的外漏。所以常用来输送易燃易爆、有放射性、有毒或贵重的液体。

十、自吸泵

如图 2－22 所示，自吸泵有内循环和外循环两种型式。图 2－22 为内循环式的自吸泵，它们都带有气水分离室，泵体较大。泵在启动前先往泵内灌满液体，启动后由于叶轮旋转，在离心力的作用下液体被甩出流道到泵体中，此时，叶轮进口处形成真空，吸入管路内的空气进入泵进口与水混合后，形成气水混合物进入叶轮内。然后，在离心力的作用下又被甩到泵体内，由于泵体较大，流速减慢，进行气水分离。气体向上由液面逸出，液体在静压力作用下，从泵体下方的喷嘴射出，回流到泵进口，又与吸入管内的空气混合，进入叶轮内。这样周而复始，不断将泵进水管路内的空气排出，液面不断上升，直至吸入管内的空气全部排净，液体进入叶轮，完成自吸过程，泵正常排液。

如图 2－23 所示为外循环自吸泵，它与内循环式自吸泵不同的是液体回流不在叶轮进口，而在叶轮出口处与空气混合，再排出到泵体进行气水分离，气体从液面逸出，液体又回流到叶轮出口外圆，进行气水混合，直到排尽进口管路中的空气。

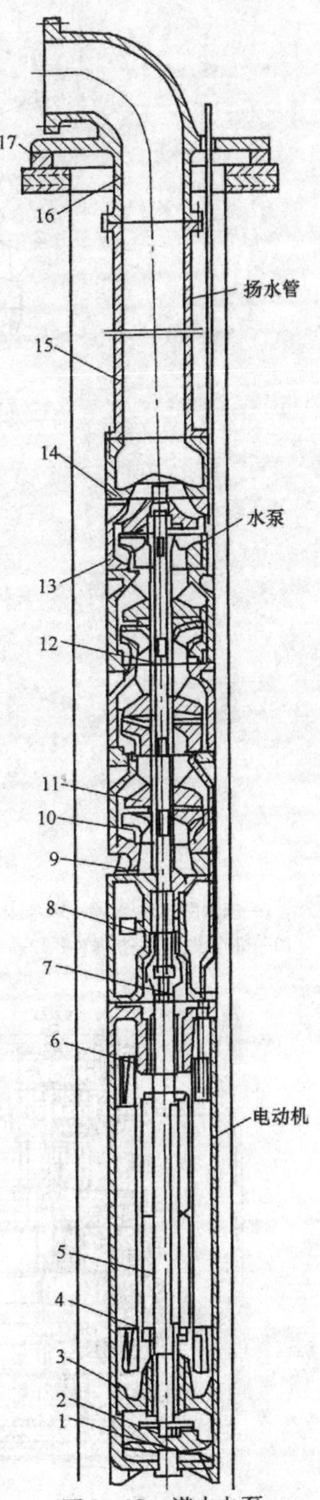

图 2－19　潜水电泵

1—加水嘴；2—止推轴承；3—下轴承座；4—电机定子；5—电机转子；6—上轴承座；7—联轴器；8—过滤器；9—防砂器；10—叶轮；11—中壳；12—泵轴；13—上壳；14—逆止阀；15—扬水管；16—弯管；17—泵座

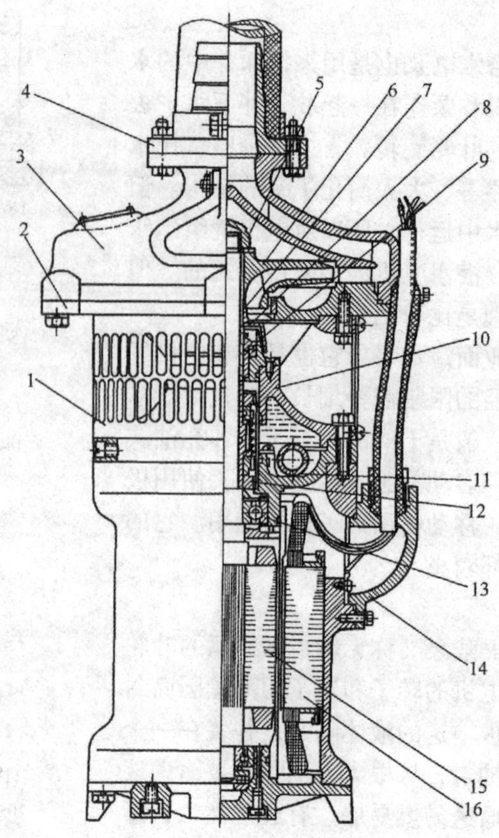

图 2-20 作业面潜水泵

1—滤水网；2—泵盖；3—泵体；4—接头；5—叶轮螺母；6—叶轮；7—轴套；8—甩水器；9—密封圈；10—进水段；11—扩张件；12—双端面机械密封；13—轴承；14—出线盒盖；15—电机转子；16—电机定子

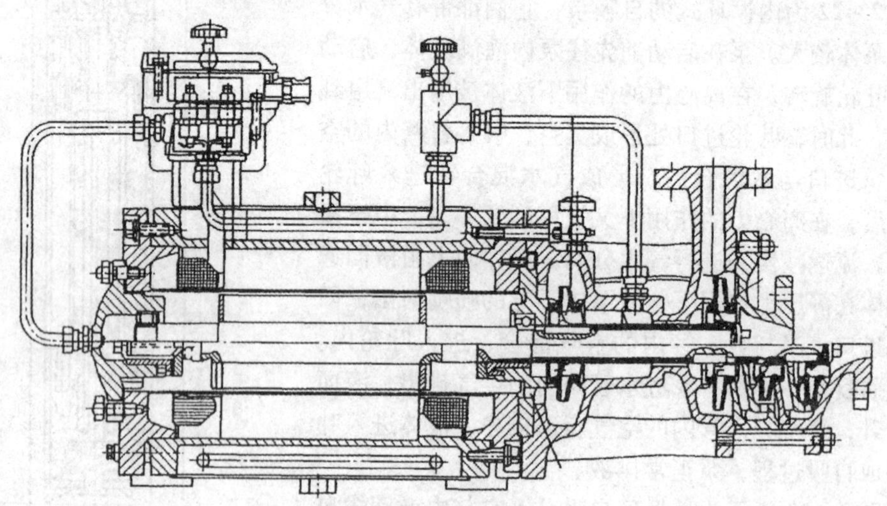

图 2-21 屏蔽泵基本结构示意图

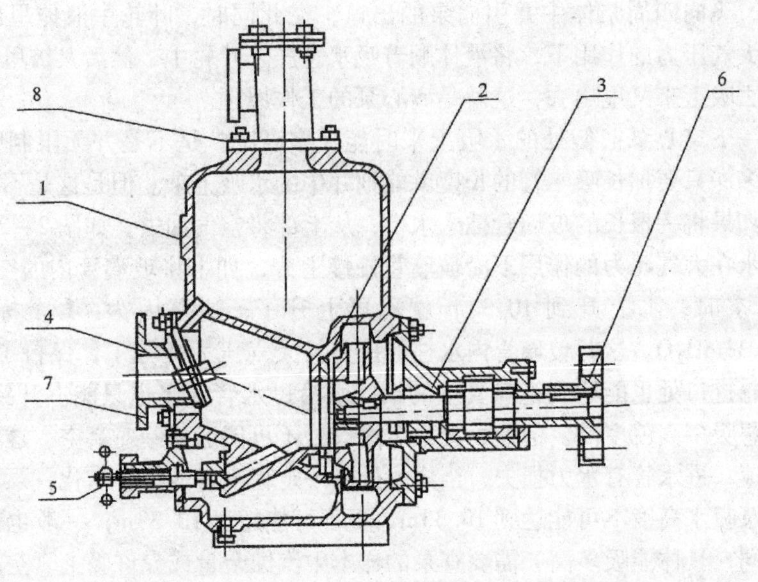

图 2－22　内循环自吸泵

1—泵体；2—承磨板；3—转子部件；4—进水阀；5—阀门部件；6—联轴器；7—进水接头；8—出水接头

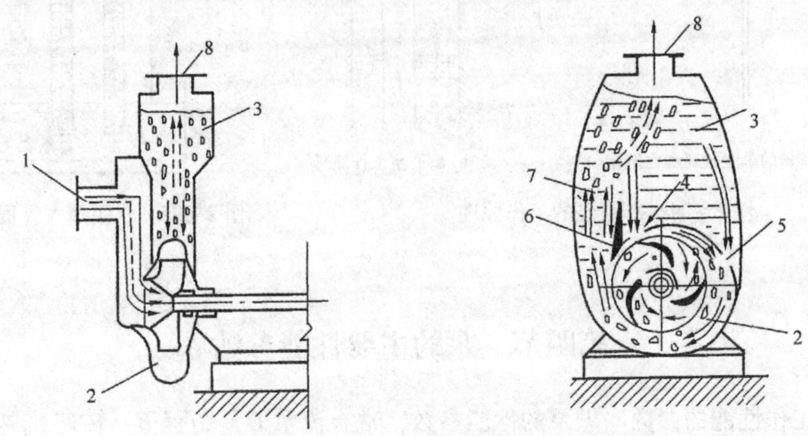

图 2－23　外混式自吸离心泵

1—吸入口；2—叶轮工作室；3—气水分离室；4—左回水孔；5—右回水孔；6—蜗壳舌；7—通道；8—压出口

第三节　离心泵的工作原理

为了说明离心泵的工作原理，先来看日常生活中的一个现象。在雨天打伞，如果用手转动伞柄，伞上的水就会被甩出去，转得越快，雨点甩得越远，这是因为雨水在旋转的伞上受到离心力的作用之故。再看另一个日常生活的现象：水总往低处流，但在医院大夫打针时，抽动针筒芯往上提时能把低处药液抽入针筒内。这是因为当针筒芯上抽时，原来针筒芯占的地方被抽上去后，这块地方没有空气便形成了真空，而药面上有大气压力的作用，将药液压入针筒内。在泵中（见图 2－24），同上面情况一样，当泵的叶轮旋转时，叶轮叶片将液体从叶轮甩出去，飞向四周泵体中并引向泵的出口，在此同时，叶轮中液体甩出去后形成真空，而液面在大气压力的作用下，将液体顺着吸水管压入叶轮中，然后又被甩出去。这样周而复始，甩出去吸上来又甩出去，这就是离心泵的工作原理。

再来讨论一下离心泵把低处的水吸上来时能吸多高呢？是不是并无限制呢？如果无限制，不管井有多深只要加长吸水管的长度就能把井中的水吸上来。但是这是不可能的。我们做一个实验，如果将一根长的玻璃管插入水中，从上部将空气抽去，如图 2－25 所示。随着空气的抽出，水在大气压力的作用下沿玻璃管慢慢上升，如果将玻璃管内的空气完全抽出，也就是绝对真空时，水上升到 10.33m 就不再上升了，这是因为：1 个标准大气压 = 760mmHg = 10.33mH_2O。这时玻璃管内水柱的压力与大气压力相等了，保持了平衡。同理，如果离心泵叶轮进口处也能达到绝对真空的话，水沿进水管最多也只能上升到 10.33m，而不能够无限地想吸多高就多高。但是，离心泵进口处不可能达到绝对真空。这是因为水在叶轮中流动有流速，进水管有水力损失，当压力低到一定程度时液体会汽化，泵内会发生汽蚀等原因。离心泵吸水高度不可能达到 10.33m，更不可能超过 10.33m，一般也就 4～8m。各种不同泵而不同，具体能吸多高，需要查泵的样本中汽蚀余量或允许吸上真空高度来决定。

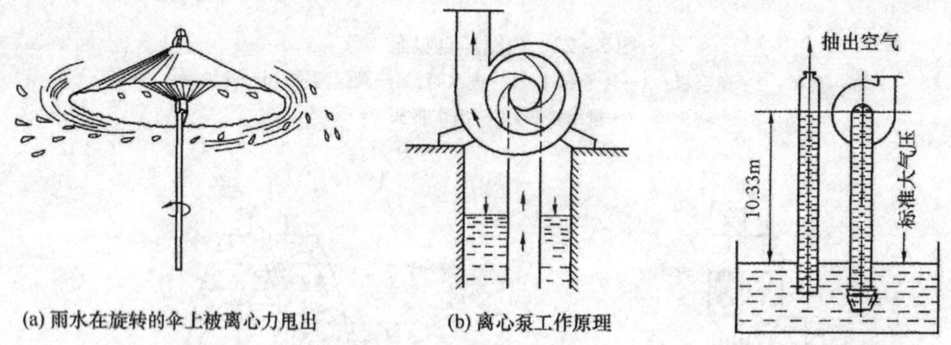

(a) 雨水在旋转的伞上被离心力甩出　　(b) 离心泵工作原理

图 2－24　离心泵的工作原理

图 2－25　水泵最大吸程示意图

第四节　泵的主要性能参数

表示泵工作性能的参数叫做泵的性能参数，常有流量 Q，扬程 H，转速 n，功率 P，效率 η，汽蚀余量（*NPSH*）或允许吸上真空高度 $[H_s]$ 等。

一、流量 Q

泵在单位时间内排出液体的数量，有体积流量 Q 和重量流量 Q_G 两种：

体积流量 Q 的单位：m^3/h；m^3/s；L/s 等。

重量流量 Q_G 的单位：t/h；kgf/s。

重量流量 Q_G 和体积流量 Q 的关系为：

$$Q_G = \gamma Q \tag{2-1}$$

式中　γ——液体的重度，kgf/m^3。

二、扬程 H

单位重量液体通过泵后能量的增加值，即等于泵的出口总水头与入口总水头的代数差。单位为米水柱（mH_2O）。

1. 卧式泵的扬程（测量式）

$$H = Z_2 + \frac{p_2}{\rho g} + \frac{v_2^2}{2g} - Z_1 - \frac{p_1}{\rho g} - \frac{v_1^2}{2g} = (Z_2 - Z_1) + \frac{p_2 - p_1}{\rho g} + \frac{v_2^2 - v_1^2}{2g} \quad (2-2)$$

式中 p_1，p_2——泵进、出口断面上的压强，Pa（N/m^2）；

Z_1，Z_2——分别为泵进、出口断面中心至泵基准面的位置高度差，m；

v_1，v_2——分别为泵进、出口断面处的平均流速，m/s。

泵的基准面：卧式泵为轴中心线，立式泵为叶轮出口中心。

2. 立式浸没泵的扬程（图 2－26）

$$H = Z_M + \frac{p_2}{\rho g} + \frac{v_2^2}{2g} \quad (2-3)$$

式中 Z_M——压力表中心至吸水池液面的位置高度，m。

3. 装置扬程 H_c（运行时）

泵与进水池，进出管路及出水池（或管）构成的装置系统的所需扬程称装置扬程，如图 2－27 所示，常用于运行时泵扬程的计算。装置扬程 H_c：

$$H_c = H_Z + \frac{p_2 - p_1}{\rho g} + \frac{v_2^2 - v_1^2}{2g} + h_w \quad (2-4)$$

式中 H_c——装置扬程，m；

H_Z——出水池液面与进水池液面的位置高差，m；

h_w——进、出水管路系统的总水力损失，m；

p_1，p_2——进、出水面上的压力，Pa（N/m^2）；

v_1，v_2——进、出处液面的流速，m/s，常很小，可以不计或 $v_1 = v_2$，所以

$$H_c = H_Z + \frac{p_2 - p_1}{\rho g} + h_w \quad (2-4')$$

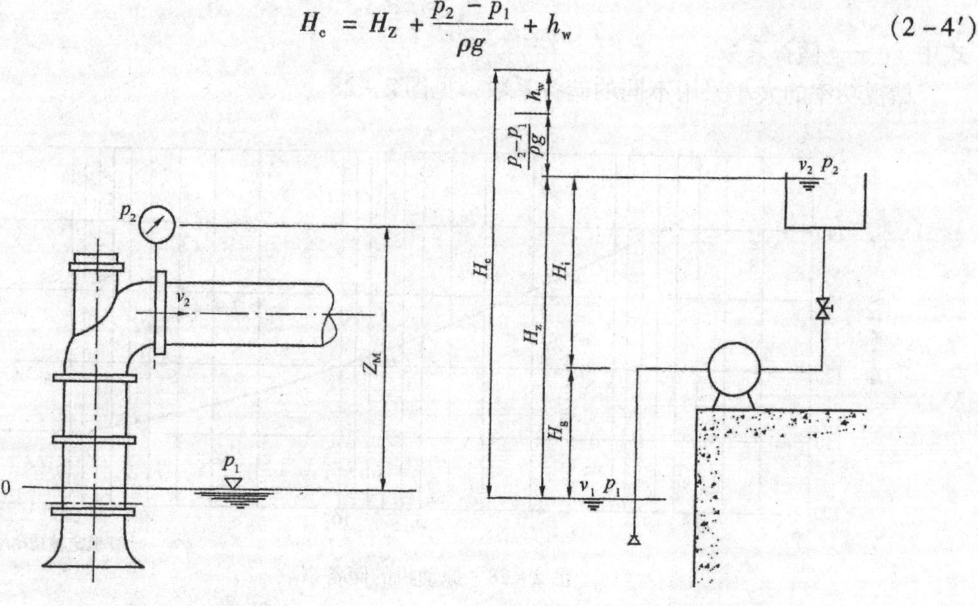

图 2－26　立式泵扬程示意图

图 2－27　泵的装置扬程

三、转速 n

泵轴每分钟旋转的次数，单位 r/min。

四、功率 P

泵的功率包括有效功率 P_u（或称输出功率），轴功率 P（或称输入功率），配用功率 P_g 三种。

1. 泵的有效功率 P_u（输出功率）

是单位时间内对流经该泵流体所做的功，称有效功率 P_u 或称输出功率、水功率。

$$P_u = \frac{\rho g Q_v H}{1000} \tag{2-5}$$

式中 P_u——泵的有效功率，kW；

Q_v——泵的体积流量，m^3/s；

H——泵的总扬程，m；

ρ——被输送液体的密度，kg/m^3。

2. 轴功率 P（输入功率）

是指原动机输给泵轴的功率，称轴功率 P 或称输入功率。

泵的输入功率和输出功率之差即为泵内的损失部分，之比为泵的效率 η。

$$P = \frac{P_u}{\eta} = \frac{\rho g Q_v H}{1000\eta} \tag{2-6}$$

式中 η——泵的效率，%。

3. 配用功率 P_g

是指原动机额定输出功率。考虑到泵在非设计工况下运行时轴功率增大或泵在长时间运行后效率下降或其它故障使轴功率增大等因素，所以配用功率比轴功率要大一些，需有一个储备系数 k。

$$P_g = kP \tag{2-7}$$

式中 k——储备系数。

储视功率的大小采用不同的储备系数，见图 2-28。

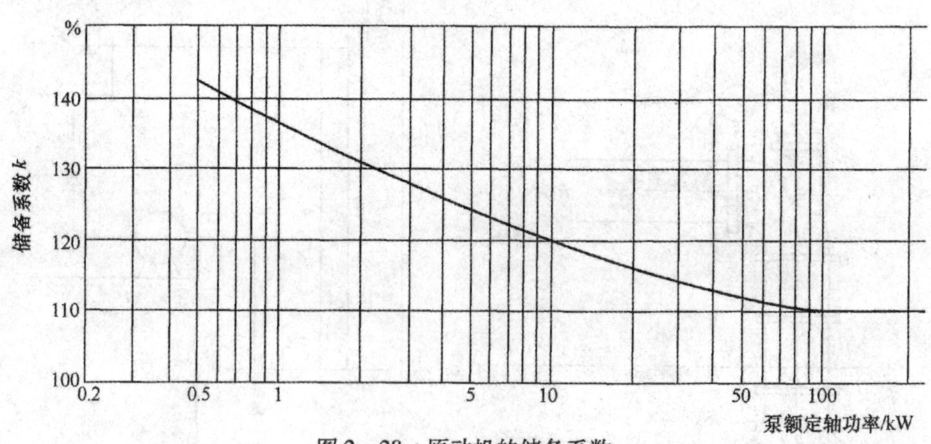

图 2-28 原动机的储备系数

五、泵效率 η

泵的有效功率 P_u 与轴功率 P 之比，用百分数表示：

$$\eta = \frac{P_u}{P} \times 100\% \tag{2-8}$$

六、汽蚀余量

见第三章。

第五节　液体在叶轮中的运动及能量方程

一、液体在叶轮中的运动及速度三角形

液体在叶轮中一方面随着叶轮一起旋转，作圆周运动，其速度为圆周速度 $\boldsymbol{u}$，与圆周相切。同时液体又从旋转着的叶轮从里向外流动，称相对运动，其速度称为相对速度 $\boldsymbol{w}$。液体相对于不动的泵壳的运动是绝对运动，其速度称为绝对速度 $\boldsymbol{v}$。绝对速度 $\boldsymbol{v}$ 的向量等于圆周速度 $\boldsymbol{u}$ 和相对速度 $\boldsymbol{w}$ 的向量和，即

$$\boldsymbol{v}=\boldsymbol{u}+\boldsymbol{w} \tag{2-9}$$

圆周速度 $\boldsymbol{u}$ 的方向与叶轮圆周切线方向一致，相对速度 $\boldsymbol{w}$ 的方向与叶片相切。绝对速度 $\boldsymbol{v}$ 的方向为圆周速度 $\boldsymbol{u}$ 和相对速度 $\boldsymbol{w}$ 的合成，如图 2－29 所示。相对速度 $\boldsymbol{w}$ 与圆周速度的夹角 β 即为叶片安放角。绝对速度 $\boldsymbol{v}$ 与圆周速度 $\boldsymbol{u}$ 间的夹角 α，称液流角。叶轮中任一液体质点的相对速度、圆周速度及绝对速度三个速度的向量所组成的三角形称为速度三角形。为了作出速度三角形，通常把绝对速度分解成两个相互垂直的分速度：一个是圆周分速度 v_u；另一个是与圆周速度垂直的分速度，称轴面速度 v_m。叶轮中任一质点都可以作出速度三角形，但以叶片进口和出口的速度三角形最为重要。

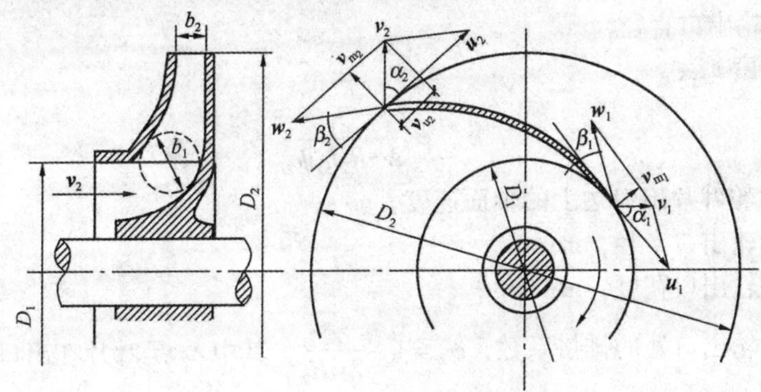

图 2－29　离心泵叶轮中水流速度

1. 进口速度三角形

如图 2－30 所示，进口速度三角形是指液体刚进叶轮叶片进口边时的速度三角形。

进口圆周速度 u_1：

$$u_1=\frac{\pi D_1 n}{60} \tag{2-10}$$

式中　u_1——叶轮叶片进口边的圆周速度，m/s；

D_1——叶轮叶片的进口边直径，m；

n——叶轮转速，r/min。

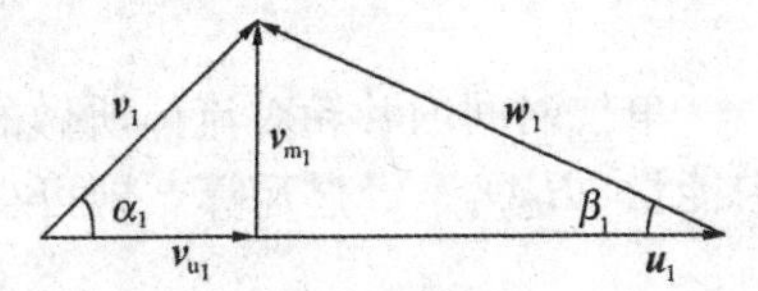

图 2－30　进口速度三角形

进口轴面速度 v_{m_1}：

$$v_{m_1}=\frac{Q'}{2\pi R_{c_1} b_1 \psi_1} \tag{2-11}$$

式中　v_{m_1}——叶轮叶片进口边的轴面速度，m/s；

Q'——泵的理论流量，即流过叶轮的流量。为泵的流量与容积效率之比 $Q' = Q/\eta_v$；

R_{c_1}——叶轮叶片进口边处过流断面形成线的质量中心半径，m；

b_1——叶轮叶片进口边处过流断面形成线的长度，m；

ψ_1——叶轮叶片进口处的排挤系数，$\psi_1 = 1 - \dfrac{zS_{u_1}}{2\pi R_{c_1}}$，其中 z 是叶片数，S_{u_1} 是叶片在进口处的圆周长度。

v_{u_1} 是叶轮叶片进口处绝对速度的圆周分速度，对于叶轮吸入口没有速度环量（即无旋转），例锥形管吸水室，$v_{u_1} \approx 0$。如采用半螺旋形吸入室等结构，是有速度环量，应根据具体结构求得。

β_1 是叶片进口安装角，即为叶片进口与圆周的夹角。

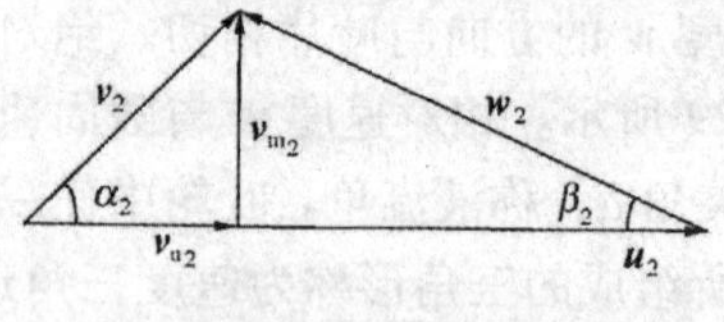

图 2－31　出口速度三角形

2. 出口速度三角形

如图 2－31 所示，出口速度三角形是指叶轮叶片出口边上但尚未流出出口边时的速度三角形。

进口圆周速度 u_2：

$$u_2 = \frac{\pi D_2 n}{60} \tag{2-12}$$

式中　u_2——叶轮叶片出口处的圆周速度，m/s；

D_2——叶轮出口直径，m。

出口轴面速度 v_{m_2}：

$$v_{m_2} = \frac{Q_t}{2\pi R_2 b_2 \psi_2} \tag{2-13}$$

式中　v_{m_2}——叶轮叶片出口边上的轴面速度，m/s；

R_2——叶轮出口半径，m；

b_2——叶轮出口宽度，m；

ψ_2——叶轮出口处的排挤系数，$\psi_2 = 1 - \dfrac{z\delta}{2\pi R_2}$，其中 δ_2 是叶片在出口处的圆周长度。

v_{u_2} 是叶轮叶片出口处绝对速度的圆周分速度。

β_2 是叶片出口安装角，即为叶片出口与圆周的夹角。

二、离心泵基本方程式——能量方程

叶轮传给单位液体的能量叫理论扬程 H_T。反映离心泵理论扬程与液体在叶轮中运动状态关系的方程式称离心泵的基本方程式——能量方程式。从动量矩定律得到：单位时间内流过叶轮的流体的动量矩的改变（增值）应等于作用于该流体的外力矩（即是叶轮的力矩）：

$$M = Q_T \frac{\gamma}{g}(v_{u_2} R_2 - v_{u_1} R_1)$$

单位时间内叶轮对流体所做的功为 $M\omega$，它应等于单位时间内流过叶轮的流体所得到的总能量 $\gamma H_T Q_T$，经过运算，即可得到泵的基本方程式：

$$H_T = \frac{u_2 v_{u_2} - u_1 v_{u_1}}{g} \tag{2-14}$$

1. 两种特殊情况下的理论扬程

（1）当液体无旋的进入叶轮时，如锥形管吸入室，在设计工况下，叶轮入口绝对速度

的圆周分速度 v_{u_1} 很小，可近似为0，即 $v_{u_1} \approx 0$

$$H_T = \frac{u_2 v_{u_2}}{g} \tag{2-15}$$

（2）为估算泵的扬程，一般情况下 $v_{u_2} \approx \frac{u_2}{2}$；则

$$H_T = \frac{u_2^2}{2g} \tag{2-16}$$

利用上式在知道叶轮直径的情况下，可以近似地估算出泵的扬程。

2. 有限叶片数的理论扬程

在应用离心泵基本方程式时，为了方便计算，通常假设叶轮里的叶片是无穷多的。出口处相对速度的方向与叶片切线方向完全一致，这时称无限多叶片的理论扬程 $H_{T\infty}$：

$$H_{T\infty} = \frac{1}{g}(u_2 v_{u_2\infty} - u_1 v_{u_1\infty}) \tag{2-17}$$

但实际上叶轮的叶片数是有限的，出口处相对速度的方向并未与叶片切线方向一致，所以有限叶片的理论扬程 H_T 比 $H_{T\infty}$ 要小，目前还没有精确的计算方法，常用下面经验公式计算：

$$H_T = \frac{H_{T\infty}}{1 + P} \tag{2-18}$$

对径向叶片：

$$P = 2\frac{\psi}{z}\frac{R_2^2}{R_2^2 - R_1^2} \tag{2-19}$$

式中 ψ——经验系数，$\psi = (0.55 \sim 0.68) + 0.6\sin\beta_2$，一般 $\psi = 0.8 \sim 1.0$，叶片数少取大值；

z——叶轮叶片数；

R_2——叶片出口半径；

R_1——叶片入口半径。

第六节　泵内的损失与效率

在本章第四节中讲过，泵的有效功率 P_u（泵输出功率）总是小于泵的轴功率 P（泵输入功率），因为泵中有各种损失，泵的效率总是小于1。在我国，泵耗费的电能是很大的，约占总发电量的20%～30%。所以提高泵的效率，降低泵内的各种损失是很重要的。泵内的各种损失当然与泵本身的设计有关，但同时也与使用有关。迄今为止还不能精确进行计算泵内的各种损失，只能借助经验公式和经验数据来粗略计算。但重要的是通过本节的讨论，分析泵内的各种损失，可以知道如何避免或减小这些损失，提高泵的效率。

泵内的损失可分为三大类：机械损失、容积损失和水力损失。

一、机械损失与机械效率

机械损失可分为两部分，一是泵的轴承和轴封的机械摩擦损失；二是液体与叶轮盖板之间的机械摩擦损失，即圆盘摩擦损失。

（1）轴承和轴封的摩擦损失，正常情况下是不大的，$\Delta P \approx (0.01 \sim 0.03)P$。大泵取小值，小泵取大值。

但当轴承中缺油或油质不好，如使用油脂时，时间过长，油干后都会增加摩擦损失。当轴承磨损后，也会增加摩擦损失。

当使用机械密封时，轴封的摩擦损失是很小的，所以从节能的角度，应当尽量采用机械密封。在采用填料密封时，如果压盖压得太紧，轴封的摩擦损失就会增加很多，甚至烧毁填料。

（2）圆盘摩擦损失是比较大的，是机械损失的主要部分，尤其对于低比转数的离心泵，圆盘摩擦损失更大，是泵内的最主要损失。圆盘摩擦损失与比转数的关系如图 2－32 所示。当比转数 $n_s=30$ 时，圆盘摩擦损失接近于有效功率的 30%。

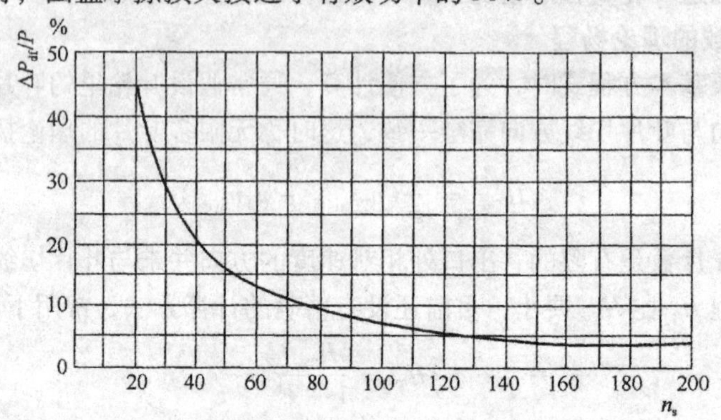

图 2－32　圆盘摩擦损失与比转数 n_s 的关系

圆盘摩擦损失可用下式近似计算：

$$\Delta P_{df} = k_{fr} u_2^3 D_2^2 \quad (\text{kW}) \tag{2-20}$$

k_f 是实验系数，与泵体形状、叶轮盖板粗糙度有关，对于一般整体铸造叶轮，可用下式近似计算：

$$\Delta P_{df} = 1.26 \times 10^{10} rn^3 D_2^5 \quad (\text{kW}) \tag{2-21}$$

从式（2－21）可看出，圆盘摩擦损失与叶轮外径 5 次方成正比，在泵转速和流量不变的情况下，用增大叶轮外径的办法来提高单级扬程，伴随而来的是圆盘摩擦损失急速增大。这就是为什么低比转数的泵效率低的原因。

从式（2－21）还可看出，圆盘摩擦损失与转速 3 次方成正比，与叶轮直径 5 次方成正比，而增加转速可以减小叶轮直径，所以提高泵的转速可以有效地减小圆盘摩擦损失。

圆盘摩擦损失还与叶轮盖板表面粗糙度有关，减小表面粗糙度可以减少叶轮圆盘摩擦损失，所以叶轮的盖板应尽量光滑，如果表面比较粗糙可在表面涂漆改善。当盖板锈蚀严重时，要重新清理，打磨涂漆。

叶轮圆盘摩擦损失还与叶轮和泵体间的侧隙大小有关，如图 2－33 所示。在 $B/D_2=2\%\sim5\%$ 范围内较好，并采用开式泵腔能回收一部分能量。

总的机械损失为：

$$\Delta P_m = \Delta P + \Delta P_{df}$$

则机械效率为：

$$\eta_m = \frac{P - \Delta P_m}{P} \times 100\% \tag{2-22}$$

二、容积损失与容积效率

泵中的容积损失主要有下列几种：

（1）叶轮入口处密封环泄漏的容积损失，如图 2－34 所示；

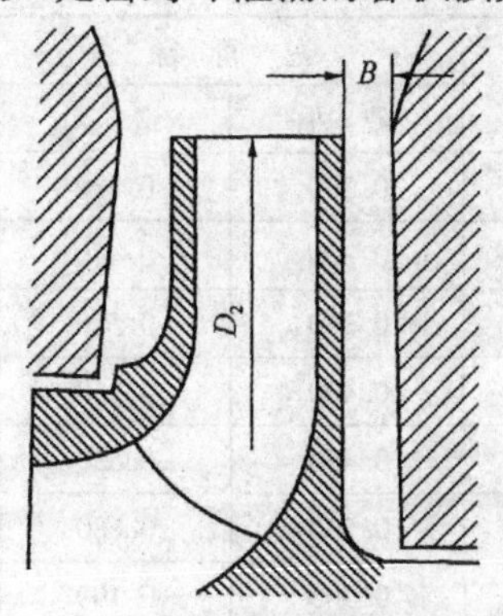

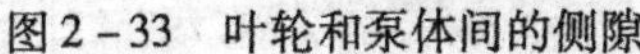
图 2－33　叶轮和泵体间的侧隙

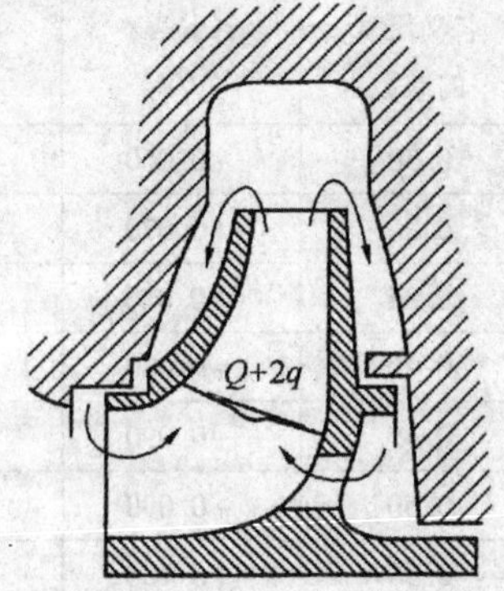

图 2－34　密封环的泄漏

（2）轴向力平衡机构的容积损失；

（3）在多级泵中，还有级间回流损失；

（4）轴封泄漏的容积损失。

1. 叶轮入口处密封环的容积损失

在叶轮入口处，叶轮与泵体间有一个很小密封间隙。由于泵腔内的压力高于叶轮入口处的压力，所以有一小股液体通过此密封间隙从叶轮出口回流到叶轮入口，通常把这部分能量损失称为密封环泄漏损失 q_1。

$$q_1 = \frac{\pi D_w b}{\sqrt{1 + 0.5\psi + \frac{\lambda L}{2b}}}\sqrt{2g\Delta H_w} \tag{2-23}$$

式中　q_1——密封环泄漏，m^3/s；

$\pi D_w b$——密封环间隙环形过流面积，m^2；

D_w——密封环间隙平均直径，m；

b——密封环间隙宽度，m，见表 2－1；

$\frac{1}{\sqrt{1 + 0.5\psi + \frac{\lambda L}{2b}}}$——密封环间隙的流速系数；

ψ——密封环间隙的圆角系数，见表 2－2；

λ——密封环间隙的摩擦系数，一般可取 $\lambda = 0.04$；

L——密封环间隙长度，m；

ΔH_w——密封环间隙两端压差，$\Delta H_w = 0.6 \sim 0.8H$，$n_s = 60 \sim 150$，取 0.6；$n_s = 180 \sim 250$，取 0.8。

密封环间隙宽度 b 一般可参考表 2－1 选取，但对于耐腐泵、油泵、杂质泵、液下泵及输送黏性液体、带颗粒液体（例泵油等）的泵间隙适当放大。

从式（2－23）可以看出，密封环的泄漏量 q_1，与密封环处的直径、间隙宽度 b、圆角系数、两端压差有关。为了减少容积损失，尽量减少间隙宽度 b，当密封环磨损增大时，要及时修复更换。为了减少两端的压差，应增加密封环间隙的圆角系数、长度 L。尤其对高扬程的泵，可将密封环做成迷宫形或锯齿形，如图 2－35 所示，以减小密封环的泄漏。

表 2-1　密封环的间隙　　mm

密封环名义直径	名义尺寸的差数	孔公差/D_4	轴公差/d_4	总间隙		半径方向间隙允许值
				最小	最大	
50~80	0.30	+0.060	-0.060	0.300	0.420	0.06~0.36
>80~120	0.30	+0.070	-0.070	0.300	0.440	0.06~0.38
>120~150	0.35	+0.080	-0.080	0.350	0.510	0.07~0.44
>150~180	0.40	+0.080	-0.080	0.400	0.560	0.08~0.48
>180~220	0.45	+0.090	-0.090	0.450	0.630	0.09~0.54
>220~260	0.50	+0.090	-0.090	0.500	0.680	0.10~0.58
>260~290	0.50	+0.100	-0.100	0.500	0.700	0.10~0.60
>290~320	0.55	+0.100	-0.100	0.550	0.750	0.11~0.64
>320~360	0.60	+0.100	-0.100	0.600	0.800	0.12~0.68
>360~430	0.65	+0.120	-0.120	0.650	0.890	0.13~0.76
>430~470	0.70	+0.120	-0.120	0.700	0.940	0.14~0.80
>470~500	0.75	+0.120	-0.120	0.750	0.990	0.15~0.84
>500~630	0.80	+0.140	-0.140	0.800	1.080	0.16~0.92
>630~710	0.90	+0.150	-0.150	0.900	1.200	0.18~1.02
>710~800	1.00	+0.150	-0.150	1.000	1.300	0.20~1.10
>800~900	1.00	+0.170	-0.170	1.000	1.340	0.20~1.14

表 2-2　间隙的圆角系数

R/b	0	0.02	0.04	
ψ	1.00	0.72	0.52	

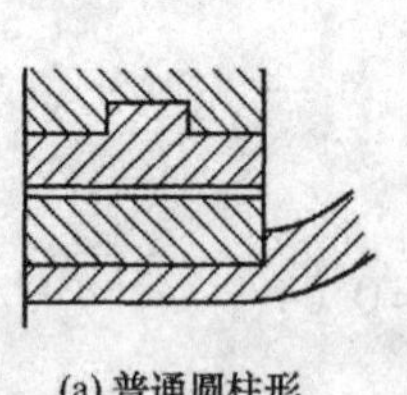
(a) 普通圆柱形

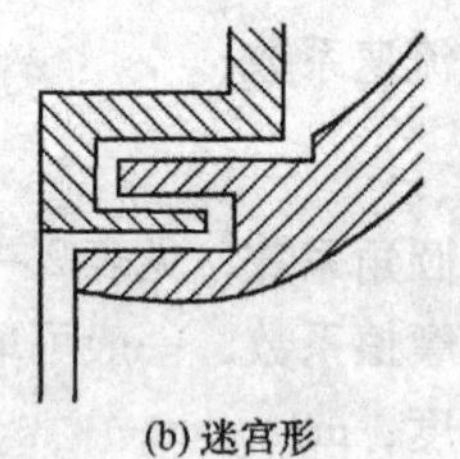
(b) 迷宫形

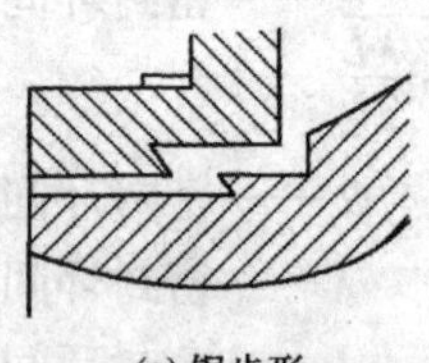
(c) 锯齿形

图 2-35　密封环的形式

2. 轴向力平衡机构的容积损失

轴向力平衡方法很多，机构也很多，将在第四章中介绍。常用的为平衡孔结构和多级泵中的平衡盘、平衡鼓结构。平衡孔的泄漏量仍可按式（2-24）计算。

3. 级间回流损失

如图 2-36 所示级间间隙的泄漏液体，流经叶轮与导叶间的侧隙后，与叶轮流出的液体混合，经导叶和反导叶，又经级间间隙流向前级叶轮的侧隙，如此循环。由于这部分液体不经过叶轮，不影响泵的流量，所以这部分能量损失不属于容积损失，但却损失了一部分功率。

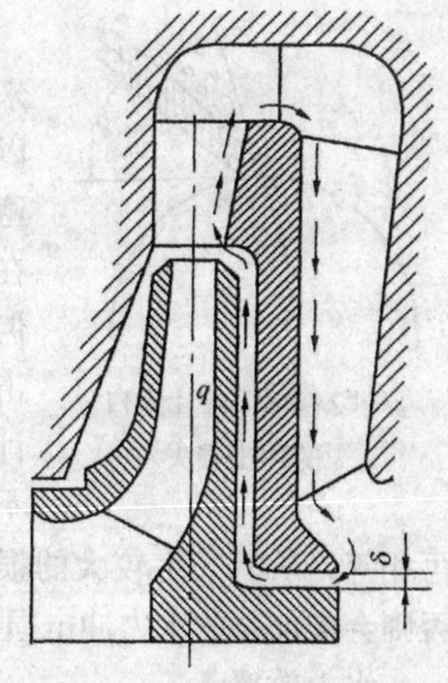

图 2－36　分段式多级泵级间隔板处的泄漏

4. 轴封泄漏

轴封泄漏较小，尤其是轴封采用机械密封时。但对于小泵也应重视。尤其是当轴封失效时，泄漏量较大。

容积效率

$$\eta_v = \frac{Q}{Q+q} \tag{2-24}$$

式中　q——所有容积损失总和。

泵的容积效率从上面分析计算可看出与泵的结构形式及比转数 n_s、泵的流量大小有关。图 2－37 为一般情况下离心泵的容积效率。

三、水力损失与水力效率

水力损失发生在泵的吸水室、叶轮流道、压水室中。水力损失可分为三种情况：①液体流经泵的吸水室、叶轮流道、压水室时与壁面发生的沿程摩擦损失；②发生在上述流道的突然扩大、缩小、转弯等的局部阻力损失；③当运行工况发生改变时发生在叶片进口及出口的撞击损失。

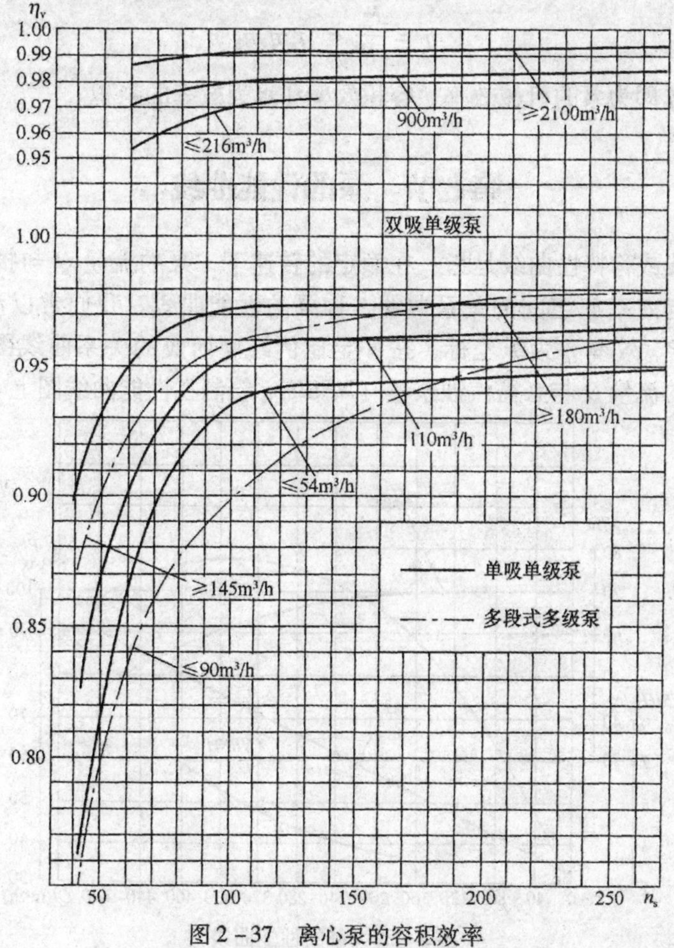

图 2－37　离心泵的容积效率

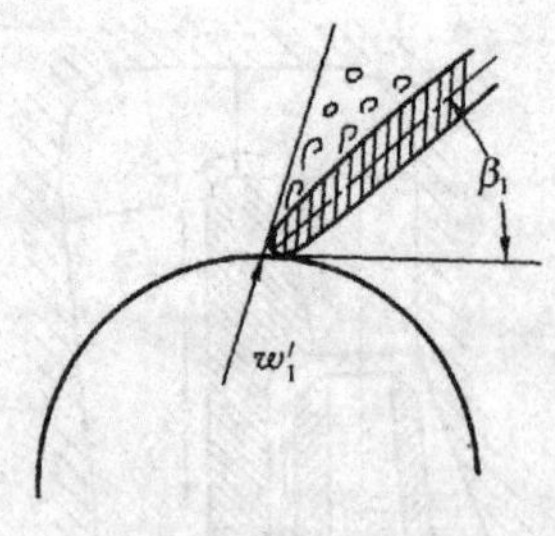

图 2-38　叶片入口的冲击损失

沿程摩擦阻力损失及局部阻力损失可按水力学中的计算方法来进行计算。但是迄今为止还无法精确的计算，通过上述分析可以看出降低流道表面粗糙度，清理打磨流道，流道面积变化均匀，避免过大的扩散等，可以减小水力损失。叶片进口的冲击损失，在设计流量下，液流角与叶片安放角是一致的，撞击损失较小。但当泵不在设计流量工作时，液流角与叶片安放角不再一致，撞击损失较大，如图 2-38 所示。叶轮出口的水力损失，当泵在设计流量工作时，叶轮出口处的流速与压水室中液体流速基本相等，不会产生很大的损失，而当偏离设计流量工作时，两者的流速不再相等，从而产生较大的损失。所以选用泵时，应尽量在设计工况下（即高效区）工作，否则会增加泵的水力冲击损失。

水力效率：

$$\eta_h = \frac{H}{H + \Delta H} = \frac{H}{H_T} \tag{2-25}$$

式中　H——泵的有效扬程；

H_T——泵的理论扬程。

四、泵的效率 η

$$\eta = \frac{P_u}{P} = \eta_m \eta_v \eta_h \tag{2-26}$$

泵的总效率 η 即为泵的机械效率、容积效率和水力效率的乘积。

第七节　泵的性能曲线

泵的性能曲线或称特性曲线是指：在额定的转速下，泵的流量 Q 与扬程 H；流量 Q 与功率 P；流量 Q 与效率 η 之间的关系曲线，称泵的性能曲线。我们常以流量 Q 为横坐标，以扬程 H、功率 P、效率 η 为纵坐标，按一定比例绘制而成的关系曲线图。如图 2-39 所示。有时还将泵的流量 Q 与必需汽蚀余量 $(NPSH)_R$ 绘制在性能曲线图上。

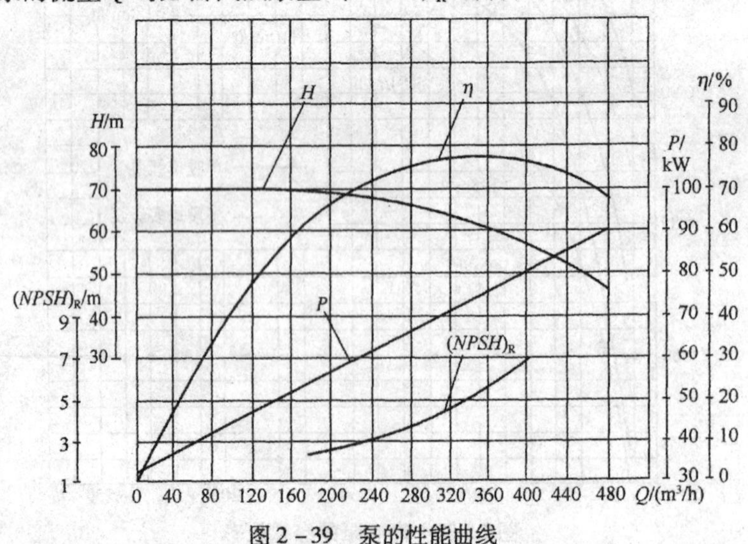

图 2-39　泵的性能曲线

泵的性能曲线迄今为止还不能以计算方法精确确定，而是通过试验的方法来求得的。

在性能曲线图上，对于一个任意的流量点，都可以找出一组与其相对应的扬程、功率和效率及汽蚀余量值。通常，把这一组相对应的参数称为工况点。相应于泵最高效率点的工况，称为最佳工况点。最佳工况点一般应与设计工况点重合。

泵的性能曲线图在实际使用中是很有用的，通过泵的性能曲线图可以确定这台泵的各个性能参数及泵的水平，在设计中是相似设计的依据。选用时，可以确定各个工况点的性能及这台泵的使用范围，尤其是在非设计工况时，只能通过性能曲线图才能确定该工况的性能参数。运行时，可以用来确定泵运行的工作点。所以，泵的性能曲线对于泵的设计、选用、使用都是很重要的。

一、流量-扬程曲线（$Q-H$）

1. 流量-扬程曲线的推导

根据式（2-15）及出口速度三角形，设 $v_{u_1}=0$，可以得出：

$$H_{T\infty}=\frac{u_2 v_{u_2\infty}}{g}=\frac{u_2(u_2-v_{m_2}\text{ctan}\beta_2)}{g}$$

$$=\frac{u_2^2}{g}-\frac{u_2}{g}\frac{\text{ctan}\beta_2}{F_2}Q' \tag{2-27}$$

式中　F_2——叶轮出口有效面积。

对于给定的泵，在一定的转速下 u_2、β_2、F_2 都是常数，所以理论扬程 $H_{T\infty}$ 是随流量 Q' 变化的一个直线方程式。

在离心泵中，叶片出口安放角 β_2 通常是小于90°的，$\text{ctan}\beta_2$ 是正值。则 $Q'-H_T$是一条向下倾斜的直线，在这条直线上

当 $Q'=0$ 时，$H_{T\infty}=\dfrac{u_2^2}{g}$

当 $H_{T\infty}=0$ 时，$Q'=\dfrac{u_2F_2}{\text{ctan}\beta_2}$

如图2-40中的 $Q'-H_T$线所示。

实际中，叶片数是有限的，液体在叶轮里并不完全沿叶片流动，此时叶轮所产生的理论扬程 H_T 与 $H_{T\infty}$ 的关系见式（2-18），图2-40（a）中 $Q-H_T$ 线也是一条直线。

理论扬程 H_T 与实际扬程 H 之差就是水力损失。水力损失包括过流部件的沿程摩擦损失和冲击损失，沿程损失与流量平方成正比，即一条抛物线。冲击损失，在设计工况时，由于液流方向与叶片方向一致，所以冲击损失较小，接近为零。在流量大于或小于设计流量时，由于液流方向与设计工况的液流方向偏离，冲击损失增大，如图2-40（b）所示。从 $Q'-H_T$线上减去相应的水力损失，就得到理论流量 Q'和实际扬程 H 的关系曲线 $Q'-H$。

考虑到容积损失对泵性能曲线的影响，由式（2-23）知容积损失的泄漏量与扬程 H 是平方根关系，在图2-40（a）上作出容积损失与扬程的关系曲线 $q-H$。从流量-扬程曲线 $Q'-H$ 的横坐标中减去相应的泄漏量 q 后，最后得到了泵的实际流量和实际扬程的曲线 $Q-H$。

2. 影响泵 $Q-H$ 曲线形状的因素

（1）叶片出口安放角 β_2：上面推导时，假设出口安放角 $\beta_2<90°$，即称后弯叶片，$\text{ctan}\beta_2$ 是正值。此时 $Q-H$ 是一条向下倾斜的直线，即随流量 Q 增加，扬程 H 是下降的。一般泵的叶片都采用后弯的叶片。但就是在 $\beta_2<90°$情况下因采用的安放角大小不同，对性能

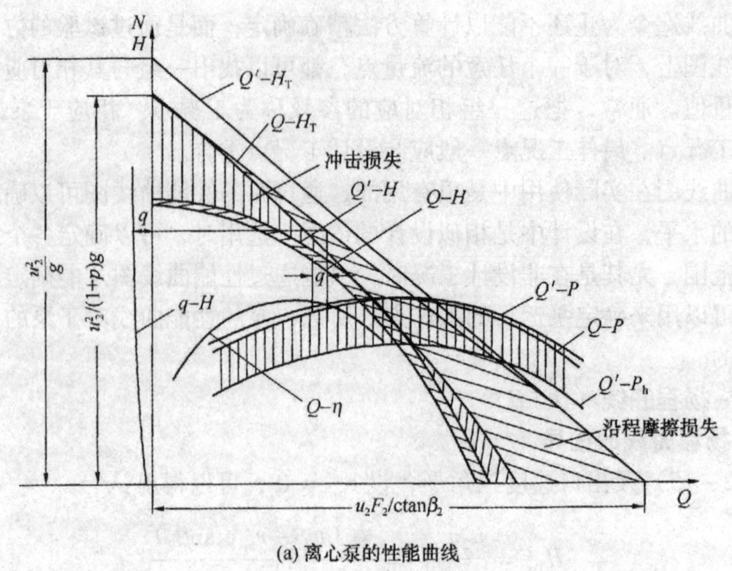

(a) 离心泵的性能曲线

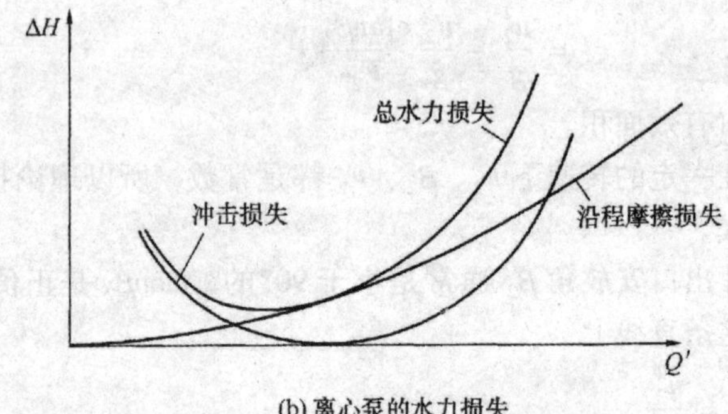

(b) 离心泵的水力损失

图 2－40　离心泵性能曲线的分析

曲线的形状也有不同的影响。当出口安放角 β_2 取较大值时，$Q-H$ 曲线就会变得平坦些并且弯曲得比较厉害，容易产生驼峰。当出口安放角 β_2 取小值时，$Q-H$ 曲线就会变得陡降些，见图 2－41。

当 $\beta_2>90°$时，即称前弯叶片，此时 $\text{ctan}\beta_2$ 是负值，$Q-H$ 是一条上翘的直线，即随流量 Q 的增加扬程是增加的，如图 2－42 所示。这种情况，叶轮中的水力损失较大，并且轴功率也随着流量的增加急速增加，易使原动机过载，所以很少采用，只有在特殊情况下采用。三种叶型的 $Q-P$ 性能曲线如图 2－44 所示。

当 $\beta_2=90°$时，即称径向叶片，$\text{ctan}\beta_2$ 等于零，故理论上 $Q-H$ 是一条水平直线。实际中是一条极平坦的下弯曲线。在部分流泵中经常采用的是这样的径向叶片。

（2）叶片出口宽度 b_2：如果增大叶片出口宽度 b_2，也会使 $Q-H$ 曲线变得平坦些。

（3）压水室断面面积 $F_{Ⅷ}$：如果增加压水室断面面积 $F_{Ⅷ}$，会减小关死点的扬程，并使 $Q-H$ 曲线变得平坦。

3. 常见的几种离心泵性能曲线

（1）平坦的 $Q-H$ 曲线：如图 2－43 曲线 d 所示。这种性能曲线适用于流量调节范围较大，而压力要求变化较小的系统中。可以在一定范围内起到自动维持液面和压力的作用，如锅炉给水泵、消防泵。

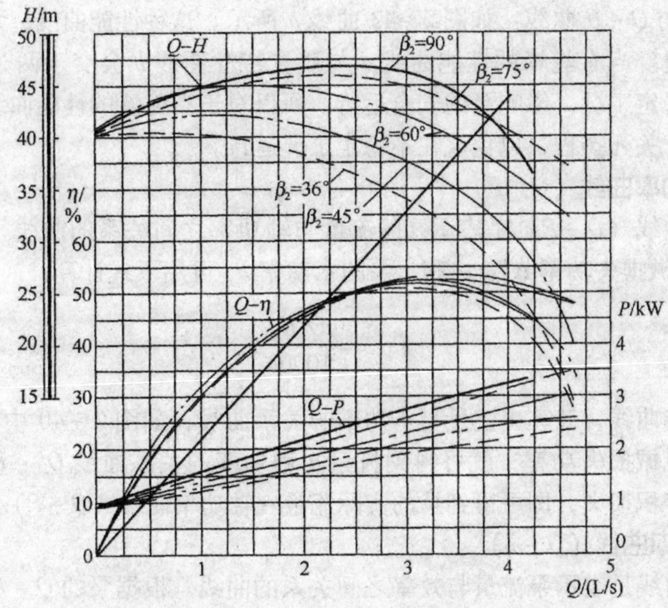

图 2－41 具有不同叶片出口安放角叶轮的试验曲线

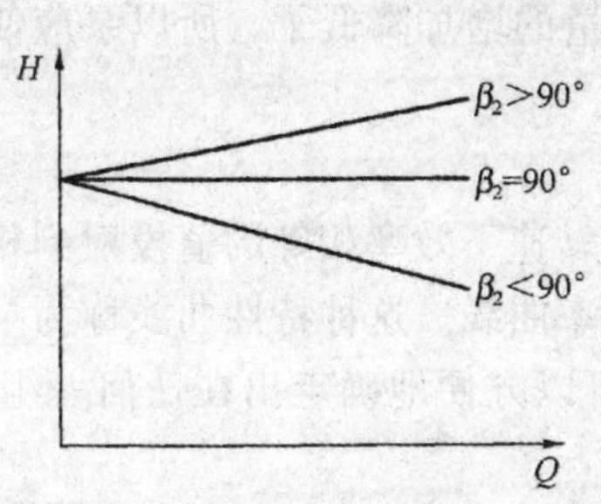

图 2－42 β_2 对泵性能曲线的影响

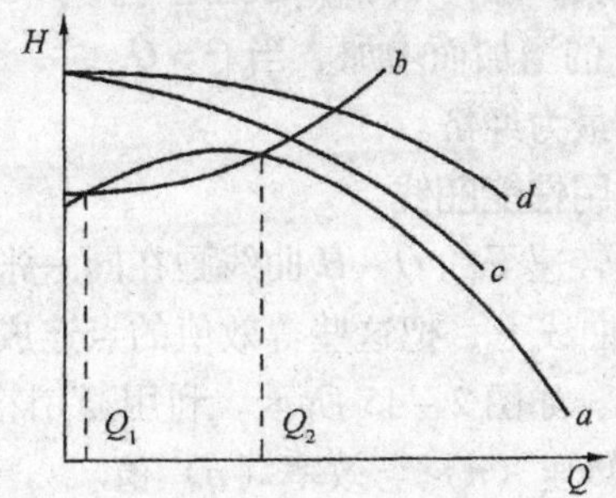

图 2－43 不稳定工况

a—有驼峰的性能曲线；*b*—装置特性曲线；*c*—无驼峰的性能曲线；*d*—平坦的性能曲线

（2）陡降的 $Q-H$ 曲线：如图 2－43 曲线 c 所示。这种性能曲线适用于在流量变化不大时要求压头变化较大的系统中，或压头波动时要求流量变化不大的系统中。例排灌泵站中，输送纤维浆液的系统中用泵。

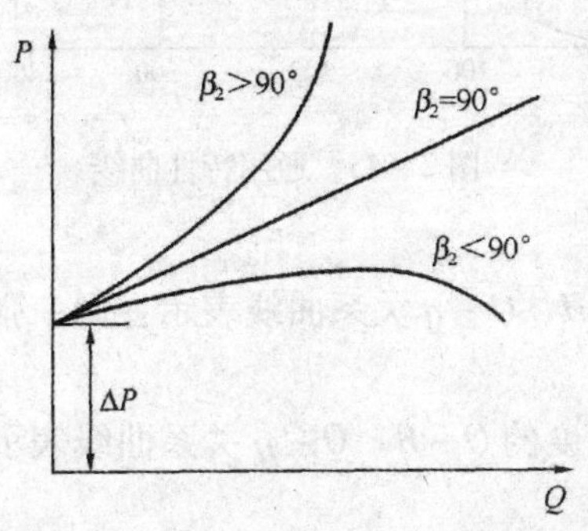

图 2－44 三种叶型的 $Q-P$ 性能曲线

（3）有驼峰的 $Q-H$ 曲线：如图 2-43 曲线 a 所示。这种性能曲线，泵在驼峰区运行时会出现不稳定工况。当有驼峰的性能曲线 a 与装置特性曲线 b 会交于两个点，而不是一个点，使泵处于不稳定工况，影响泵的安全运行。所以对于有驼峰的性能曲线，一般规定工作点的扬程必须小于关死扬程，以免泵在不稳定工况运行。

二、流量-功率曲线（$Q-P$）

流量-功率曲线（$Q-P$）是表示泵的流量与轴功率之间关系的曲线。泵的轴功率是泵的水功率 P_h 和机械损失功率 ΔP_m 之和，泵的水功率 P_h 可用下式计算：

$$P_h = \frac{\gamma Q' H_T}{1000}$$

根据泵的性能曲线，计算出流量与水功率的关系曲线，如图 2-40 中 $Q'-P_h$ 所示，加上对应流量点的机械损失功率，就可得到流量与轴功率的关系曲线 $Q'-P$，对每一个流量 Q'值减去相应的容积损失，即可得到泵的实际流量-轴功率曲线（$Q-P$）。

三、流量-效率曲线（$Q-\eta$）

流量-效率曲线是表示泵流量与效率之间关系的曲线。根据泵的 $Q-H$ 曲线和 $Q-P$ 曲线上的相应点，可得到泵的流量-效率曲线 $Q-\eta$。可以看出 $Q-\eta$ 曲线是由坐标原点出发的一条抛物线，最高点 η_{max}的流量 Q_p 为设计工况点（即额定流量点），当 $Q<Q_p$ 时效率 η 是随流量 Q 的增加而增加。当 $Q>Q_p$ 时，效率 η 是随流量的增加降低了，所以泵应使用在额定流量时最为经济。

四、通用性能曲线

把不同转速下的 $Q-H$ 曲线画在同一张图上，并把各转速下效率相等的值投射到相应转速的 $Q-H$ 曲线上，把这些等效值的点连成曲线称为等效率曲线。这种特性曲线称为泵的通用特性曲线，如图 2-45 所示。利用通用特性曲线，就可以方便地确定出在任何一组（Q、H）值下的转速（n）与效率（η）值。

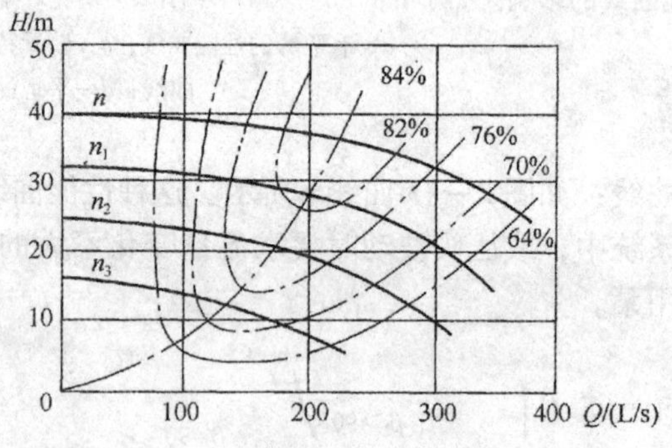

图 2-45　通用特性曲线

五、综合特性曲线

把不同叶轮外径下的 $Q-H$、$Q-\eta$ 关系曲线表示在同一张图中，如图 2-46 所示，称变叶轮外径的综合特性曲线。

同样，把不同叶片安放角度的 $Q-H$、$Q-\eta$ 关系曲线表示在同一张图中，如图 2-47 所示，称变角度的综合特性曲线。

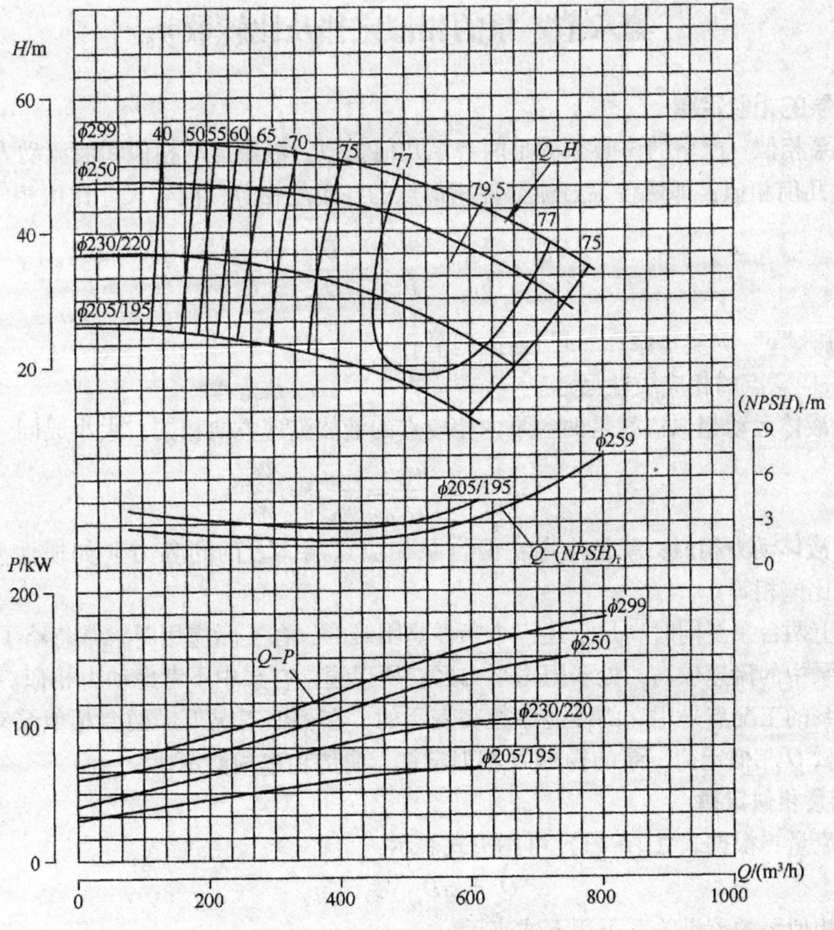

图 2-46 变叶轮外径的综合特性曲线

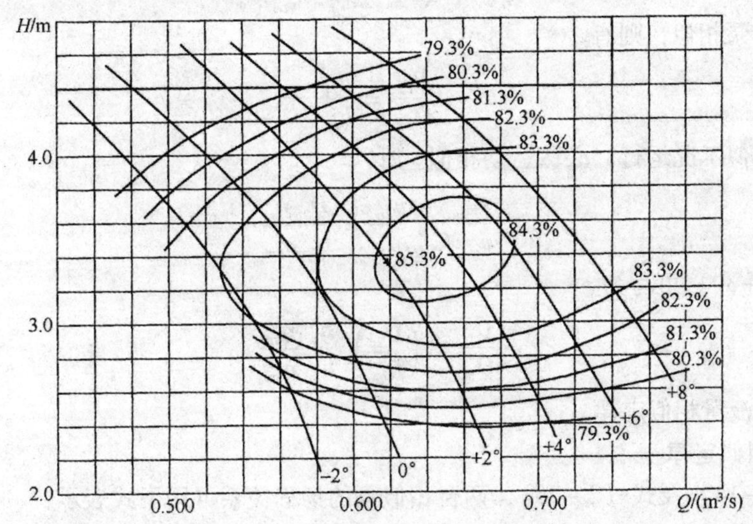

图 2-47 变角度的综合特性曲线

第八节　泵的相似定律及比转数 n_s

一、泵的相似定律

两台泵相似，严格的讲必须满足两台泵几何相似，液流运动相似和液流动力相似。

（1）几何相似：即两台泵过流部件相似点的各角度相等，同名尺寸比值相等。即：

$$\frac{D_{1p}}{D_{1m}} = \frac{b_{1p}}{b_{1m}} = \frac{b_{2p}}{b_{2m}} = \frac{D_{2p}}{D_{2m}} = \frac{L_p}{L_m} \tag{2-28}$$

式中，注脚“p”为实型泵；“m”为模型泵；

L——任意点的相应线性尺寸。

（2）液体运动相似：就是两台泵内相应点的液体流速方向相同，大小成同一比例。即：

$$\frac{v_{1p}}{v_{1m}} = \frac{v_{2p}}{v_{2m}} = \frac{u_{1p}}{u_{1m}} = \frac{u_{2p}}{u_{2m}} = \frac{W_{2p}}{W_{2m}} \tag{2-29}$$

（3）液体动力相似：就是作用在两台泵相应点液体上的同名力（如惯性力、黏性力、重力）的比值相等。

实际上两台泵要同时满足上述三个条件是困难的，在实际应用时，常忽略了一些次要因素。由于泵中的流速较高，处于阻力平方区，所以通常在泵中不考虑动力相似。

离心泵的工况点是用它的性能参数表表示的，在相似工况下，两台相似泵有如下关系：即泵的流量 Q 相似定律，泵的扬程 H 相似定律，泵的功率相似定律。

1. 流量相似定律

泵的流量：根据式（2－13）可用下式表示：

$$Q = \pi D_2 b_2 \phi_2 v_{m_2} \eta_V$$

两台相似泵的流量关系可用下式表示：

$$\frac{Q_p}{Q_m} = \frac{\pi D_{2p} b_{2p} \phi_{2p} v_{m_{2p}} \eta_{vp}}{\pi D_{2m} b_{2m} \phi_{2m} v_{m_{2m}} \eta_{vm}} \tag{2-30}$$

由于两台泵相似，则有

$$\frac{D_{2p}}{D_{2m}} = \frac{b_{2p}}{b_{2m}}$$

由于在相似工况运行，必然运动相似。所以

$$\frac{v_{m_{2p}}}{v_{m_{2m}}} = \frac{u_{2p}}{u_{2m}} = \frac{D_{2p}\eta_p}{D_{2m}\eta_m}$$

故式（2－30）可写为

$$\frac{Q_p}{Q_m} = \left(\frac{D_{2p}}{D_{2m}}\right)^3 \frac{n_p}{n_m} \frac{\eta_{vp}}{\eta_{vm}} \tag{2-31}$$

这就是泵流量相似定律。

2. 扬程相似定律

由式（2－14）及式（2－25），两台相似泵的扬程关系可用下式表示：

$$\frac{H_p}{H_m} = \frac{u_{2p} v_{u_{2p}} - u_{1p} v_{u_{1p}}}{u_{2m} v_{u_{2m}} - u_{1m} v_{u_{1m}}} \frac{\eta_{hp}}{\eta_{hm}} \tag{2-32}$$

由于两台泵运动相似，必然满足

$$\frac{u_{2p}v_{u_{2p}}}{u_{2m}v_{u_{2m}}} = \left(\frac{D_{2p}n_p}{D_{2m}n_m}\right)^2 = \frac{u_{1p}v_{u_{1p}}}{u_{1m}v_{u_{1m}}}$$

代入上式（2－32）可得

$$\frac{H_p}{H_m} = \left(\frac{D_{2p}n_p}{D_{2m}n_m}\right)^2 \frac{\eta_{hp}}{\eta_{hm}} \tag{2-33}$$

这就是泵扬程相似定律。

3. 功率相似定律

由式（2－6）可得两台相似泵的功率关系式：

$$\frac{P_p}{P_m} = \frac{H_p Q_p \gamma_p \eta_m}{H_m Q_m \gamma_m \eta_p} \tag{2-34}$$

将式（2－31），式（2－33）及 $\eta = \eta_m \eta_v \eta_h$ 代入式（2－34）得

$$\frac{P_p}{P_m} = \left(\frac{D_{2p}}{D_{2m}}\right)^5 \left(\frac{n_p}{n_m}\right)^3 \frac{\gamma_p}{\gamma_m} \frac{\eta_{mm}}{\eta_{mp}} \tag{2-35}$$

这就是泵功率相似定律。

当实型泵与模型泵的尺寸比例相差不太大时，为了简化问题起见，认为模型泵与实型泵的效率相等，即 $\eta_{vp} = \eta_{vm}$，$\eta_{hp} = \eta_{hm}$，$\eta_{mp} = \eta_{mm}$，于是可得：

$$\frac{Q_p}{Q_m} = \frac{n_p}{n_m}\left(\frac{D_{2p}}{D_{2m}}\right)^3 \tag{2-36}$$

$$\frac{H_p}{H_m} = \left(\frac{n_p}{n_m}\frac{D_{2p}}{D_{2m}}\right)^2 \tag{2-37}$$

$$\frac{P_p}{P_m} = \left(\frac{n_p}{n_m}\right)^3 \left(\frac{D_{2p}}{D_{2m}}\right)^5 \frac{\gamma_p}{\gamma_m} \tag{2-38}$$

式中，注脚“p”表示实型泵，注脚“m”表示模型泵。

利用以上相似定律，大型泵可以做成小的模型泵进行试验，然后将模型泵的试验结果换算成实型泵的性能。但是当两尺寸相差很大时，误差会较大，需参考有关资料来进行修正。

当同一台泵输送同一种液体时

$$D_{2p} = D_{2m}$$
$$\gamma_p = \gamma_m$$

则有

$$\frac{Q_p}{Q_m} = \frac{n_p}{n_m} \tag{2-39}$$

$$\frac{H_p}{H_m} = \left(\frac{n_p}{n_m}\right)^2 \tag{2-40}$$

$$\frac{P_p}{P_m} = \left(\frac{n_p}{n_m}\right)^3 \tag{2-41}$$

这就是泵的比例定律，在泵的调节中就用改变转速来改变泵的性能，用式（2－39）、式（2－40）、式（2－41）来计算改变转速后泵的性能。在试验中，当试验设备受到限制时，可用降速试验，然后用上式进行换算泵的性能。

二、泵的比转数 n_s

1. 比转数 n_s 的得出

相似工况下，由式（2－36）及式（2－37）可得：

$$\frac{Q_p}{n_p D_{2p}^3} = \frac{Q_m}{n_m D_{2m}^3} \tag{2-42}$$

$$\frac{H_p}{(n_p D_{2p})^2} = \frac{H_m}{(n_m D_{2m})^2} \tag{2-43}$$

将式（2-42）两端平方，式（2-43）两端立方，然后相除消去 D，再开四次方可得到：

$$\frac{n_p \sqrt{Q_p}}{(H_p)^{\frac{3}{4}}} = \frac{n_m \sqrt{Q_m}}{(H_m)^{\frac{3}{4}}} \tag{2-44}$$

即两台相似的泵，将相应的工况下的性能参数代入式（2-44），计算出来的数值是相同的，把这个数值称为泵的比转数 n_q：

$$n_q = \frac{n\sqrt{Q}}{(H)^{\frac{3}{4}}} \tag{2-45}$$

n_q 就有这样的性质，对一系列几何相似的泵，在相似的工况下 n_q 值都相等，也即 n_q 相等，两台泵就几何相似，n_q 就是相似泵的相似准则。

在我国为了使与水轮机的比转数一致，将上面公式乘以一个数3.65，则泵的比转数 n_s 为：

$$n_s = \frac{3.65n\sqrt{Q}}{H^{\frac{3}{4}}} \tag{2-46}$$

式中　n_s——该泵的比转数；

n——泵的转速，r/min；

Q——泵的流量，m^3/s；

H——泵的单级扬程，m。

n_s 与 n_g 本质上没有任何区别，只是数值上不同，我国长久以来已经习惯使用 n_s，欧美国家常用 n_g，由于各国使用的单位不一致，所以同一台泵算出来的比转数值是不一样的。

2. 比转数 n_s 计算注意事项

（1）同一台泵在不同工况下具有不同的 n_s 值，作为相似准则的 n_s 是指对应最高效率点工况（即设计工况）的 n_s 值。

（2）双吸泵比转数的计算：因为比转数是对叶轮而言的，双吸泵实际是将两个单吸叶轮背靠背的装在一起并联工作，所以双吸泵的比转数 n_s

$$n_s = \frac{3.65n\sqrt{\frac{Q}{2}}}{H^{\frac{3}{4}}} \tag{2-47}$$

（3）多级泵比转数的计算：因为多级泵相当于将几个单级泵的叶轮装在一根轴上，串联工作，所以多级泵的比转数 n_s 应用单级扬程来计算。

$$n_s = \frac{3.65n\sqrt{Q}}{\left(\frac{H}{i}\right)^{\frac{3}{4}}}$$

式中　i——多级泵的级数。

3. 比转数 n_s 的用处

（1）利用比转数 n_s 对叶轮进行分类和分析性能变化状况

比转数 n_s 的大小与叶轮形状和泵性能曲线形状有密切关系，如表2-3所示。比转数 n_s 越小，D_2/D_0 值越大，叶轮流道相对地越细长，叶片为圆柱型叶片不扭曲；$Q-H$ 曲线比较平坦；$Q-P$ 曲线随流量 Q 增大功率 P 上升得比较快；$Q-\eta$ 曲线高效区比较宽，但最高效率 η_{max} 比较低。

随比转数 n_s 逐渐增大，D_2/D_0 值变小，叶轮流道越来越宽，叶片进口处开始变扭曲；$Q-H$曲线也越来越陡；当 n_s 大到一定值时叶轮出口边就倾斜了，成了混流泵，叶片从进口到出口都变成扭曲；$Q-H$ 曲线开始出现 s 形曲线；$Q-P$ 曲线随流量 Q 增大功率 P 上升得比较慢，当 n_s 大到一定值时功率 P 随流量 Q 的增大不再增大或稍有下降。$Q-\eta$ 曲线高效区变窄，但最高效率 η_{max} 增高，在 $n_s=120$ 时能得到最好的效率值，当 $n_s>180$ 后，随 n_s 增加，最高效率 η_{max} 反而有所降低。

（2）比转数 n_s 是编制离心泵系列的基础

如果以比转数 n_s 为基础来安排离心泵系列，就可以大大地减少水力模型的数目。这对研究、设计来说就可以节约大量的人力物力。

（3）比转数 n_s 是离心泵设计计算的基础

在用相似设计法时，比转数 n_s 相同，才能用相似设计，即叶型尺寸可以放大、缩小一定的倍数来进行设计。

在用速度系数设计时，经验系数都是以比转数 n_s 为基础来计算的，或以比转数 n_s 查图得到的。

表2-3　比转数 n_s 与叶轮形状和性能曲线的关系

泵的类型	离心泵			混流泵	轴流泵
	低比转数	中比转数	高比转数		
比转数 n_s	$30<n_s<80$	$80<n_s<150$	$150<n_s<300$	$300<n_s<500$	$500<n_s<1000$
叶轮形状	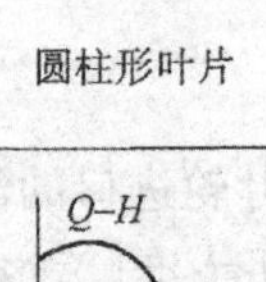 D_0 D_2	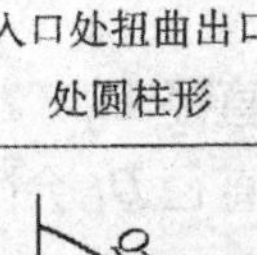 D_0 D_2	 D_0 D_2	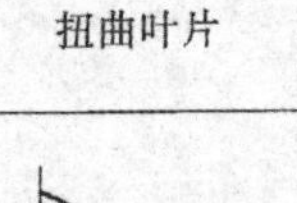 D_0 D_2	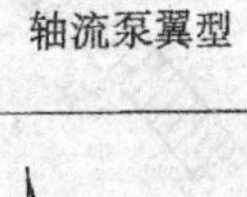 D_0 D_2
尺寸比 $\frac{D_2}{D_0}$	≈3	≈2.3	≈1.8~1.4	≈1.2~1.1	≈1
叶片形状	圆柱形叶片	入口处扭曲出口处圆柱形	扭曲叶片	扭曲叶片	轴流泵翼型
性能曲线形状	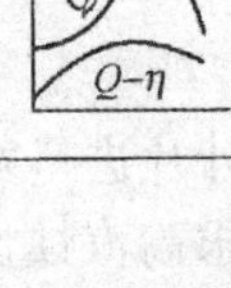 Q–H Q–N Q–η	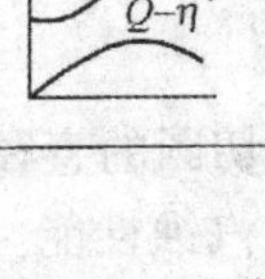 Q–H Q–N Q–η	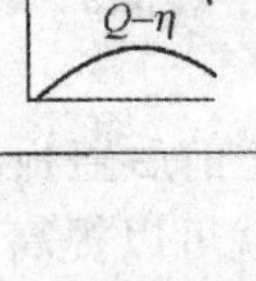 Q–H Q–N Q–η	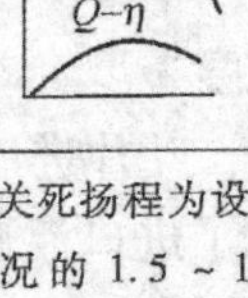 Q–H Q–N Q–η	 Q–H Q–N Q–η
流量-扬程曲线特点	关死扬程为设计工况的1.1~1.3倍，扬程随流量减少而增加，变化比较缓慢			关死扬程为设计工况的1.5~1.8倍，扬程随流量减少而增加，变化较急	关死扬程为设计工况的2倍左右，扬程随流量减少而急速上升，又急速下降

续表

泵的类型	离心泵			混流泵	轴流泵
	低比转数	中比转数	高比转数		
流量－功率曲线特点	关死点功率较小，轴功率随流量增加而上升			流量变动时轴功率变化较少	关死点功率最大，设计工况附近变化比较少，以后轴功率随流量增大而下降
流量－效率曲线特点	比较平坦			比轴流泵平坦	急速上升后又急速下降

第九节　影响泵性能的因素

一、叶轮出口直径 D_2

根据叶片出口速度三角形和式（2－14）泵的基本方程可以得到：当 D_2 减小时，u_2、v_{u2} 减小，泵的扬程也就减小，所以在实际使用中，常用切割叶轮外径的方法来改变泵的性能。

二、叶片出口角 β_2

增大叶片出口角 β_2 时，v_{u2} 增大，泵的扬程也会增大。

三、泵转速 n

当改变转速 n 时；同样也会改变 u_2、v_{u2}。当 n 降低时，u_2、v_{u2} 减小，泵的扬程也就减小。在实际使用中，常用改变泵的转速来改变泵的性能。

四、叶片出口宽度 b_2

增加叶片出口宽度 b_2 时，从式（2－13）可以看出泵的流量会增大。

五、叶片出口圆周长度 δ_2

减小叶片出口圆周的长度 δ_2 时，从式（2－13）看出减小了出口排挤即增大了 ψ_2，也会使泵的流量增大。在实际使用中，我们常在叶片背面锉去一些叶片出口圆周长度，δ_2 减小，称叶轮齐口，如图2－48所示，也能增加泵的一些流量。流量不变时，能少量提高泵的扬程。

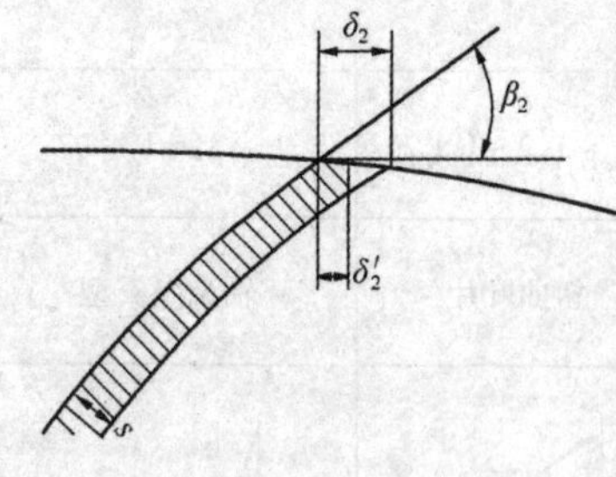

图2－48　叶轮齐口

六、叶轮进口直径 D_1

增大叶轮进口直径 D_1 会降低叶轮进口的流速，从而提高泵的汽蚀性能，但过大地增加叶轮进口直径，会使泵的效率降低。

七、叶片进口宽度 b_1

在轴面投影图上，叶片进口边上前后盖板的内切圆的直径就是叶片进口宽 b_1，增大叶片进口宽度 b_1，降低了进口流速，就可以提高泵的汽蚀性能。在要求高汽蚀性能的泵的叶轮，常采用此方法，例多级泵的第一级叶轮，冷凝泵的叶轮等。增加 b_1 必然会增加 D_0，所以会降低泵的效率。

八、叶片进口角 β_1

当叶片进口角 β_1 与液流角 β'_1 相等时，不会产生进口冲击损失，泵的效率较高，但增大叶片进口角 β_1 时，即加正冲角，$\beta_1 > \beta'_1$ 会增大进口通流面积，减小压力面的脱流，会提高泵的汽蚀性能。在增大不多时，也不会影响效率。但增加太大时会降低泵的效率。

九、蜗壳式泵体的面积 $F_{Ⅷ}$ 或导叶的喉部面积 F

增大蜗壳式泵体的面积 $F_{Ⅷ}$ 或导叶的喉部面积 F 会使泵的流量增加，但会减小泵关死点扬程。并使最高效率向大流量偏移。但过大增加 $F_{Ⅷ}$ 或 F 也会使泵效率降低。当减小蜗壳式泵体的面积 $F_{Ⅷ}$ 或导叶的喉部面积 F 时，会使 $Q-H$ 变陡，流量迅速减小，效率大幅度降低，所以减小面积是很不利的。

第十节　离心泵中的径向力、轴向力及其平衡

一、径向力的产生及其平衡

在设计流量时，蜗室内液体流动速度和液体流出叶轮的速度（大小和方向）基本上是一致的，因此从叶轮流出的液体能平顺地流入蜗室，在叶轮周围液体的流动速度和压力分布是均匀的，此时无径向力。但在小于设计流量时，蜗室内液体流动速度将减慢。从图 2－49 叶轮出口速度三角形中可以看出，此时液体流出叶轮的绝对速度 v'_2 并不是减小了反而是增加了，$v'_2 > v_2$，并且方向也发生了改变。一方面蜗室里的流动速度减慢，而另一方面叶轮出口的流动速度增加，就发生了撞击，结果使流出叶轮液体的速度下降到蜗室里的流动速度，同时，把一部分动能通过撞击传给了蜗室内液体，使蜗室里的液体压力升高。液体从蜗室前端（隔舌）流到蜗室后端过程中，不断受到撞击，不断增加压力，使蜗室里压力分布成逐渐上升分布。同样在大于设计流量时，蜗室里液体压力从隔舌开始是不断下降的分布。

由于蜗室各断面中的压力不相等，液体作用于叶轮出口处的圆周面上的压力不相等，于是在叶轮上就产生了一个径向力。又因为蜗室里液体的压力对流出叶轮的液体起着阻碍作用，由于压力不均匀，液体流出叶轮的速度也是不一致。因此，叶轮周围上受液体流出时的反冲力也是不均匀的。这又形成了径向力产生的另一个原因。总之径向力是因为在非设计工况时由于蜗室压力分布不均匀而产生的。

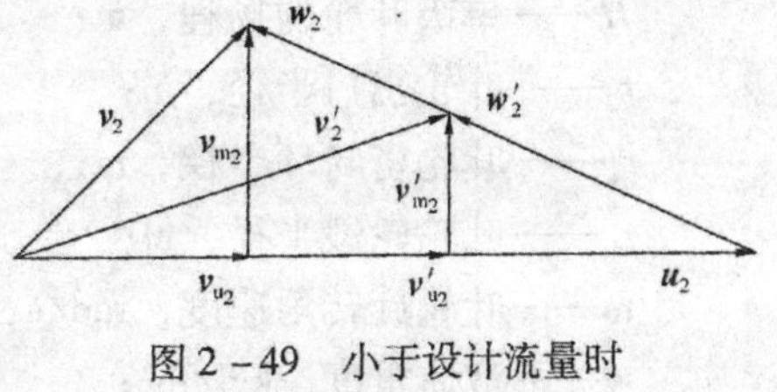

图 2－49　小于设计流量时叶轮出口速度三角形

径向力会使轴产生较大的挠度，致使叶轮密封环、轴套等处卡死或磨损。同时会使轴因疲劳而破坏，在泵的运转中产生振动噪声。因此，消除径向力是十分必要的，特别是口径较大、扬程较高的泵。

径向力平衡方法是将蜗室分成两个对称的部分，即双层蜗室或双蜗室，如图 2－50 所示。在双层蜗室里，虽然每个蜗室里压力分布仍是不均匀的，但由于两个蜗室相互对称，所以作用在叶轮上的径向力相互抵消。

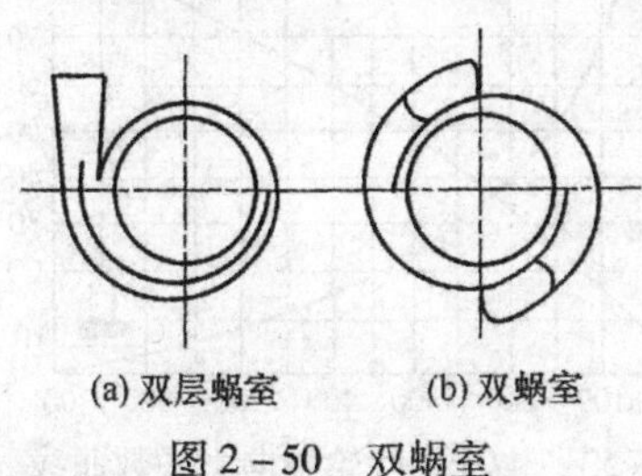

图 2－50　双蜗室

在蜗壳式多级泵里，采用相邻两个蜗室旋转 180°布置的办法，也可减弱径向力对轴的作用。

采用导叶式泵，由于导叶叶片沿圆周均匀分布，各个

导叶所产生的径向力相互平衡了。

二、轴向力的产生及其平衡

1. 轴向力的产生

在单吸离心泵中，由于前后盖板侧面所受压力不同，产生轴向力 F_1；在悬臂式泵中，由于吸入压力作用于轴端上而产生轴向力 F_2；由于液体流入叶轮进口及从叶轮出口的速度、方向不同产生的动反力 F_3；对于立式泵，转子的重量产生的重力 F_4，因此泵的轴向力应是上述四种轴向力的总和。

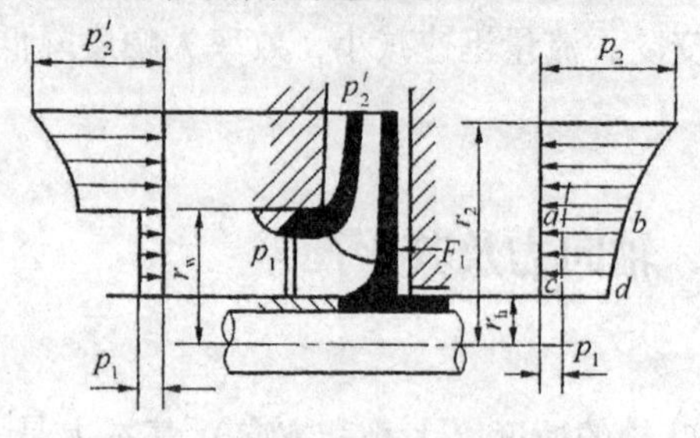

图 2－51　叶轮两侧压力分布

（1）由于前后盖板侧面所受压力不同产生的轴向力 F_1

对于单吸叶轮，由于作用在叶轮两侧盖板的压力不等。图 2－51 表示了单吸叶轮两侧盖板上的压力分布情况：左侧为前盖板上的压力分布，右侧为后盖板上的压力分布。一般认为在叶轮与泵体间液体，因受叶轮旋转效应的影响，以 $n/2$ 速度旋转。所以在叶轮和泵体间的压力是按抛物线形状分布的。由图 2－50 可以看出：在密封环半径 r_w 以上，叶轮两侧的压力是对称的，方向相反，相互抵消，没有轴向力；而在密封环半径 r_w 以下，作用在左侧是叶轮入口压力 p_1，作用在右侧后盖板上的仍是出口压力按抛物线分布的压力，前后盖板压差乘以相应的面积就是作用在叶轮后盖板上的轴向力 F_1，方向从后盖板指向叶轮进口。

$$F_1 = \gamma\pi(r_w^2 - r_h^2)\left[H - \left(r_2^2 - \frac{r_w^2 + r_h^2}{2}\right)\frac{\omega^2}{8g}\right] \tag{2-48}$$

式中　F_1——轴向力，kgf；

H——单级叶轮的扬程，m；

r_2——叶轮出口半径，m；

r_w——叶轮密封环半径，m；

r_h——叶轮轮毂半径，m；

ω——叶轮旋转角速度，rad/s；

γ——液体重度，kgf/m³；

g——重力加速度，m/s²；

u_2——叶轮出口直径圆周速度，m/s。

为计算简单起见，可按下面经验公式计算：

$$F_1 = KH_i\gamma\pi(r_w^2 - r_h^2) \tag{2-49}$$

式中　H_i——单级扬程，m；

K——实验系数，$\eta_s = 40 \sim 200$ 时，$K = 0.6 \sim 0.8$。

对半开式（没有前盖板）叶轮的轴向力 F_1：

$$F_1 = 2\pi r_1 d_1 kH_i\gamma$$

式中　k——轴向力系数，查图 2－52；

d_1——圆心在叶片进口边上，并与叶轮轮廓相切圆的直径，m；

r_1——相切圆圆心半径，m。

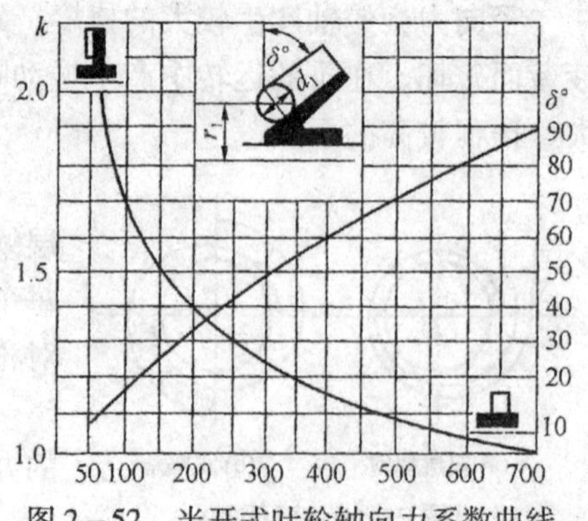

图 2－52　半开式叶轮轴向力系数曲线

(2) 作用在轴端上的轴向力 F_2

对入口压力较低的泵来说，两轴端上的压差较小，可以忽略不计。而对于入口压力较高的悬臂式单吸泵，必须考虑由作用在轴端上的入口压力所引起的轴向力 F_2，如图 2-53 所示。

$$F_2 = \frac{\pi d_h^2}{4} p_0$$

式中 p_0——泵入口压力，kgf/cm²；

d_h——叶轮轮毂直径，cm；

F_2 与 F_1 方向相反。

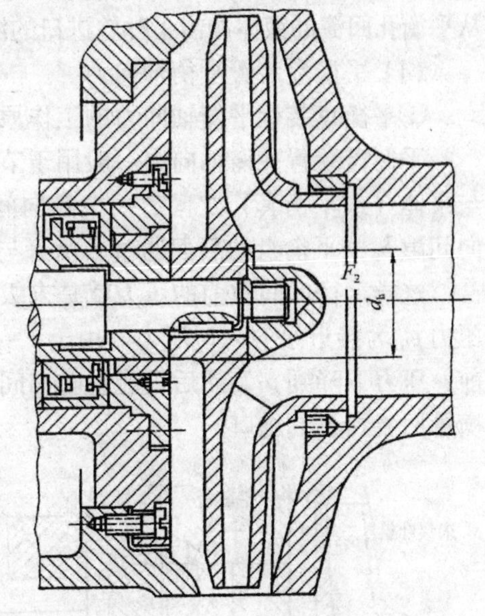

图 2-53 高吸入压力的离心泵轴向力

(3) 动反力 F_3

是由于液体进入叶轮后运动方向由轴向变为径向，就给予叶轮一个反冲力 F_3 与 F_1 方向相反，由于 F_3 较小，常忽略不计。

(4) 转子重力 F_4

对立式泵，整个转子的重量也是轴向力的一部分，在轴向力计算时需要考虑进去。

2. 轴向力的平衡

泵的轴向力有时会很大，尤其是在高扬程泵、多级泵中，轴向力可达数千公斤，泵的转动部分（转子）在轴向力推动下发生窜动，造成轴承发热、损坏或发生转子与定子的研磨，使泵不能工作。因此，消除泵的轴向力是很重要的，常用的轴向力平衡方法有以下几种。

(1) 采用双吸叶轮

用两个相互对称的单吸叶轮背靠背的放在一起构成的双吸叶轮，使两个大小相等、方向相反的轴向力相互抵消了。但由于两边密封间隙不完全相同，叶轮不对中等原因，还会产生不大的剩余轴向力，需要由轴承承受。

(2) 在两级泵和多级泵中可以采用叶轮对称排列的方式来平衡轴向力

如图 2-54 所示，即将两个叶轮或一组叶轮背靠背或面对面的对称安装在一根轴上串联工作。尽管在单个叶轮上仍有轴向力作用，但对整个转子来说，轴向力得到基本平衡，不过由于间隙的影响，还存在有一定的剩余轴向力，需要有推力轴承配合使用。这种方法在单吸两级悬臂泵和蜗壳形多级泵中使用较多。这种方法容积损失很小，但会带来泵的结构较复杂。

(3) 平衡孔或平衡管。

如图 2-55 所示，在叶轮后盖板上装一个直径与前盖板密封环直径相等的密封环，同时在叶轮后盖板密封环直径以下处开平衡孔，或加平衡管，使后盖板密封环以下处压力与叶轮

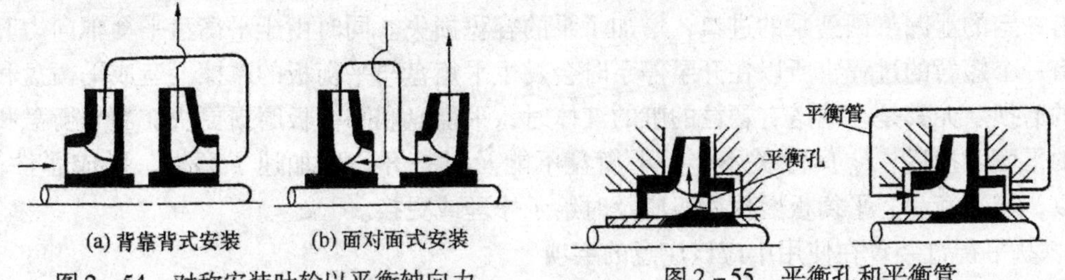

图 2-54 对称安装叶轮以平衡轴向力

图 2-55 平衡孔和平衡管

进口处压力相等，这就能平衡大部分的轴向力，剩余的轴向力很小。

平衡孔、平衡管平衡轴向力的方法结构很简单，它的缺点是有一部分液体回流到叶轮入口增加了泵的容积损失，密封环磨损后泄漏量更大，所以密封环磨损后应及时修理更换。同时，从平衡孔回流的液体冲击了叶轮进口的液体，又造成了水力损失，所以泵的效率会略有下降。

（4）平衡盘装置平衡轴向力

①平衡盘装置平衡轴向力的工作原理

平衡盘装置平衡轴向力一般用于节段式多级泵，如图 2－56 所示。叶轮轮毂（或轴套）与泵体（或平衡套）之间有一个径向间隙 b 之外，在平衡盘与泵体平衡板之间还有一个轴向间隙 b_0，平衡盘的后面通过平衡管与泵吸入口相通。

这样，径向间隙前的压力就是末级叶轮背面的压力 p，为泵的出口压力。而平衡盘后的压力 p_0 为接近泵的入口压力。由于 $p-p_0$ 的压差，液体从叶轮背面流经径向间隙 b 到平衡盘前，压力下降到 p'，然后再流过轴向间隙 b_0 到平衡盘的后面，压力下降到 p_0，最后通过平衡管回流到泵的进口。

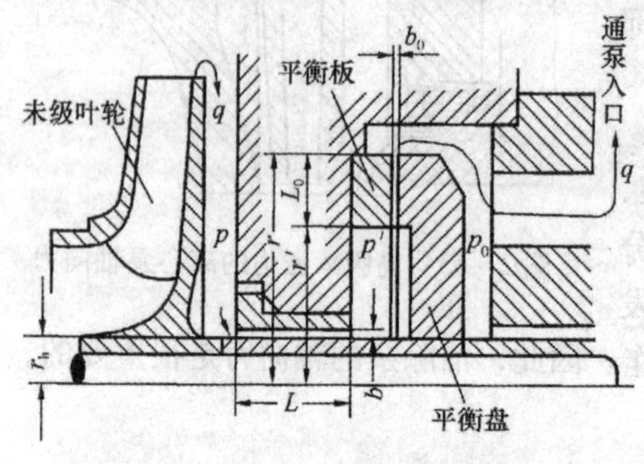

图 2－56　多级泵的平衡盘装置

在平衡盘上的两侧，存在着压力差 $p'-p_0$，就产生了一个向后的作用力，其方向与叶轮上的轴向力正好相反，这个力就是平衡力。

当叶轮上的轴向力大于平衡盘上的平衡力时，将泵的转子推向前移动，此时使轴向间隙 b_0 减小，增加了液体流经平衡盘的阻力，因而就减小了泄漏量 q。由于泄漏减少，液体流经径向间隙的阻力减小，压力降也就减小，平衡盘前的压力 p'就升高了。由于 p'的上升，压差 $p'-p_0$ 增加，就增加了平衡力。转子不断向前移动，平衡力不断增加，到某一位置时，平衡力和轴向力相等，达到了平衡。同样，当轴向力小于平衡力时，转子将向后移动，移动一定距离后，轴向力和平衡力达到了平衡，

由于泵在工作中，运行点是经常变化的，轴向力也就经常变化，加上惯性力的作用，转子会经常发生轴向移动，以达到新的平衡，所以平衡盘平衡轴向力是动态的、自动的、完全的平衡轴向力。

由于用平衡盘平衡轴向力时，转子经常发生轴向移动，所以泵的轴承不能用推力轴承，而是能够轴向移动的轴承。如用滑动轴承，滚动轴承用圆柱滚子轴承、滚针轴承等。如果采用其它滚动轴承不能轴向移动时，需装在一个能轴向滑动的套中，套可轴向移动。由于转子需要自由移动，就不能用在立式多级泵中。

平衡盘装置平衡轴向力的优点是自动的完全的平衡轴向力，无残余轴向力，但它的缺点是有一定的泄漏量回到泵的进口，增加了泵的容积损失。同时由于平衡盘平衡轴向力时，需要有一个短暂的过程，所以在开泵停泵时会发生平衡盘与平衡板的摩擦，造成平衡盘和平衡板的磨损。尤其是在输送有颗粒的脏的液体时，平衡盘和平衡板磨损更快。当平衡盘和平衡板的平面磨损后，b_0 间隙关不严，平衡盘不能及时打开，更加速了磨损，形成恶性循环，所以，当平衡盘、平衡板磨损后，应及时给予修理或更换。

② 平衡盘装置在使用中应该注意的事项

从以上工作原理可以看出，转子是窜动的，泵的对中应是以平衡盘和平衡板的位置来确

定的，所以泵装配时，须检查泵的总窜量、前窜量、后窜量，以确定泵的对中及检查是否有向后的窜动量。

从上述工作原理中，平衡盘平衡轴向力是靠轴向间隙 b_0 的变化而产生的。同时，也必须靠固定的径向间隙 b 的配合才能实现。而当输送液体的黏性较大时，流经径向间隙的阻力损失增加，平衡盘前的压力 p'降低，影响了平衡盘的灵敏度，所以当输送黏性较大的液体时，需增加一定的径向间隙 b。

回水管和回水孔不能太小，更不能堵，否则平衡盘后的压力 p_0 将会升高，影响平衡盘的灵敏度或不能移动，无法工作。尤其是在输送污液时，容易堵塞，需要注意。

泵在开泵停泵时，易使平衡盘与平衡板产生磨损，所以应尽量减少开泵和停泵的次数。并且当平衡盘与平衡板磨损后应及时修理和更换，以避免产生恶性循环，加速磨损，从而增加泄漏量和摩擦带来的机械损耗。当严重时，因转子前移，会使叶轮前盖板磨损，造成叶轮的损坏。

当用平衡盘装置平衡轴向力时，配泵时两联轴器间必须有一定的间隙以保证向后移动不受阻碍，一般为 4 ~ 6mm。要注意必须先使平衡盘平衡板靠上后，再确定联轴器间的间隙。

在安装平衡盘与平衡板时，应要保证它们的垂直度，以保证两者紧密贴紧。检查可用红胆粉检查贴紧程度。

被输送的液体应尽量清洁，以防止平衡盘、平衡板的磨损及平衡孔、回水管的堵塞。

(5) 平衡鼓装置平衡轴向力

平衡鼓装置如图 2－57 所示，它是在多级泵末级叶轮之后装在轴上的一个圆柱形体，平衡鼓外圆表面与泵体上的平衡套之间有一个很小的径向间隙。用平衡管把平衡鼓后面和泵吸入口连通起来。这样，平衡鼓前面是末级叶轮背面的压力 p，是高压，而平衡鼓后面为接近于泵进口的压力 p_0，是低压。这样平衡鼓在 $p-p_0$ 压差的作用下产生了一个向后的推力，其方向与轴向力相反，这就是平衡力。

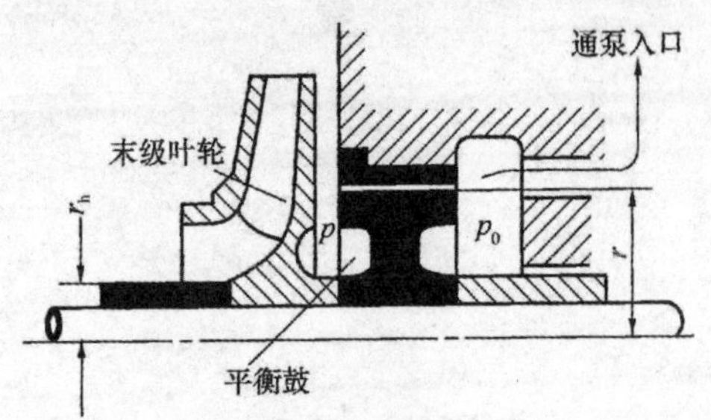

图 2－57　平衡鼓装置

显然，平衡力与平衡鼓受力面积和它两侧压差有关。由于泵在运行中，工况会发生改变，平衡鼓前面的压力 p 相应发生改变，而平衡鼓后面的压力 p_0 不会改变，平衡鼓的面积也不会改变，这样会产生剩余的不平衡轴向力，所以，平衡鼓装置一般需要加推力轴承来承担剩余的轴向力。

平衡鼓装置，因没有相互接触，不会产生磨损，所以寿命比较长，并且可用于立式多级泵中。当然这种装置会增加泵的轴向尺寸。目前设计中常采用平衡鼓与平衡盘的联合装置，效果比单独使用平衡盘装置或平衡鼓装置更好。

平衡鼓装置使用在输送带颗粒的脏水时也会磨损，增加径向间隙，减小平衡力，所以磨损后应及时修理，更换平衡套。

(6) 背叶片平衡轴向力

如图 2－58 所示，在叶轮后盖板上加几条径向叶片。叶轮旋转时，背叶片带动液体快速旋转，使叶轮背面的压力显著下降，减小了叶轮的轴向力。这种方法背叶片会消耗一定的功率，降低泵的效率，一般使用在杂质泵、化工泵中。

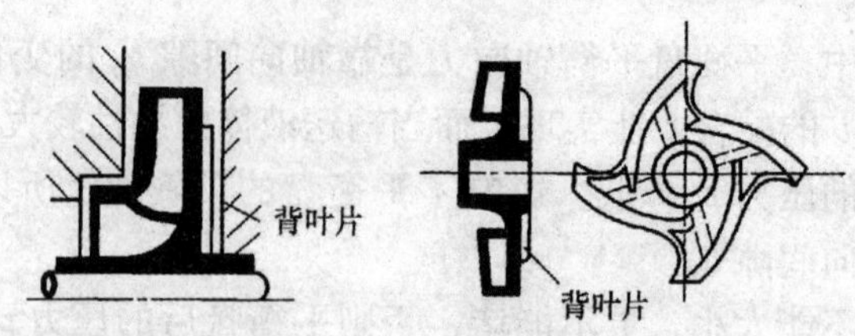

图 2-58　背叶片平衡轴向力

第三章　泵的汽蚀与防止

汽蚀是泵中一种十分有害的现象。当泵发生汽蚀时，会降低泵的各个性能，如泵的流量、扬程、功率、效率等都会下降，并发生振动、噪声。泵如果长期在汽蚀工况下运转，会发生汽蚀破坏，当汽蚀进一步发展严重时，泵就会发生断流而不能工作。所以必须避免泵在汽蚀工况下运转。

第一节　泵的汽蚀现象

什么是汽蚀现象呢？可以从日常生活来谈起：如果在一个大气压力作用下，将水加热到100℃就会有大量气泡从水中析出——水沸腾了。但是在高山上，由于空气稀薄而气压低，水不到100℃就会冒出大量气泡。如果水面压力降低到0.024atm以下时，水在20℃的常温下也会冒出大量的气泡，水沸腾。所以水的汽化不但与温度有关，而且还与压力有关。在一定温度下，液体开始汽化的临界压力叫做汽化压力（或称饱和蒸汽压力），用 p_v 表示。水在各种温度下的汽化压力 p_v 见表1－1和表1－2，其他液体在各种温度下的汽化压力 p_v 如图3－1所示。

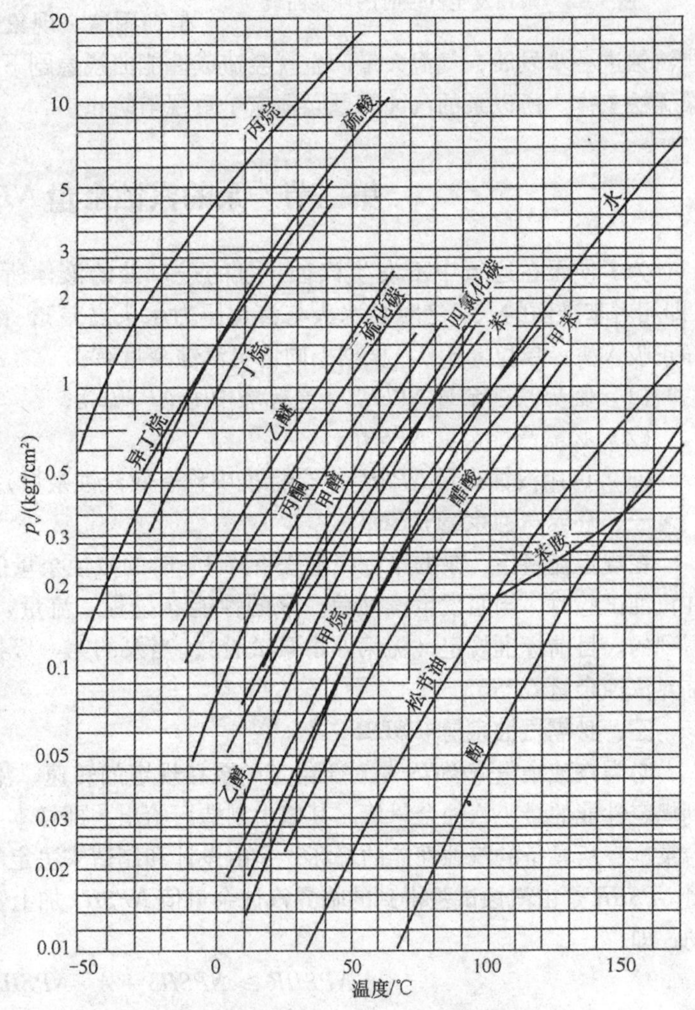

图3－1　各种液体的汽化压力与温度的关系曲线

从离心泵的工作原理中知道，泵能将低处的液体吸上来是由于叶轮转动产生离心力，使泵的进口处压力降低产生真空，也就是低于大气压力，而吸水池的液面上有一个大气压力，在其作用下把液体压上来了。如果泵的安装离吸入液面越高，则泵的进口的压力要求更低，真空度更大，才能把液体吸上来。当泵进口处的压力低至该温度下该液体的汽化压力时，虽然在常温下，该液体也会汽化而产生大量气泡，这些气泡随液体一起流入叶轮流道中。由于泵通过旋转的叶轮对液体作功，使液体能量逐渐增加，液体的压力又逐渐升高，液体中的气泡受压破裂，重新凝结成液体而消失。这时，气泡四周的液体质点以很高的速度运动补充，质点互相撞击，在瞬间产生很高的压力（即水锤现象），产生很强的水击波就像无数个小弹头连续打击叶片表面，久而久之，金属表面逐渐因疲劳破坏，在叶片上产生蜂窝状的小块剥落，通常称为剥蚀。在所产生的气泡中，还有一些活泼气体（如氧等），借助气泡凝结时所放出的热量对金属起化学腐蚀、电化腐蚀与机械剥蚀的共同作用，加快了对金属的损坏速度，这种现象就叫做汽蚀现象。

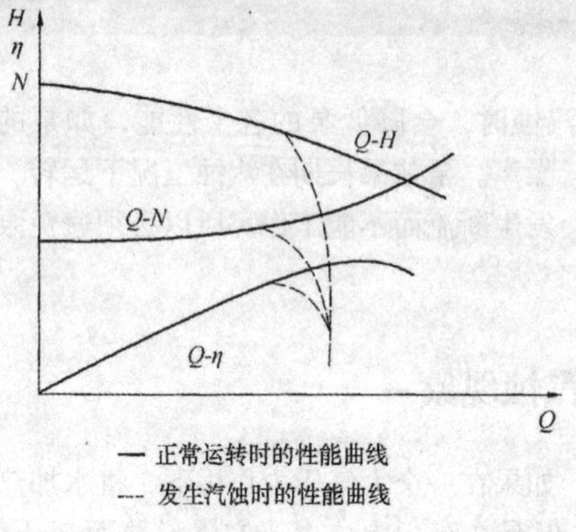

图 3-2　泵在发生汽蚀时的性能曲线

泵开始发生汽蚀时，气泡较少，区域也较小，对泵的正常工作没有明显影响，但当发展到一定程度时，就会影响到泵的性能（流量、扬程、功率、效率）明显下降（泵的汽蚀试验就是利用这一现象进行判断），并发生振动、噪声。当汽蚀进一步发展，气泡大量产生就会造成性能曲线急剧下降（图 3-2），液体产生断流而泵无法工作。所以泵的汽蚀问题必须应予重视与防止。

第二节　泵的汽蚀余量 *NPSH*

为了使泵在运行中不发生汽蚀，泵的进口处的液体所具有超过汽化压力的富裕能量（即相对基准面的入口绝对总水头与汽化压力水头之差），称为汽蚀余量（*NPSH*），国外称净正吸入头，单位 mH_2O。根据不同情况汽蚀余量有：

（1）临界汽蚀余量 *NPSH3*（老标准中为 *NPSHC*）；

（2）必需汽蚀余量 *NPSHR*；

（3）可用汽蚀余量 *NPSHA*（老标准中称有效汽蚀余量）。

一、临界汽蚀余量NPSH3

在规定流量下，泵的第一级扬程下降3%时的汽蚀余量值，它是通过试验来得到的，即在汽蚀试验时，当泵发生汽蚀后，泵的性能（扬程、流量、功率、效率）下降的这一特性得到的。目前标准规定（见第八章泵试验），当泵的第一级扬程下降3%时的汽蚀余量值为临界汽蚀余量 *NPSH3*。

二、必需汽蚀余量NPSHR

必需汽蚀余量 *NPSHR* 是对于给定的泵在规定的转速、流量和输送液体的条件下，泵达到规定性能的最小汽蚀余量值。其值由制造厂给出，即样本上给出的汽蚀余量值。它标志一台泵本身所具备的汽蚀性能的好坏，是由设计和制造来决定的，与泵装置无关。必需汽蚀余量 *NPSHR* 是由汽蚀试验得到的临界汽蚀余量值 *NPSH3* 加上容差系数或根据实际需要来确定的，即：

$$NPSHR \geqslant NPSH3 + A \cdot NPSH3 \qquad (3-1)$$

或

$$NPSHR \geqslant NPSH3 + C \qquad (3-2)$$

式中，A、C 为容差系数，对 2 级试验精度，$A=6\%$，$C=0.3\text{m}$；对 1 级试验精度，$A=3\%$，$C=0.15\text{m}$。

三、可用汽蚀余量NPSHA

可用汽蚀余量 $NPSHA$，在以前的资料中称有效汽蚀余量、装置汽蚀余量。它是在规定流量下由装置条件确定的获得的汽蚀余量值。根据上述定义，可用汽蚀余量 $NPSHA$ 应该是：

$$NPSHA=\frac{p_{s1}}{\rho g}+\frac{v_1^2}{2g}-\frac{p_v}{\rho g} \tag{3-3}$$

或 $$NPSHA=\frac{p_1}{\rho g}+\frac{p_b}{\rho g}+\frac{v_1}{2g}-\frac{p_v}{\rho g} \tag{3-4}$$

或 $$NPSHA=\frac{p_0}{\rho g}-\frac{p_v}{\rho g}-H_g-h_{w1} \tag{3-5}$$

式中 $NPSHA$——可用汽蚀余量，m；

$\frac{p_{s1}}{\rho g}$——泵进口法兰截面处的绝对压力水头，m；

$\frac{p_1}{\rho g}$——泵进口法兰截面处的表压水头，m；

$\frac{v_1^2}{2g}$——泵进口法兰处的速度水头，m；

$\frac{p_v}{\rho g}$——液体的汽化压力水头，m；

$\frac{p_0}{\rho g}$——吸入液面的压力水头，m；

H_g——泵的几何安装高度（即液面到泵轴线的垂直高度），m；

h_{w_1}——泵吸入管路的总水力损失，m。

从式（3-5）看出，可用汽蚀余量 $NPSHA$ 是由几何安装高度 H_g、吸入管路的阻力损失 h_{w_1}、吸入液面的压力 p_0 的大小及液体的汽化压力值来决定的，即与泵的装置有关，故有人称它为装置汽蚀余量。

为了在使用运行中不发生汽蚀，就必须满足：

$$NPSHA \geqslant NPSHR+B \tag{3-6}$$

式中，B 为安全裕量，是为了确保泵运行中不发生汽蚀，根据液体介质的性质及使用场合的要求来确定的，由用户或设计院来选取。一般情况下取 0.6m，例多级泵、双吸泵、常温冷却泵等；锅炉给水泵、冷凝泵 B 取 2.1m；而石化厂真空塔底泵 B 取 3.0m 之多。

第三节　吸上真空高度 H_s

在过去的一些泵的资料中常用吸上真空度 H_s 来表示泵的汽蚀性能。什么是吸上真空高度呢？

图 3-3 是一台泵的安装示意图，列出吸水面和泵进口处的柏努利方程：

$$Z_0+\frac{p_0}{\rho g}+\frac{v_0^2}{2g}=Z_s+\frac{p_1}{\rho g}+\frac{v_1^2}{2g}+h_{w_1}$$

式中　Z_0、Z_s——液面、轴线相对于0-0线的高度；

$\frac{p_0}{\rho g}$、$\frac{p_1}{\rho g}$——液面、泵进口处的压力水头；

$\frac{v_0^2}{2g}$、$\frac{v_1^2}{2g}$——液面、泵进口处的速度水头；

h_{w_1}——吸入管路的水力阻力损失。

将上式移项后可以写成下式：

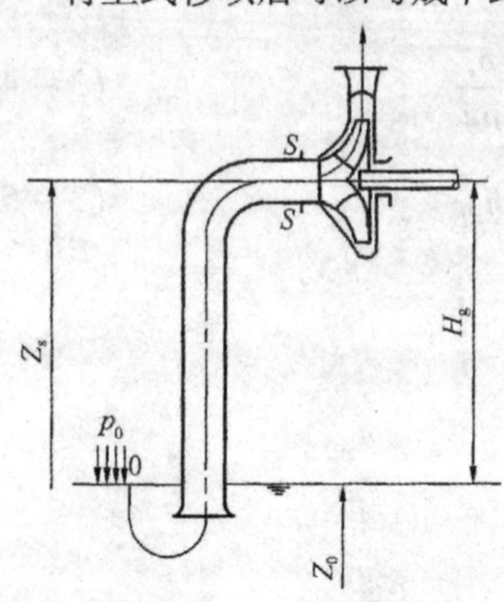

图3-3　离心泵的几何吸上高度

$$\frac{p_0}{\rho g}-\frac{p_1}{\rho g}=(Z_s-Z_0)+\left(\frac{v_1^2}{2g}-\frac{v_0^2}{2g}\right)+h_{w_1}$$

一般情况下吸水池面积较大，$v_0\approx0$；用 H_g 来表示 Z_s-Z_0，H_g 为几何安装高度，则上式为：

$$\frac{p_0}{\rho g}-\frac{p_1}{\rho g}=H_g+\frac{v_1^2}{2g}+h_{w_1} \tag{3-7}$$

如果液面的压力 p_0 为大气压力 p_b，则

$$\frac{p_b}{\rho g}-\frac{p_1}{\rho g}=H_g+\frac{v_1^2}{2g}+h_{w_1}$$

设 $H_s=\frac{p_b}{\rho g}-\frac{p_1}{\rho g}$，$H_s$ 称吸上真空高度。

$$H_s=H_g+\frac{v_1^2}{2g}+h_{w_1} \tag{3-8}$$

式中　H_s——吸上真空高度，m；

H_g——几何安装高度，m；

$\frac{v_1^2}{2g}$——进口速度水头，m；

h_{w_1}——进口管路的水力损失水头，m。

从式（3-7）、式（3-8）可以看出：当泵安装时，泵轴线离液面（即几何安装高度 H_g）越大，泵进口的压力 p_1 越小，吸上真空高度 H_s 也就越大。当几何安装高度 H_g 大到一定值时，或进口压力降到一定时，也即吸上真空高度 H_s 大到一定值时，泵将发生汽蚀。泵不发生汽蚀情况下的最大吸上真空高度 H_{smax} 称最大吸上真空度。一台泵的最大吸上真空度 H_{smax} 目前还不能用计算来确定，而是通过试验来获得的。

为了泵运行安全起见，在过去的标准中留有0.3m的容差量，（$H_{smax}-0.3$）称允许吸上真空高度［H_s］，也就是样本上给出的允许吸上真空度［H_s］，它是由设计制造确定的，与装置无关。

为使泵在运行中不发生汽蚀，必须满足：$H_s\leqslant[H_s]$，即 $H_g+\frac{v_1^2}{2g}+h_{w_1}\leqslant[H_s]$

要注意的是：样本或说明书中给出的允许吸上真空高度［H_s］是在大气压力为101325Pa（即760mmHg或10.33mH_2O），液体温度为常温（$T=20℃$）下清水试验得到的，如果泵使用地点的大气压力、液体温度或液体的汽化压力不同时，允许吸上真空高度应进行修正：

$$[H_s]'=[H_s]-10.33+\frac{p_b'}{\rho g}+0.24\frac{p_v'}{\rho g} \tag{3-9}$$

式中 $[H_s]'$——泵实际使用地点的大气压力温度和介质情况下的允许吸上真空度，m；

$[H_s]$——样本上给出的允许吸上真空度，m；

$\frac{p'_b}{\rho g}$——实际使用地点的大气压头，可查图 3-4；

$\frac{p'_v}{\rho g}$——泵所输送液体温度下的汽化压头，m。

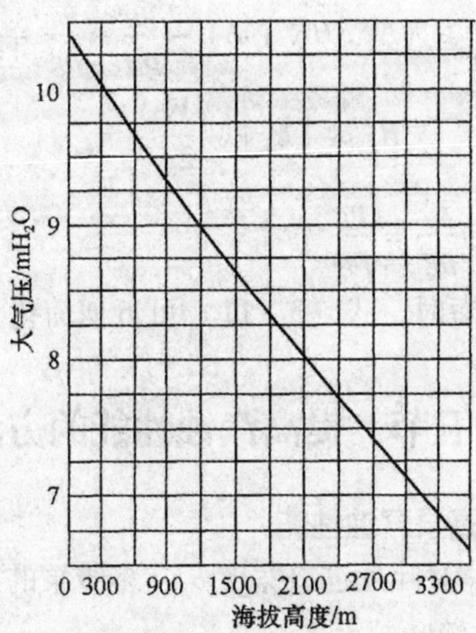

图 3-4 海拔高度与大气压的关系

第四节 汽蚀的防止

为防止泵在运行中不发生汽蚀，根据泵的装置情况，对汽蚀余量或吸上真空度进行校核：

即
$$NPSHA \geqslant NPSHR + B$$

也即
$$\frac{p_{s1}}{\rho g} + \frac{v_1^2}{2g} - \frac{p_v}{\rho g} \geqslant NPSHR + B$$

或
$$\frac{p_1}{\rho g} + \frac{p_b}{\rho g} + \frac{v_1^2}{2g} - \frac{p_v}{\rho g} \geqslant NPSHR + B$$

或
$$\frac{p_0}{\rho g} - \frac{p_v}{\rho g} - H_g - h_{w_1} \geqslant NPSHR + B$$

用吸上真空度校核：

$$H_s \leqslant [H_s]$$

即
$$H_g + \frac{v_1^2}{2g} + h_{w1} \leqslant [H_s] \qquad (3-10)$$

如果泵未选定，则是根据装置情况用上式去选择泵的必需汽蚀余量 *NPSHR* 或允许吸上真空度 $[H_s]$。而对于泵已选定，则是决定泵的几何安装高度 H_g 或泵进口压力 p_1（或液面压力 p_0）。

即 $$H_g \leqslant \frac{p_0}{\rho g} - NPSHR - \frac{p_v}{\rho g} - h_{w1} - B \quad (3-11)$$

或 $$\frac{p_0}{\rho g} \geqslant (NPSHR + B) + \frac{p_v}{\rho g} + H_g + h_{w1}$$

或 $$\frac{p_{s1}}{\rho g} \geqslant (NPSHR + B) + \frac{p_v}{\rho g} - \frac{v_1^2}{2g} \quad (3-12)$$

或 $$\frac{p_1}{\rho g} \geqslant (NPSHR + B) - \frac{p_b}{\rho g} + \frac{p_v}{\rho g} - \frac{v_1^2}{2g} \quad (3-13)$$

或 $$H_g \leqslant [H_s] - \frac{V_1^2}{2g} - h_{w_1} \quad (3-14)$$

当液面是敞开开式液面时：$\frac{p_0}{\rho g} = \frac{p_b}{\rho g}$

在平原地区，进口管路较短时，式（3－11）可近似简化为：$H_g \leqslant 10 - NPSHR$

第五节　提高汽蚀性能的方法

一、从设计制造角度来提高泵汽蚀性能

（1）加大叶轮进口直径 D_0 及叶片进口宽度 b_1，多级泵的第一级叶轮常因考虑到汽蚀性能，第一级叶轮的 D_0、b_1 较次级叶轮大；

（2）加大前盖板的圆弧半径；

（3）加大叶片进口角（即增加进口冲角）；

（4）叶片进口边向叶轮进口轴向延伸一些；

（5）减小叶片进口的厚度；

（6）采用双吸叶轮；

（7）降低转速；

（8）采用诱导轮；

（9）采用抗汽蚀材料，实践证明铝铁青铜、镍铬合金等材料能较好的抗汽蚀损坏；

（10）从工艺加工上，改善叶片表面的表面粗糙度、硬度。

二、从使用角度，尽量增大NPSHA，减小H_s

（1）尽量降低几何安装高度 H_g，或增加泵的进口压力；

（2）尽量减小进口管路的阻力损失，即减小进口管路的长度，降低进口管路内壁的表面粗糙度，增加进口管路的直径，减少进口管路的弯头、阀门，避免管路突然扩大或缩小，去掉底阀等；

（3）避免泵在大流量工况下运转，因为样本或说明书中给出的 $NPSHR$ 或［H_s］是在设计流量下给定出，当流量增大时，$NPSHR$ 将会变大，［H_s］将会变小，并且流量增大后进口管路阻力损失 h_{w1} 会增大，这却将容易发生汽蚀；

（4）对输送高温液体时，尽量降低输送液体的温度。

第四章　泵的运行与调节

第一节　装置扬程特性曲线及工作点

一、装置扬程特性曲线（或称管路特性曲线）

在第二章式（2-4′）中，装置扬程

$$H_c = H_Z + \frac{p_2 - p_1}{\rho g} + h_w$$

式中　H_Z——出水池液面与进水池液面的位置高差，当泵安装确定后它是一个定数；

p_2、p_1——出水面、进水面上的压力，当装置确定后，p_2、p_1 也就确定了，也是一个定数；

h_w——进出管路系统的总水力损失。

$$h_w = \Sigma h_f + \Sigma h_j$$

$$h_f = \lambda \frac{L}{D} \frac{v^2}{2g}$$

$$h_j = \xi \frac{v^2}{2g}$$

$$V = \frac{Q}{F}$$

当装置确定后，λ、$\frac{L}{D}$、ξ、F 都是常数，所以 $h_w = S_f Q^2 + S_j Q^2 = SQ^2$，它是一条抛物线。

这样装置扬程可改写成下式：

$$H_c = H_Z + \frac{p_2 - p_1}{\rho g} + SQ^2$$

所以装置扬程 H_c 是以 $H_Z + \frac{p_2 - p_1}{\rho g}$ 为起点，以 Q 为横坐标的一条抛物线。如图 4-1 中 CE 曲线所示，这就是装置扬程特性曲线，或称为管路特性曲线。

二、泵运行工作点

由第二章第八节泵的性能曲线知道，泵的扬程是随流量的变化而变化，每一个流量都有相对应的扬程、功率、效率及汽蚀余量。从零流量到最大流量为一条连续曲线，如图4-1 AB 线所示。那么泵工作在哪一点上呢？它是由外界的负荷，即装置扬程来决定的。所以如果将泵的流量-扬程性能曲线与装置扬程特性曲线按相同比例尺寸画到同一张图上，如图 4-1所示，AB、CE 两曲线相交于 D 点，D 点就是泵的运行工作点。因为在 D 点，水泵供给的能量与管路内液体流动时所消耗的能量得到平衡。如果假设在 G 点工作，泵所供给的能量大于管路内液体流动所消耗的能量，那么多余的能量将使管内的液体加速，使流量增加，泵的工作点就会向右移动，一直到 D 点能量平衡为止。如果假设在 F 点工作，泵所供给能量小于管路内液体流动所消耗的能量，管内流动液体减速，使流量减少，工作点向左移动，直到 D 点平衡为止。

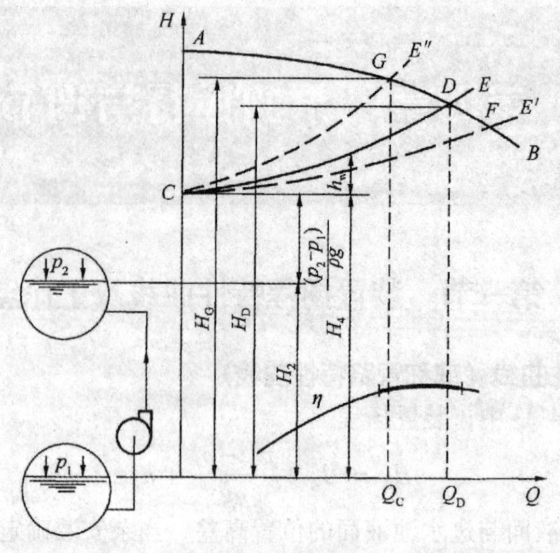

图 4－1　装置扬程性能曲线与泵运行工作点

根据运行工作点 D 点对应的效率 η 曲线，如果是效率最高点或是在高效区，那么泵运行最为经济，最为节能，如果 D 点偏离效率最高点较大时，就不经济。

第二节　泵的串联工作

一、使用场合

泵的串联工作就是将第一台泵的出口与第二台泵的入口相连接，以增加扬程。常用于以下场合：

（1）单台泵的扬程不能满足装置压力的需要时；

（2）同时要增加流量和压力；

（3）管路长距离输送；

（4）改善后面一台泵的汽蚀性能。

二、两台同性能泵串联工作

图 4－2 所示为相同性能泵串联工作的运行曲线图，曲线Ⅰ、Ⅱ为两台泵的性能曲线，曲线Ⅰ＋Ⅱ为串联工作时的性能曲线，它是将单独泵的性能曲线在同一流量下把扬程迭加起来得到的。与装置扬程特性曲线Ⅲ相交于 M 点，M 点即为串联工作时的工作点。此时流量为 Q_M，扬程为 H_M。

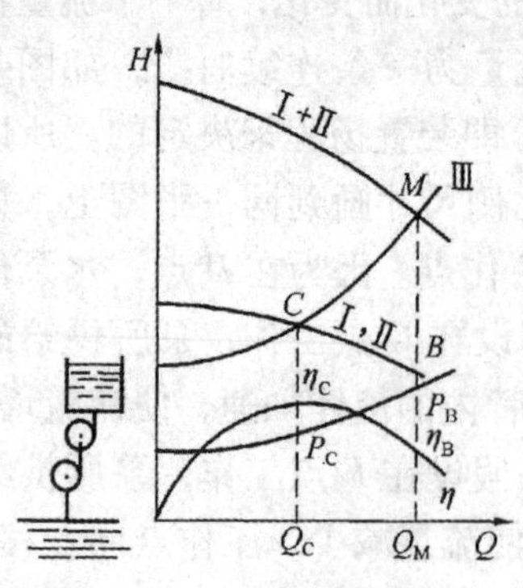

图 4－2　相同性能泵串联

串联后每台泵的运行工况点可以从 M 点作纵坐标的平行线交曲线Ⅰ、Ⅱ于 B 点，即为串联后的每台泵工作点。在 B 点的流量为 $Q_{\text{I}} = Q_{\text{II}}$，扬程为 $H_{\text{I}}, H_{\text{II}}$。显然串联工作的特点是流量彼此相等，即 $Q_M = Q_{\text{I}} = Q_{\text{II}}$，总扬程为每台扬程的总和，即 $H_M = H_{\text{I}} + H_{\text{II}}$。

串联前每台泵的工作点为 C 点（Q_C、H_C、P_C、η_C），与串联后的工作点 B 点参数相比较：

$$Q_M = Q_{\text{I}} = Q_{\text{II}} > Q_C$$

$$H_C < H_M < 2H_C$$

这表明，两台泵串联工作后所产生的总压头小于泵单独工作时扬程的2倍，大于串联前单独运行的扬程。而串联后的流量比一台泵单独工作时大。这是因为泵串联后，虽然它的扬程成倍的增加了，但管路的阻力损失并没有成倍的增加，故富裕的扬程促使流量增加。因此，串联也可以用于同时需要提高扬程和流量的场合。在这种情况下，要求水泵的性能曲线平坦些较有利。

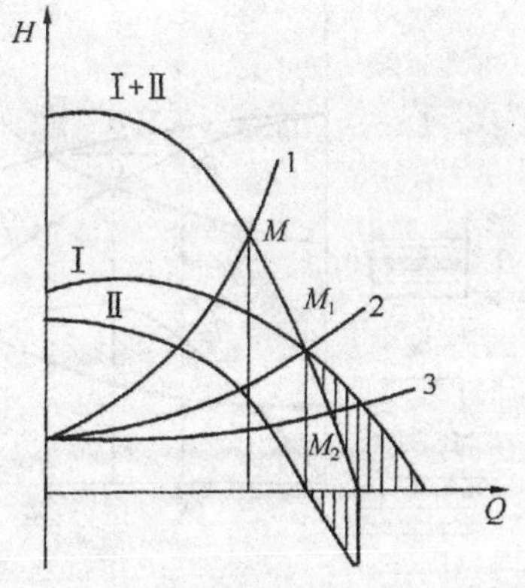

图4－3　不同性能泵串联工作

三、两台不同性能泵串联工作

两台不同性能泵串联通常是为了改善串联后第二台泵的汽蚀性能，前面那台泵的扬程一般较低，用来给后面那台泵增加泵进口的压力用。

两台不同性能泵串联工作如图4－3所示，曲线Ⅰ、Ⅱ分别为两台不同性能泵的性能曲线。Ⅰ＋Ⅱ为串联运行时的性能曲线。性能曲线Ⅰ＋Ⅱ的画法是在流量相同的情况下，将扬程迭加起来。串联后的工作点同上述所讲的方法是一样的，即串联后泵的性能曲线与装置特性曲线的交点来决定串联后的运行工作点M。

两台不同性能泵串联工作，要注意两台泵的流量不能相差太大，两台泵的匹配是否合适要经过详细计算，否则有可能第二台泵不起作用，反而成为阻力。图4－3中表示了三种不同管路装置、不同陡度的装置扬程特性曲线1、2、3，当泵在第一种管路装置中工作时，工作点为M，串联运行时总扬程和流量都是增加的。在第二种管路装置中工作时，工作点为M_1，这时的流量和扬程将仅有第一台泵工作时的情况一样，此时第二台泵不增加扬程和流量，只消耗功率。泵在第三种管路装置工作时，工作点为M_2，这时的流量和扬程反而小于只有第一台泵工作时的扬程和流量，第二台泵成为阻力，相当于一个节流器，反而增加了损失。因此，M_1点可以作为极限状态，工作点只有在M_1点左侧时，串联工作才是有益的。

四、泵串联工作时注意事项

（1）两台泵的额定点流量最好相同或相差较小，因而最好采用两台相同性能的泵进行串联工作，避免容量较小的一台泵发生过负荷或不起作用，反成为阻力。

（2）串联工作时，后面的泵承受的压力较高，需考虑泵的强度。

（3）串联工作时，后面的泵进口压力较高，所以选择轴封时，要注意进口压力对轴封的影响。

（4）串联工作启动泵时，应首先将两台泵的出口阀门关闭，先启动前面一台泵，然后打开前面泵的出口阀门，再起动后面的泵，缓缓打开后面泵的出口阀门。

第三节　泵的并联工作

一、使用场合

泵的并联工作是两台或两台以上的泵出口向同一压力管路输送流体的工作方式，如图4－4所示。并联工作的目的是增加流量，常用于以下场合：

（1）不能中断供液，为安全起见，做备用泵用；

（2）需要流量太大，用一台泵制造困难、造价太高，或电力启动受限制的场合下；

（3）工程扩建，需要增加流量；

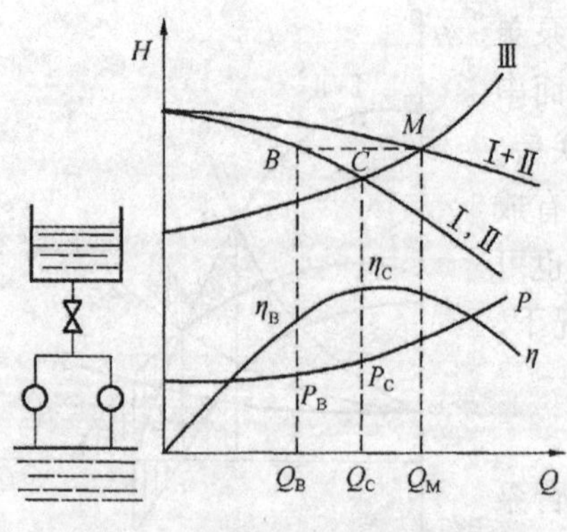

图 4-4 相同性能泵并联工作

(4) 由于外界负荷变化很大，需要用泵的台数来进行调节；

(5) 减小备用泵的容量。

二、两台同性能泵并联工作

图 4-4 为两台同性能泵的并联工作时的性能曲线。图中曲线Ⅰ、Ⅱ为两台同性能泵的性能曲线，并联工作时的性能曲线为Ⅰ+Ⅱ，Ⅲ为装置扬程特性曲线。

并联工作曲线Ⅰ+Ⅱ的画法是将泵单独的性能曲线在扬程相等的条件下把流量迭加而成，它与装置扬程特性曲线Ⅲ相交于 M 点，即为并联工作时的工作点，此时流量为 Q_M，扬程为 H_M。

确定单个泵的工况，可由 M 点作横坐标的平行线与单台泵性能曲线交于 B 点，即为每台泵并联工作时的单独工作点，此时 B 点流量 $Q_B = Q_{\text{I}} = Q_{\text{II}}$，$B$ 点的扬程 $H_B = H_{\text{I}} = H_{\text{II}}$。并联工作的特点是：两台泵的扬程相等，即 $H_M = H_B = H_{\text{I}} = H_{\text{II}}$，总流量为两台泵之和，即 $Q_M = Q_{\text{I}} + Q_{\text{II}} = 2Q_B$。

未并联前每台泵单独工作时的工作点为 C（Q_C、H_C、P_C、η_C），并联后每台泵的工作点（Q_B、H_B、P_B、η_B），比较并联前每台泵的参数和并联后每台泵的参数，可以看出：

$$Q_B < Q_C < Q_M < 2Q_C$$
$$Q_M = 2Q_B$$
$$H_B = H_M > H_C$$

这说明两台泵并联工作时的流量 Q_M 等于并联运行时各台泵的流量之和，和并联前一台泵单独工作时相比，两台泵并联后的总流量 Q_M 小于一台泵单独工作时流量的 2 倍，而大于一台泵单独工作时的流量 Q_C。并联后单台泵工作的流量 Q_B 比并联前单台泵工作的流量 Q_C 小，而扬程比并联前单台泵工作时高些，这是因为管道摩擦损失随流量的增加而增大了，就需要提高泵的扬程来克服增加的损失，故 $H_B > H_C$，因而流量就相应减少了。

三、两台不同性能泵的并联工作

图 4-5 为两台不同性能泵并联工作时的性能曲线。图中曲线Ⅰ、Ⅱ为两台不同性能泵的性能曲线，曲线Ⅰ+Ⅱ为并联后的性能曲线，画法同上。Ⅲ为装置扬程性能曲线，与并联后的性能曲线Ⅰ+Ⅱ的交点 M，M 点就是并联工作时的工作点，此时流量为 Q_M，扬程为 H_M。

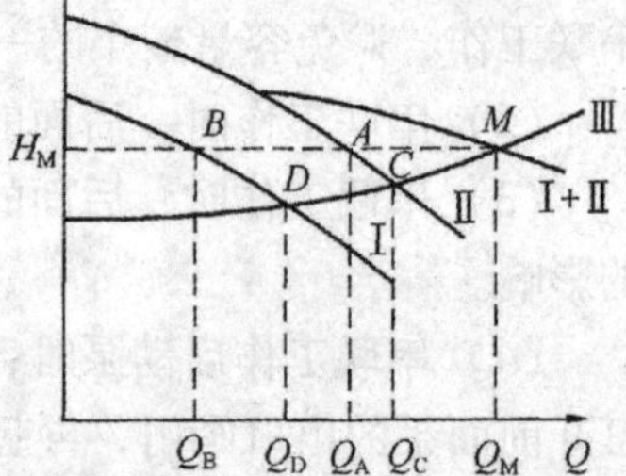

图 4-5 不同性能泵并联工作

确定并联时单台泵的运行工况，可由 M 点作横坐标的平行线交于 A、B 两点，即为每台泵并联工作时的单台泵工作点，流量为 Q_A、Q_B，扬程为 H_A、H_B。并联工作的特点是：扬程彼此相等，即 $H_M = H_A = H_B$，总流量为每台泵输送流量之和，即 $Q_M = Q_A + Q_B$。

并联前每台泵的单独工作点为 C、D 两点，流量为 Q_C、Q_D，扬程为 H_C、H_D。由图 4-5 看出：

$$Q_M < Q_C + Q_D$$
$$H_M > H_C$$

$$H_M > H_D$$

这说明两台不同性能泵并联时总流量 Q_M 等于并联后各台泵流量之和，即 $Q_M = Q_A + Q_B$，但总流量小于并联前各台泵单独工作的流量之和，即 $Q_M < Q_C + Q_D$。其减少的程度随台数的增加和装置扬程特性曲线越陡直，则输出的总流量就减少的越多。

由图 4－5 可知，当两台不同性能的泵并联时，扬程小的泵输出流量很少，甚至输送不出去，所以并联效果不好，若并联工作点在 C 点以左，即总流量 Q_M 小于 Q_C 时应该停用扬程小的一台泵。不同性能泵的并联工作较复杂，故实际中很少采用。

四、泵并联工作时注意事项

（1）泵并联工作时最好是泵的扬程相同或相差较小，以避免扬程小的那台泵发挥作用很小或不发挥作用，应尽量采用两台同性能的泵并联工作。

（2）泵并联工作时，泵的进出口管路基本上要对称相同，以避免管路阻力大的那台泵作用减小。

（3）选择泵的流量 $Q_B = \frac{1}{2}Q_M$ 来选择，而不以 Q_C 来选择，否则并联工作时不能在最高效率点工作。

（4）泵的配用功率要注意，如果单台泵运行时流量为 Q_C 来选择配用功率，以防原动机超功率。

（5）为达到并联后增加较多流量的目的，泵的性能曲线应当陡直一些较好。

（6）为达到并联后增加较多流量的目的，装置扬程特性曲线越平坦越好，也就是应增加出口管路直径，减小阻力系数以适应并联后能增大流量的需要。

五、相同性能泵联合工作方式的选择

如果采用两台性能相同的泵运行来增加流量时，可以采用并联方式，也可以采用串联方式，用哪种方式更有利呢？这主要取决于装置扬程特性曲线，如图 4－6 所示。图中性能曲线Ⅰ是两台泵单独运行时的曲线，Ⅱ是两台泵并联运行时的性能曲线，Ⅲ是两台泵串联运行时的性能曲线。图中曲线 1、2、3 为三种不同陡度（不同管路损失）的装置扬程特性曲线，其中装置扬程特性曲线 3 是这两种运行方式的优劣界限。

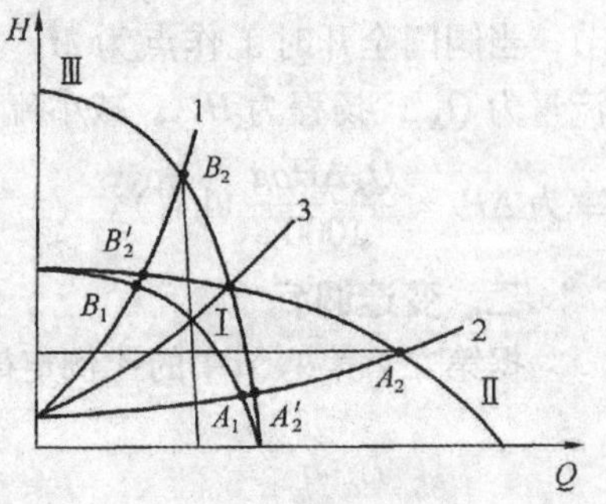

图 4－6　相同性能泵并联或串联工作

装置扬程曲线 2 与泵并联时性能曲线相交于 A_2，与泵串联性能曲线相交于 A'_2，可以看出，并联运行工作点 A_2 的流量大于串联运行工作点 A'_2 的流量，应采用并联工作。

装置扬程特性曲线 1 与泵串联时的泵性能曲线相交于 B_2，与泵并联时的泵性能曲线相交于 B'_2，此时，串联运行工作点 B_2 的流量大于并联运行工作点 B'_2 的流量，应采用串联工作。所以，采用并联还是串联工作，应根据具体的装置扬程特性曲线来决定。

第四节　泵运行工况的调节

泵在运行中由于外界负荷的变化，其运行工况也应随之变化，以适应外界负荷的变化，使泵更经济地运行，这时需要进行调节。其二，如果已有了泵，但泵的性能不能满足工作的需要，也可以通过适当的调节来满足运行工况的需要。

泵的运行工况的调节一般有两种基本的方法：一是改变装置扬程性能曲线，可用节流调节方法；二是改变泵本身的性能曲线，可用变速调节、切割叶轮外径调节、汽蚀调节、可转动叶片调节、增减叶轮数目及泵的串联并联工作等方法。

一、节流调节

节流调节就是在管路中装设节流件，如阀门、孔板等，通过改变阀门的开度大小来改变管路阻力，从而改变了装置扬程性能曲线，如图 4－7 所示。也可以加一个小孔的孔板，它用于固定流量的调节。

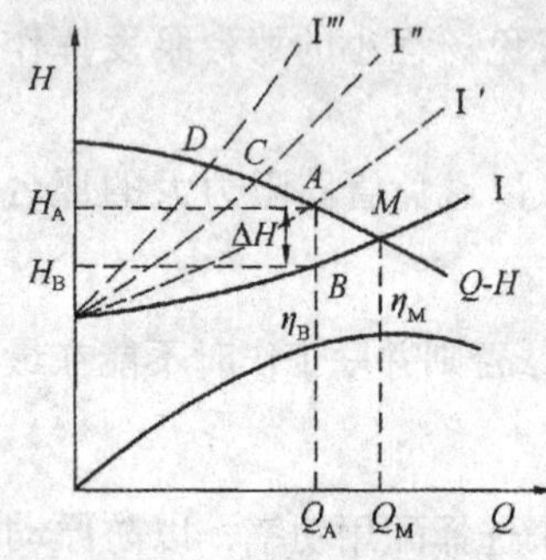

图 4－7　出口节流调节

节流调节理论上可在泵的出口管路上，也可以在泵的进口管路上，但实际中常只在出口管路上，因为在进口管路上易使泵发生汽蚀。

泵出口节流调节，其实质是改变出口管路上的阻力损失，从而改变装置扬程性能曲线来改变工作点。如图 4－7 所示，当阀门全开时，阻力最小，工作点为 M，当出口阀门关小时，由于阻力增加，装置扬程性能曲线由Ⅰ变成Ⅰ′，工作点由 M 移至 A 点，流量由 Q_M 减小到 Q_A。如果继续关小阀门，装置扬程性能曲线变为Ⅰ″，Ⅰ‴……，工作点移至 C、D……，流量将继续减小到 Q_C、Q_D，达到了调节流量的目的。

节流调节方法简单、易行、可靠，并且可以在泵运行中动态下随时改变，故被广泛地应用在中小型泵中的调节。但很明显，节流调节时很不经济，并且只能在小于设计流量一方调节，当阀门全开时工作点为 M，流量为 Q_M，扬程为 H_M，关小阀门调节后，工作点为 A，流量为 Q_A，扬程为 H_A，减小流量后附加流量的节流损失为 $\Delta H = H_A - H_B$，相应损失的功率为 $\Delta P = \dfrac{Q_A \Delta H \rho g}{1000}$（kW）。

二、变速调节

据第二章第八节中的比例定律式（2－39）、式（2－40）、式（2－41）有：

$$\frac{Q_p}{Q_m} = \frac{n_p}{n_m} \text{或} \frac{Q_1}{Q_2} = \frac{n_1}{n_2}$$

$$\frac{H_p}{H_m} = \left(\frac{n_p}{n_m}\right)^2 \text{或} \frac{H_1}{H_2} = \left(\frac{n_1}{n_2}\right)^2$$

$$\frac{P_p}{P_m} = \left(\frac{n_p}{n_m}\right)^3 \text{或} \frac{P_1}{P_2} = \left(\frac{n_1}{n_2}\right)^3$$

可以看出泵的性能随转速的变化而变化，从而达到调节的目的。变速调节是改变泵性能曲线来改变泵的工作点。如图 4－8 所示，当转速为 n_1 时，工作点为 1，流量为 Q_1，当转速增加到 n_2 时，工作点为 2，流量为 Q_2，此时，$n_2 > n_1$，$Q_2 > Q_1$。当转速减小到 n_3 时，工作点为 3，流量为 Q_3，此时 $n_3 < n_1$，$Q_3 < Q_1$。

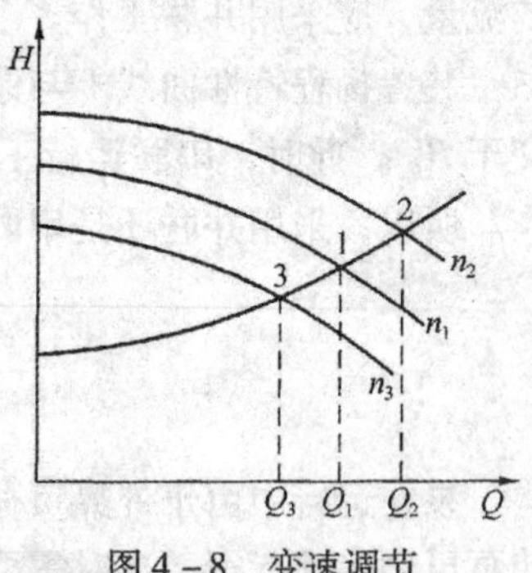

图 4－8　变速调节

计算时，可通过式（2－39）、式（2－40）计算出所需要的流量、扬程时的转速是多少。

变速调节的优点是没有附加损失，所以很是经济。但是对于原动机使用最普遍的异步电动机来讲变速是比较困难的，而对于直流电动机、汽轮机、内燃机为原动机的泵中比较容易实现。对原动机为异步电动机的变速方法有：对大功率泵中加液力偶合器，或齿轮变速箱来实现，但其价格相当昂贵；对中小功率泵中可用皮带传动来实现。由于目前电子技术的发展还可以用变频、串极等方法来改变异步电动机的转速，而且可以是动态的无级变速，所以在中小型泵中被广泛使用。

变速调节因受泵的强度限制，一般只用于降速调节，不得任意提高转速，以免损坏泵，在降速调节时，一般泵的效率会有所下降，并随降速幅度增大而下降增大，所以转速降低一般不得低于50%，否则会使泵的效率降低太多。

【例1】 清水泵IS80-65-125型泵中：$Q=50\text{m}^3/\text{h}$，扬程$H=20\text{m}$，效率$\eta=75\%$，转速$n=2900\text{r/min}$，轴功率$P=3.63\text{kW}$。现需泵扬程5m，转速应降低到多少，降低后泵的流量和功率是多少？

【解】 根据比例定律$\frac{H_1}{H_2}=\left(\frac{n_1}{n_2}\right)^2$，代入扬程和转速

$$\frac{20}{5}=\left(\frac{2900}{n_2}\right)^2$$

$$n_2=1450(\text{r/min})$$

应将转速降低为$n_2=1450(\text{r/min})$

转速降低为1450r/min后，泵的流量和功率将变化为：

$$\frac{Q_1}{Q_2}=\frac{n_1}{n_2}$$

$$\frac{50}{Q_2}=\frac{2900}{1450}$$

$$Q_2=25\ (\text{m}^3/\text{h})$$

$$\frac{P_1}{P_2}=\left(\frac{n_1}{n_2}\right)^3$$

$$\frac{3.63}{p_2}=\left(\frac{2900}{1450}\right)^3$$

$$P_2=\left(\frac{1450}{2900}\right)^3\times 3.63=0.454\ (\text{kW})$$

但考虑到降速后泵的效率降低至71%。

所以泵的功率$P=\frac{\rho gQH}{1000\eta}=\frac{1000\times 9.8\times 25/3600\times 5}{1000\times 0.71}=0.48\ (\text{kW})$

所以泵的转速应降低到1450r/min，降速后，泵的流量为$25\text{m}^3/\text{h}$，轴功率为0.48kW。

三、切割叶轮外径 D_2

切割叶轮外径就是将叶轮外径D_2进行车削。如图4-9所示，当叶轮外径改变后，与原叶轮在几何形状上并不相似，但当改变量不大时，可近似地认为叶片切割前后出口角β_2

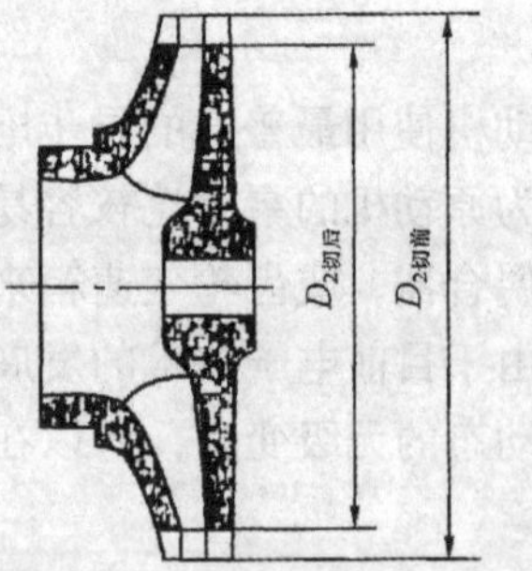

不变，流动状态近似相似，因而可得到如下切割定律：

$$\frac{Q}{Q'}=\frac{D_2}{D'_2}$$

$$\frac{H}{H'}=\left(\frac{D_2}{D'_2}\right)^2 \tag{4-1}$$

$$\frac{P}{P'}=\left(\frac{D_2}{D'_2}\right)^3$$

式中 D_2、Q、H、P——切割前叶轮的直径及流量、扬程、轴功率。

D'_2、Q'、H'、P'——切割后叶轮的直径及流量、扬程、轴功率。

图4-9 水泵叶轮切割图

叶轮外径切割后，泵的效率有所下降，尤其是切割量较多时，效率下降较大，并且计算误差也较大。所以泵叶轮外径切割有一定的限制，常按表4-1进行。

表4-1 泵叶轮外径切割限值

泵的比转数 n_s	60	120	200	300	350	>350
允许最大切割量	20%	15%	11%	9%	7%	不允许切割
效率下降值	每切10%效率下降1%		每切4%效率下降1%			

上面介绍的切割定律，当切割后，泵的流量、扬程是会同时下降的，但是在实际工作中常遇到叶轮外径切割后要求流量不变，只改变泵的扬程。下面就介绍流量不变，只改变泵扬程的切割经验公式：

$$Q'=Q$$

$$\frac{H}{H'}=\left(\frac{D_2}{D'_2}\right)^{2.5} \tag{4-2}$$

用式（4-2）计算结果，泵的运行点会向大流量方向移动。

切割叶轮外径调节简单、可靠、经济，其缺点是叶轮切割后，不能再恢复泵的形状，并且不能在动态下改变。切割叶轮外径调节要注意如下事项：

（1）切割叶轮外径计算公式比较适合蜗壳式泵中，对导叶式的透平泵中误差较大，效率下降较多，采用较少。如果一定要采用，则只切割叶轮的叶片，不切割前后盖板。同时，可用下面经验公式来估算：

$$Q=Q' \tag{4-3}$$

$$\frac{H}{H'}=\left(\frac{D_2}{D'_2}\right)^{2.5\sim4}$$

式中2.5~4值的选取以（$D_2-D'_2$）/D_2 的值大小来选取，小值取小值，大值取大值。（$D_2-D'_2$）/D_2 值也不宜太大，一般（$D_2-D'_2$）/D_2 <5%为宜。

（2）对中高比转速泵的切割，由于切割后，前后盖板流线相对长度相差较大，引起叶轮出口产生涡流，所以切割时最好采用斜切的方法，如图4-10所示。

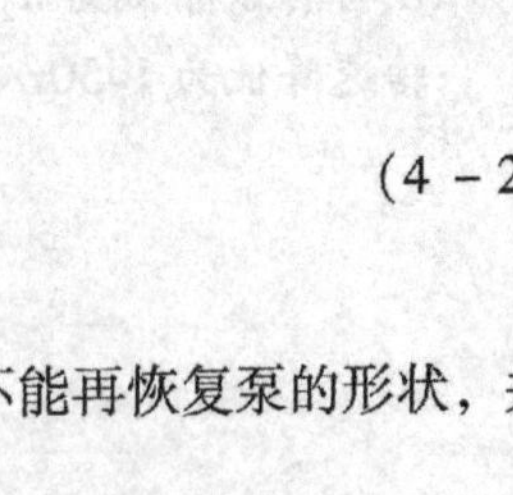

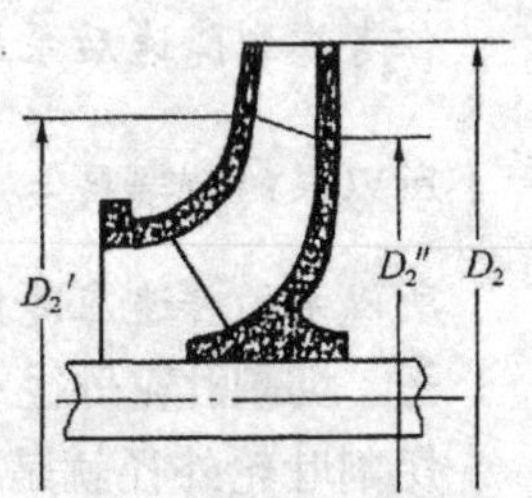

图4-10 叶轮斜切

（3）叶轮切割后，破坏了原来叶轮的静平衡，所以切割后叶轮需要重新作叶轮平衡试验。

【例2】 有一台泵，它的流量 $Q=200\text{m}^3/\text{h}$，扬程 $H=20\text{m}$，轴功率 $P=13.5\text{kW}$，电机配用功率 $P_{配}=18.5\text{kW}$，效率 $\eta=81\%$，叶轮直径 $D_2=260\text{mm}$。现需扬程 17.5m，如采用切割叶轮方法来调节，应切割叶轮外径到多少？切割后泵的流量和轴功率如何变化？

【解】 根据泵的切割定律：

$$\frac{H}{H'}=\left(\frac{D_2}{D'_2}\right)^2$$

$$\frac{20}{17.5}=\left(\frac{260}{D'_2}\right)^2$$

$$D'_2=243\text{mm}$$

应将叶轮外径 D_2 切割至 243mm。

叶轮切割后，泵流量、功率的变化：

$$\frac{Q}{Q'}=\frac{D_2}{D'_2}$$

$$\frac{200}{Q'}=\frac{260}{243}$$

$$Q'=187\text{m}^3/\text{h}$$

$$P=\frac{\rho gQH}{1000\eta}$$

考虑到叶轮切割后效率下降到 79%，

$$P=\frac{1000\times 9.8\times\frac{187}{3600}\times 17.5}{1000\times 0.79}=11.28(\text{kW})$$

所以泵的叶轮外径应切割至 243mm，切割后泵的流量为 $187\text{m}^3/\text{h}$，轴功率为 11.28kW，只需要配 15kW 电机就可以了。

四、汽蚀调节

汽蚀调节仅用于凝结水泵中的调节，调节时把泵的出口调节阀全开，当汽机负荷变化时，也就是凝汽器的凝汽量相应变化时，供水泵进水位的变化来调节泵的流量，达到汽轮机的排气量的变化与水泵输水量自动平衡的目的。它的调节原理如图 4－11、图 4－12 所示。泵的倒灌高度 H_g，为设计工况下泵不发生汽蚀的最小高度，这时泵的工作点如图 4－12 中的 A 点，当汽轮机负荷减少时，排气量也减少，倒灌高度不能维持 H_g，使发生汽蚀，$Q-H$ 性能曲线骤然下降，而装置扬程曲线没有改变，于是泵的工作点变为 A_1，泵的流量为 Q_{A_1}。如果继续减小负荷，继续减少排气量，倒灌高度再往下降，泵的工作点相应变为 A_2，A_3……，泵的流量为 Q_{A_2}，Q_{A_3}……，直至达到新的平衡。这就是泵汽蚀调节原理。

汽蚀调节时应注意如下问题：

(1) 凝结水泵的 $Q-H$ 性能曲线应比较平坦一些为好，这样泵在进行汽蚀调节时工作比较稳定。

(2) 应避免汽轮机长期在低负荷下运行，而造成泵长时间汽蚀下运行降低泵的寿命，如果需要长期在低负荷下运行，应开启凝结水泵的再循环，使热井水位不致过低。

(3) 泵经常会在汽蚀下工作，叶轮容易汽蚀破坏，应采用抗汽蚀材料的叶轮。

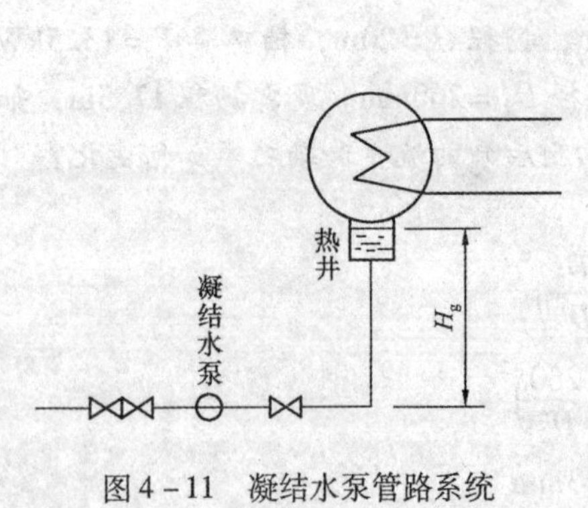

图 4-11　凝结水泵管路系统

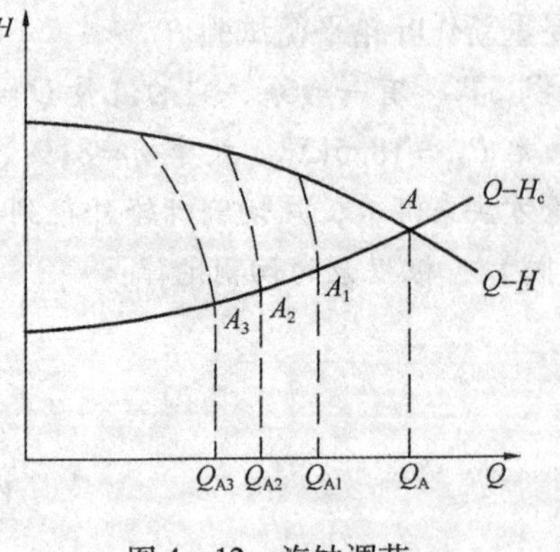

图 4-12　汽蚀调节

五、可动叶片调节

当改变叶片安放角时，泵的性能将随之改变，所以将叶片制作成可转动可改变叶片安装角就可改变泵的性能，从而达到调节的目的。这种方法只能用于轴流泵和混流泵中，尤其是轴流泵中用的较多。改变叶片安放角的方法，常有两种情况，一是固定的调节，二是运行中可随时调节。固定调节是根据需要的性能确定其叶片安装角，用螺钉拧紧固定，另一种是通过机械方法或液压方法，泵在运行中，随时都可以转动叶片改变叶片安放角进行调节，但其结构复杂，所以常只用于大型泵中。

六、减少叶轮数目调节

在多级泵中，减少叶轮数目来降低泵的扬程，从而达到调节的目的，所以只能用在多级泵中，调节时，取下 1 个或 2 个叶轮和相应的导叶，用一个长度相当的轴套来代替所取下叶轮位置。用这种方法调节时，流量不变，只改变了扬程，减少一个叶轮就减少一级扬程，这种方法会增加一定的阻力损失，所以取下的叶轮不宜太多，并且应取下最后面的叶轮，否则会造成泵的汽蚀。

七、泵的串联、并联工作

已在本章第二节、第三节中叙述。

第五节　泵运行中的振动和噪声

一、泵振动和噪声的危害

泵的振动会损坏泵的零件降低泵的寿命，泵的振动会引发噪声，给予人们不舒适感，危及人们的身体健康，污染环境，所以对泵的振动和噪声应予控制。

二、泵的振动和噪声及防止

1. 泵的振动

转动的泵必然会发生振动，泵的使用单位对泵的振动提出了不同的要求。例如电厂不管泵的大小、形式、转速高低，要求泵的轴承处的振幅小于 0.08mm。而泵的大小、形式、转速会影响泵的振动大小，所以泵的生产厂是从泵制造能达到的要求去要求泵的振动大小。目前泵行业是依据 JB/T 8097《泵的振动测量与评价方法》来进行测量和评价的（详见第八章第五节“泵的振动测量与评价”）。标准中规定了 A、B、C、D 四个级别，A 为优良，B 为良好，C 为合格，D 为不合格，一般在无特殊要求情况下，泵 C 级即为合格，如果要求较高时，需在合同中注明要求。

2. 泵的噪声

泵的振动必然会引发噪声，各行各业对噪声提出了不同的要求，如从环保角度对人身的损害提出了对噪声的要求。但对于泵来讲，功率较大的转速高的泵不可能达到环保噪声的要求，只能采取其他的措施来满足，但对泵的噪声还是应该控制，只不过是从泵制造能达到的要求来考虑制定泵的噪声。目前泵行业是依据 JB/T 8098《泵的噪声测量与评价方法》来进行测量和评价的（详见第八章第六节“泵的噪声测量与评价”）。标准中规定了 A 、B、C、D 四个级别，A 为优良，B 为良好，C 为合格，D 为不合格，一般无特殊要求情况下，泵 C 级即为合格，如果有较高的要求时，可在合同中注明要求。

三、降低泵振动和噪声的方法

1. 从设计制造方面

（1）提高泵零件的尺寸精度，形状位置公差。

（2）提高泵轴、底座、轴承架等的刚度。

（3）采用滑动轴承，如选用滚动轴承应选用精度级别高、质量好的轴承。

（4）提高转动部件的平衡程度。

（5）尽量降低泵的转速。

（6）泵轴设计时，要校核泵的临界转速，避开临界转速。

2. 从装配安装方面

（1）精细装配，精确找正泵和原动机轴的同轴度。

（2）泵的底座要找平填实，紧固良好。对大功率泵的基础要精确进行计算，正确施工。

（3）泵的进出管路要安装牢固，防止振动。

（4）对噪声过大时，可采取加隔离罩。如原动机噪声过大时，可在泵与原动机之间加隔离墙。

3. 从使用运行方面

（1）正确使用、及时维修泵，使泵保持良好的状态下工作（见第七章表 7－1、表 7－2 中 5“泵振动噪声大”）。

（2）泵尽量在使用范围内工作，不要在流量太大或太小的工况下工作。

（3）泵要避免在汽蚀情况下工作。

（4）在选用泵时，可选用噪声较小的潜水泵、屏蔽泵。

第五章　泵和原动机的选型

第一节　选 型 原 则

泵和原动机的选型就是要确定泵的具体型式、型号、规格及配用动力机的型式、型号和规格。选型正确与否，直接影响到泵是否满足使用要求、经济、好用。如果选型不当，会造成运行不经济，使用维修不便，寿命短，购置成本高，甚至无法使用。所以泵和原动机的选型是一项重要的工作。泵和原动机的选型一般要遵循以下原则：

（1）满足性能要求：泵的性能主要是指泵的流量 Q、扬程 H、必需汽蚀余量 $NPSHR$，其次是转速 n、功率 P 及泵的效率 η。泵的流量、扬程经常会被人们重视，但泵的汽蚀余量常被人们所忽视。实际上，当泵的汽蚀性能不满足时，轻则会降低泵的性能，缩短寿命，重则就根本无法使用。

（2）满足工艺和安装要求：工艺要求是除上述性能要求外，还要满足泵输送介质的温度、性质、黏度、腐蚀性及含杂质等，同时还要考虑安装的要求。

（3）经济性：要考虑一次性投资及长期使用成本两方面的经济性，一次性投资是指购买泵、原动机、管路的费用及泵站的建设投资；长期使用的经济性是考虑动力消耗（即泵机组的效率），管路水力损失，泵和原动机的寿命及维修的成本。

（4）泵的安装、使用维护检修方便。

第二节　选 型 步 骤

一、列出基础数据

1. 输送介质的物性

介质名称、密度、黏度、温度、腐蚀性、含气量、含固体颗粒的直径和数量等。

2. 现场条件

环境温度、相对湿度、海拔高度、防护等级及防爆防火等级等情况。

3. 工艺参数

（1）流量：正常流量、最大流量、最小流量。

（2）扬程：或泵进出口的压力值。

（3）汽蚀要求：泵装置的可用汽蚀余量 $NPSHA$（如果无要求可不考虑），如未给出需要计算，根据泵的装置情况，按第三章《泵的汽蚀与防止》进行计算装置的可用汽蚀余量 $NPSHA$。

二、确定泵的具体型号

（1）确定泵的性能参数。

（2）确定泵的结构形式。

（3）确定泵的具体型号。

三、选择泵的材料

四、选择泵的轴封

五、选择泵的轴承

六、选择泵的传动装置

七、选择泵的冷却方式

八、计算泵的轴功率、配用功率，选择原动机

第三节　泵的性能参数确定

一、泵性能参数的确定

泵的性能参数主要是泵的流量、扬程、必需汽蚀余量，其次是泵的效率、功率和转速。

1. 泵的流量 Q

泵的流量如果由设计院或用户提出确定，则已考虑安全裕量，可按提出的要求去选取泵的流量，只能稍大，不能减小。如果提出的是一个范围，则应按最大流量来选择泵的流量。如果是按各行业用水量计算而得，一般要考虑 1.05～1.10 的安全裕量。在确定泵的流量时，还应注意目前需要与今后发展统一考虑。

2. 泵的扬程 H

泵的扬程如果由设计院或用户提出确定，则已考虑安全裕量，根据提出的要求去选取泵的扬程，但只能稍高不能降低。

如果是根据装置计算确定，则可根据泵的装置，按本书第二章第四节计算泵的装置扬程 H_C，也需考虑 1.05～1.10 的安全裕量。

这里需要指出的是泵的流量、扬程的安全裕量不宜过大，否则会超出泵的使用范围，即所谓的大马拉小车，会造成运行不经济，发生振动噪音，缩短泵的寿命等问题，当然小了就满足不了工艺装置的要求。

3. 泵的必需汽蚀余量 *NPSHR*

如果设计院或用户已提出要求，可根据提出的要求选取，但泵的必需汽蚀余量只能等于或小于提出的要求的汽蚀余量。如果需要计算确定，则可根据装置情况按本书第三章计算出可用汽蚀余量 *NPSHA*（或称有效汽蚀余量），然后考虑加安全裕量，去选取泵的必需汽蚀余量 *NPSHR* 值。

以上三个性能是必须保证的，泵的效率 η、配用功率 P 和转速 n 是根据具体情况选取。

4. 泵的效率 η

泵的效率是运行经济好坏的决定因素，应选取越高越好，并且还要考虑使用范围内的效率值。

5. 泵的配用功率 P_g

可按第三章第四节中功率的计算方法进行计算。根据选定的泵的性能计算出泵的有效功率 P_u 和轴功率 P，选定储备系数 K，计算出泵的配用功率 P_g。泵的配用功率选取，还要注意原动机的功率等级、电网情况及启动电器容量。如果电网或启动电器有限制，则可选取功率较小的两台或数台泵的并联或串联工作。

6. 泵的转速 n

泵的转速高，泵的体积就小，泵的效率一般也高些，但泵的汽蚀性能较差，泵的寿命较

短，泵的振动、噪声较大。

二、输送液体密度对泵性能的影响

1. 密度对流量的影响

泵样本中表示的泵性能参数，一般是常温清水下的性能参数。如果泵的流量是用体积流量来表示的，即 m^3/h 或 L/s 或 m^3/s 等，此时密度对流量无影响。如果用户提出的是质量流量或重量流量时，可按照式（2-1）换算成体积流量。

2. 密度对泵扬程的影响

泵的性能一般用扬程来表示，单位为 m，它与液体的密度无关。但如果提出的不是泵的扬程，而是压力，单位为 Pa 或 kgf/cm^2 时，即与密度有关，应参照式（1-6）换算成扬程：

$$H = \frac{p}{\rho g}$$

3. 密度对泵功率的影响

泵样本中表示的泵的功率，是输送常温清水下的功率，如果输送液体的密度、温度改变后，需要根据被输送液体的密度进行换算：

$$P_w = P\frac{\rho_w}{\rho} \tag{5-1}$$

式中 P、P_w——常温清水和被输送液体的功率，kW；

ρ、ρ_w——常温清水和被输送液体的密度，kg/m^3。

三、输送液体黏度对泵性能的换算修正

当泵输送的液体黏性较小时，对泵的性能影响较小，可以不予考虑，如果黏性较大时，黏性对泵的性能有较大的影响，会使泵的流量、扬程、效率有较大的下降，应予以修正计算。到目前为止，要准确计算是困难的，常是采用图表法或经验公式来进行换算修正。换算修正的方法很多，下面介绍一种切实可行、换算方便的图表法。此种方法只要知道泵的流量、扬程、效率和输送液体的黏度就可进行换算，而不需要知道泵的尺寸。换算修正比较方便，因为对使用者来说，一般并不知道泵的尺寸。但这种方法不适用轴流泵、混流泵和旋涡泵性能的换算修正，并且也不能对泵汽蚀性能的换算修正。经验证明，用上述方法对蜗壳式泵输送液体黏度不太大的情况下（如 <4St）是比较正确的，对黏度较大时（如 <9.65St），误差也不会超过 ±5%。

换算修正的方法如下：

根据泵在最高效率下的流量、扬程，在图 5-1 或图 5-2 的横坐标上找到泵的流量值，作垂线，与泵的扬程（单级扬程）的斜线相交，以此交点作横坐标的平行线与相应的黏度斜线相交，由此交点向上作垂线，与 K_Q、K_H、K_η 的修正系数曲线相交，在纵坐标上分别读得修正值 K_Q、K_H、K_η 值。

图 5-1 是用于较小的流量（0~20m^3/h）离心泵黏度修正系数图，图 5-2 用于较大流量（20~2000m^3/h）的离心泵黏度修正系数图。图 5-2 中扬程修系数 K_H 有 4 条曲线，分别表示额定流量下扬程修正系数及额定流量的 60%、80% 和 120% 时扬程修正系数。

根据上述求得的修正值，可通过下式计算求得黏性下的流量、扬程及效率，并计算出轴功率值：

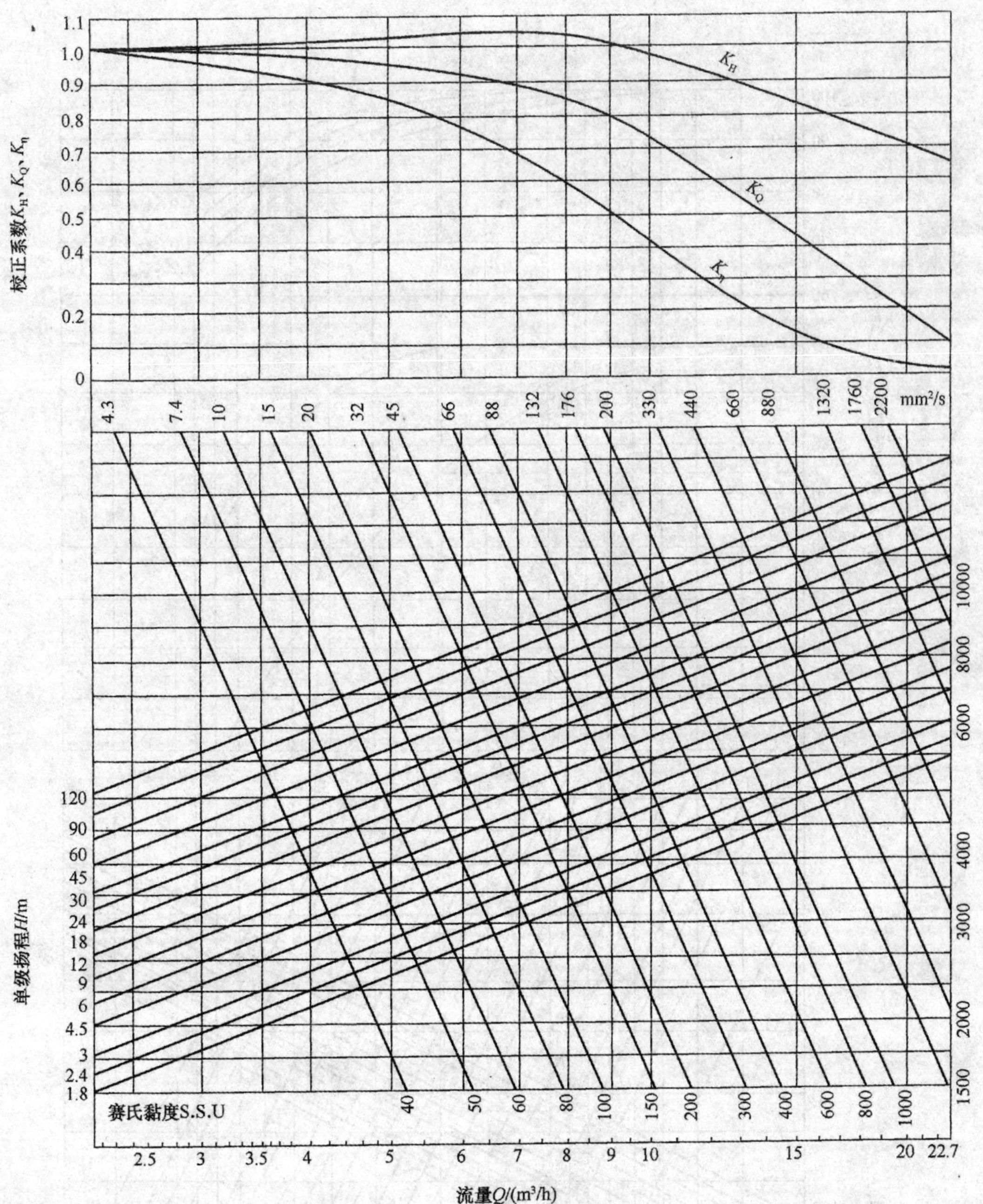

图5-1 较小流量离心泵黏度校正系数

$$Q_V = K_Q Q_w \tag{5-2}$$

$$H_V = K_H H_w \tag{5-3}$$

$$\eta_V = K_\eta \eta_w \tag{5-4}$$

$$P_V = \frac{Q_V H_V \rho g}{1000\eta_V} \tag{5-5}$$

式中 Q_V，H_V，η_V，P_V——输送黏性液体下泵的流量、扬程、效率和轴功率；

Q_w，H_w，η_w——输送常温清水下的泵的流量、扬程和效率；

K_Q，K_H，K_η——输送黏性液体时的流量、扬程和效率换算修正系数，%。

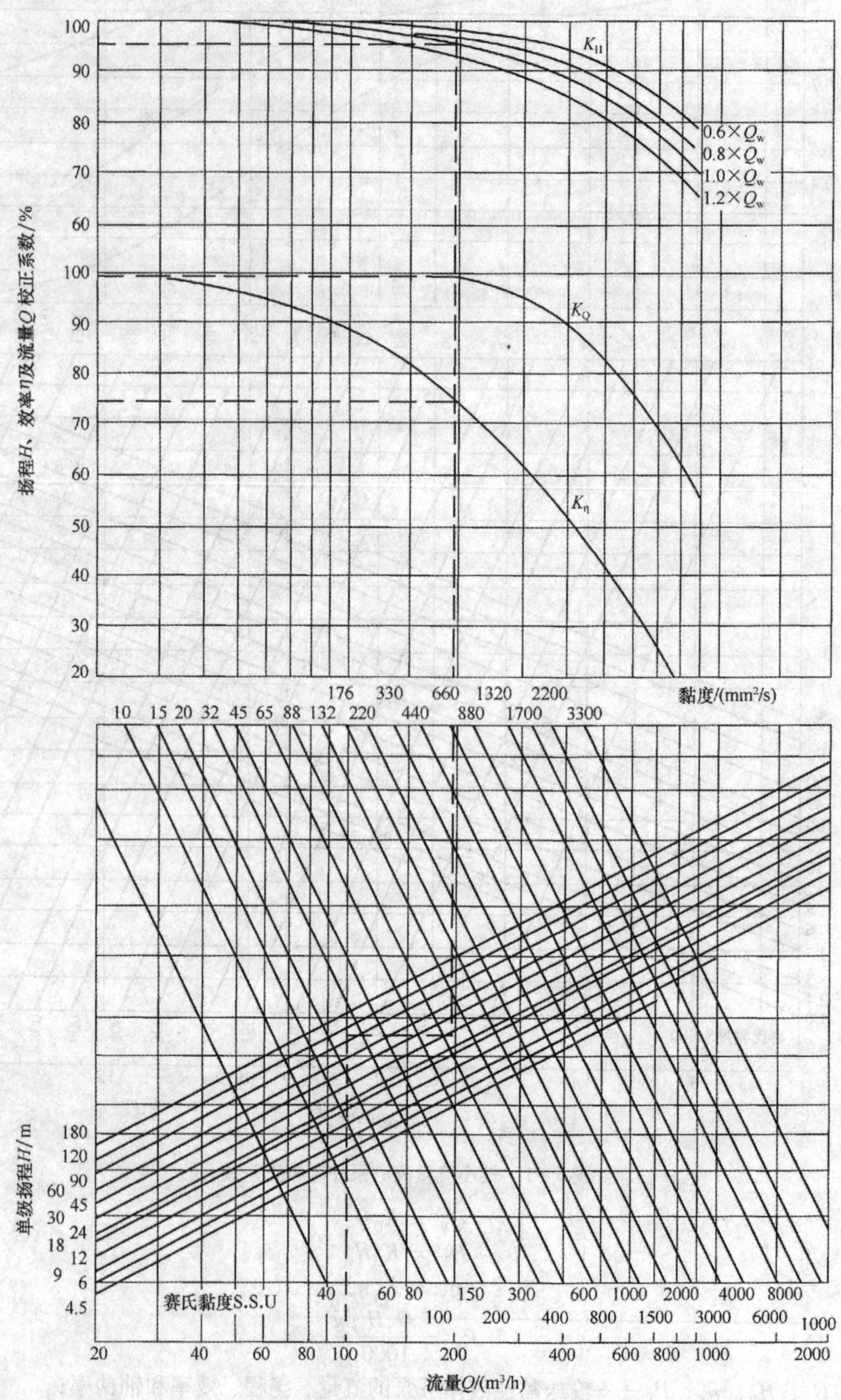

图5－2　较大流量离心泵黏度修正系数

四、输送带有悬浮颗粒液体性能的换算修正

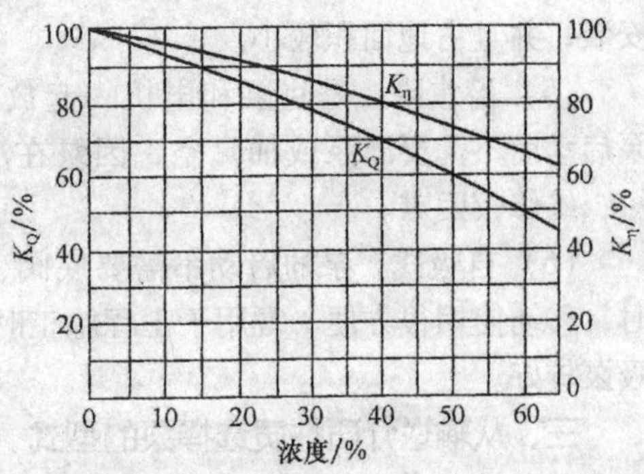

图5-3　离心泵输送有悬浮颗粒液体时性能曲线

离心清水泵输送带有悬浮颗粒液体时的性能换算比较复杂，目前尚无精确的方法，下面介绍一种近似换算修正的方法。

图5-3是输送有悬浮颗粒液体时的性能换算图。当知道悬浮颗粒浓度时就可从图上查取流量的修正系数 K_Q、效率的修正系数 K_η，并可通过下式计算出输送带有悬浮颗粒液体的流量和效率：

$$Q_X = K_Q Q_w \quad (5-6)$$

$$\eta_X = K_\eta \eta_w \quad (5-7)$$

式中　Q_X，η_X——输送有悬浮颗粒液体时的流量和效率；

η_w，Q_w——输送清水时最高效率和最高效率下的流量；

K_Q，K_η——流量和效率的换算修正系数，由图5-3查得。

第四节　泵的型式选择

泵的型式选择是根据泵的性能、安装要求、介质性质及使用要求去进行选择的。型式选择也是很重要的，如果选择不当就会无法满足使用安装要求。

一、从性能选择泵的型式

（1）当扬程不是很高（$H<150$m），比转数 $n_s=30\sim280$ 时，可选择单级单吸的离心泵。

（2）当扬程较高的情况下（$H>50$m），可考虑选用多级离心泵，当 $H>150$m 时，一般需选用多级离心泵。

（3）当流量较大情况下宜选用双吸离心泵。

（4）当扬程较低（5～20m），流量又较大，比转数 $n_S=250\sim600$ 时可考虑选用混流泵。

（5）当扬程很低（$H<10$m），而流量又很大（$Q>1000\text{m}^3/\text{h}$），比转数 $n_S=600\sim2000$ 时应考虑选用轴流泵。

（6）当流量很小，扬程很高的情况下，可选用旋涡泵或部分流泵。

需要说明的是，以上给出的流量、扬程范围值，仅是大致的范围值，因流量大的泵扬程可以高些，而流量小的泵扬程就较低些，同时就是同样流量扬程值也可以选择不同型式的泵，需要根据样本上的参数来确定。

二、从安装使用要求选择泵的型式

（1）卧式泵：是比较普遍的结构型式，使用比较广泛。其泵的结构简单，使用可靠，对多级泵使用平衡盘平衡轴向力时只能选用卧式结构。

（2）立式泵：安装面积小，可减少泵站的面积，降低造价，所以一般船用泵采用立式结构较多。

（3）立式浸没泵：不但占地面积小，并且泵的起动不需要灌液或抽真空，较适合于无人看管的自动控制下使用，并且不易产生汽蚀。其缺点是结构较复杂，维修较困难，易腐蚀，泵的寿命短。

（4）立式管道泵：因为泵的吸入、吐出口在同一水平线上，所以特别适合于管道中的

安装，并且占地面积较小。

（5）潜水泵：是将泵和电机一起放入水中运行，所以安装简单方便，使用也很方便，泵启动前不需要灌泵或抽真空，因泵在液下，不易发生汽蚀。它的缺点是泵的寿命相对较短，维修较困难。

（6）自吸式：泵的启动不需要底阀、灌泵或抽真空。自吸泵如果配用内燃机为原动机时，移动使用很方便，常用于工程施工时移动场合下。如果输送介质中含气量较多时使用自吸泵较好。

三、从输送介质性质选择泵的型式

（1）常温清水：一般的离心泵都可以使用。

（2）石油及石油制品：因石油、液化石油、石油制品都属易燃、易爆物质，所以要求泵的密封性好、可靠性高，一般应选择各类油泵、流程泵等，油泵的吸入、吐出口都垂直向上，较适合于炼油及石化工艺流程的需要。

（3）化工腐蚀性液体：对有机、无机、酸、碱类化工产品液体的输送应选用化工耐腐蚀泵，化工耐腐蚀泵一般选用各种耐腐蚀的材料制成。

（4）污水：污水中一般都含有一定的悬浮物或纤维物，容易堵塞泵的流道，尤其生活污水、粪便等应选用污水泵。有的污水还有一定的腐蚀性，泵的材料应采用耐腐蚀材料。

（5）含灰渣、渣浆、泥浆、砂粒的液体：此类液体对泵流道有极大的磨蚀性，所以泵的流道应采用耐磨蚀材料，或用耐磨蚀材料、橡胶等材料衬里的灰浆泵、渣浆泵、泥浆泵、砂泵等杂质泵。

（6）高温液体：高温液体一般压力也较高，并有热膨胀的影响，强度要求高，密封较困难等，对泵的结构有一定的要求，例对泵体要求采用径向剖分（$T>205℃$），水平中心线支承（$T>177℃$），需要有必要的冷却系统。当温度$T>175℃$时不能用铸铁材料。所以高温液体应选择热水循环泵、锅炉给水泵或热油泵等耐高温高压的泵。

四、从用途选择泵的型式

（1）锅炉给水泵：锅炉给水一般为高温高压水的输送，所以专门设计了锅炉给水泵系列。根据输送温度压力不同，有低压、中压、次高压、高压锅炉给水泵之分，可根据不同的温度和压力选取不同类型的锅炉给水泵。

（2）冷凝泵：是专门用来供电厂凝汽器热水井的冷凝水之用，它要求泵的汽蚀性能较高，并常用汽蚀方法来调节泵的流量，所以专门设计了冷凝泵系列。

（3）井泵：用于井中提水，泵的外形受到井径的限制，所以专门设计了细长型的井泵。井泵有两种：一种是将原动机置于地面的深井泵，另一种是将电机和泵连成一体置于井水中的潜水电泵。

（4）食品泵：输送液体食品，如酒类、牛奶、果汁等，需无毒不锈及易清洗等特点，所以应选用专门输送食品之用的食品泵。

（5）船用泵：因船上受空间的限制，所以专门设计了适合于船上安装使用的船用泵，其大多数为立式结构。

（6）纸浆泵：纸浆中既含有固体颗粒，又含有纤维的混合液体，极容易堵塞泵的流道，所以设计了适合纸浆输送的纸浆泵，它也可以用来输送泥浆、灰渣、粪便等。

第五节　泵型号的确定

一、泵型号的确定方法

确定了泵的性能、泵的型式后就可以确定泵的具体型号。泵型号的确定介绍下面两种方法：

1. 查性能表法

泵的样本或说明书上都列有性能表，每一型号的泵都列出了流量 Q、扬程 H、转速 n、轴功率 P、配用功率 P_g、效率 η 及必需汽蚀余量 *NPSHR*（或允许吸上真空高度 $[H_s]$）等一组性能参数。有的列出的是一个流量点（规定流量点）的一组性能参数，有的列出了三个流量点的三组性能参数，中间的流量点为规定的流量 Q_{SP}的性能参数，其他两个流量点分别为小流量点 Q_{min}和大流量点 Q_{max}点的性能参数。选用泵时，应尽量选规定流量点的性能参数，运行较为经济、安全。如果选不到，也可在小流量 Q_{min}和大流量 Q_{max}范围内选用。当泵的流量、扬程选择好后，还要校核泵的汽蚀余量，样本中的是必需汽蚀余量 *NPSHR*，应小于装置要求的可用汽蚀余量（或称装置汽蚀余量）*NPSHA*，如果汽蚀性能不能满足，此型号泵也不能使用，而要重新选择。泵转速低一点，汽蚀性能会好一点。

2. 查性能曲线图法

如果要求的性能是一个使用范围，最好用查性能曲线图法比较好。

泵的性能曲线，流量从零到最大流量，相对应的每一个流量值都可在性能曲线上查到相应的扬程、效率、轴功率和必需汽蚀余量等一组性能参数。选择时应选择在最高效率点的流量或最高效率点附近的流量。如果给出的是使用范围，则还要查看使用范围内的性能是否满足需要。

二、改造泵的性能

如果从泵的性能表、泵的性能曲线图上，查不到所需要性能的泵，则可以通过本书第四章“泵的运行与调节”中，改变泵的转速或切割泵的叶轮来改变泵的性能，从而满足要求也是可以的，但必需要注明改造后的转速或泵叶轮直径。

第六节　泵材料的选用

一、泵材料选择时应考虑的问题

（1）介质的腐蚀：不同介质的腐蚀性应采用相应的抗腐蚀材料。

（2）电化学腐蚀：泵流道中最好采用相同的金属材料。

（3）介质温度：要考虑金属材料在低温下（<-20℃）显脆性，在高温下产生蠕变的现象，采用不同的材料。

（4）经济性：不同材料，其价格和加工成本也各不相同，在满足使用条件下，尽量采用价格、加工成本较低的材料。

（5）固体颗粒的磨蚀性。

（6）材料间的咬合性：对有相对运动的两零件的材料，应有不同硬度，不易咬合。

（7）材料的铸造、加工、焊接性能：低碳钢的焊接性能比较好。

（8）材料的抗冲刷、抗汽蚀性能。

二、各种泵材料的选择

1. 清水泵

$T<150℃$　可选用铸铁或球墨铸铁。

$T<-20℃$ 或 $T>175℃$　应选用碳钢或合金钢。不能选用铸铁、球墨铸铁。

当液体中含有氯离子、二氧化碳、硫化氢或氨气时，应选用不锈耐酸钢。泵轴可选用45#碳钢或铬钢。

2. 油泵

按液体的温度和腐蚀性可按表 5－1 选择泵材料。

表 5－1　油泵材料

材　料		灰铸铁	碳钢	合金钢
使用温度/℃		－20～150	－45～420	－45～420
零件名称	壳体（体盖）	HT250	ZG230－450	1Cr13Ni
	叶轮	HT200	ZG230－450	1Cr13Ni
	轴	45	35CrMo	3Cr13
	壳体密封环	HT250	HT250	1Cr13MoS
	叶轮密封环	QT500－7	QT500－7	3Cr13
	壳体螺栓	Q235－A	35CrMo	35CrMo
	填料轴套	3Cr13	1Cr13	1Cr13
	机械密封套	3Cr13	3Cr13	3Cr13

3. 耐腐蚀泵

不同耐腐材料可耐不同性质的腐蚀性液体，表 5－2 列举了常用的耐腐蚀材料耐腐蚀的情况，供参考。

表 5－2　耐腐蚀材料适用的腐蚀性液体

耐腐材料	适用腐蚀性液体及特点
高硅铸铁	硫酸、硝酸、常温盐酸、脂肪酸。压力＜0.3MPa
稀土高硅球墨铸铁	硫酸、硝酸、常温盐酸、脂肪酸。强度，耐蚀性，加工性优于高硅铸铁
耐碱铝铸铁	碱液
1Cr13	用于防锈
Cr17	一定浓度、温度下的硝酸、碱溶液、无氯盐水、硝氨醋酸，磷酸
Cr28	浓硝酸
1Cr18Ni9	稀中浓度的硝酸、有机酸
Cr18Ni12Mo2Ti ZGCr17Mn13Mo2CuN	稀中浓度的硝酸、有机酸，特别适用于醋酸
ZGCr17Mo2CuR	酸性矿水，pH＝2～4
ZGCr17Mn13N	硝酸等氧化性介质
ZGCr17Mn9Ni4Mo2CuN	氢氧化钠、磷酸、蚁酸、醋酸，特别适用于硫酸
双相不锈钢，$ZCuAl_{10}Fe_3$ 铝青铜	海水
聚氯乙烯	腐蚀性不强，压力不高的液体
玻璃钢	各种腐蚀性液体，耐压较高
陶瓷	除氢氟酸、氟硅酸、浓碱外的各种腐蚀性液体

4. 杂质泵

主要考虑其耐磨蚀性，及易损件更换要容易，所以泵的过流部分，如泵体、叶轮、护板等均采用耐磨铸铁或耐磨合金、橡胶内衬，轴采用优质碳素钢，其余零件可采用铸铁。

三、美国石油学会 API610 标准石化用泵材料的规定

我国石化工业用泵，常要求符合美国石油学会标准 API610，下面简单介绍 API610 第八版中对石化用泵材料的规定，如表 5－3、表 5－4 所示。

表 5－3　泵材料等级选用指南

使用条件	温度范围/℃	压力范围	材料等级	参见注
淡水、冷凝水和冷却塔水	<100	不限	Ⅰ－Ⅰ或Ⅰ－2	
沸水和工业流程用水	<120	不限	Ⅰ－Ⅰ或Ⅰ－2	a
	120～175	不限	S－5	a
	>175	不限	S－6、C－6	a
锅炉供水				
轴向剖分	>95	不限	C－6	
双层壳体剖分（圆筒体）	>95	不限	S－6	
锅炉循环器	>95	不限	C－6	
污水、回流储罐水、排泄水以及含有水的烃类，包括回流液	<175	不限	S－3 或 S－6	b
	>175	不限	C－6	
丙烷、丁烷、液化石油气、氨、乙烯、低温使用（最低金属温度	230	不限	S－1	h
	>－46	不限	S－1（LCB）	h
	>－73	不限	S－1（LC2）	h,i
	>－100	不限	S－1（LC3）	
	>－196	不限	A－7 或 A－8	h,i
柴油；汽油；石脑油；煤油；粗柴油；轻的、中等的和重润滑油；燃料油；残渣油；原油；沥青；合成原油底油	<230	不限	S－1	
	230～370	不限	S－6	b,c
	>370	不限	C－6	b
无腐蚀性烃类，例如催化重整油、加氢裂化油、脱硫油等	230～370	不限	S－4	c
二甲苯、甲苯、丙酮、苯、糖醛、甲乙基铜（MEK）、异丙基苯	<230	不限	S－1	
碳酸钠	<175	不限	I-1	
浓度<20%的苛性钠（氢氧化钠）	<100	不限	S－1	d
	>100	不限	—	e
海水	<95	不限	—	f
酸性水	<260	不限	D－1	
生产用后的水、地层水及盐水	不限	不限	D－1 或 D－2	f
硫黄（液态）	不限	不限	S－1	
FCC 浆	<370	不限	C－6	
碳酸钾	<175	不限	C－6	
	<370	不限	A－8	
乙酸胺、二乙醇胺、醇胺、原料溶液	<120	不限	S－1	
二乙醇胺、醇胺-贫溶液	<120	不限	S－1 或 S－8	d
乙醇胺-贫溶液（只有 CO_2）	80～150	不限	S－9	
乙醇胺-贫溶液（CO_2 和 H_2S）	80～150	不限	S－8	
乙醇胺、二乙醇胺、醇胺富溶液	<80	不限	S－1 或 S－8	
硫酸浓度　>85%	<38	不限	S－1	
硫酸浓度　≤85%	<230	不限	A－8	
浓度>96%的氢氟酸	<38	不限	S－9	

本表仅作为一般指导使用，对无专门的判断知识和使用经验者，不应当利用。

表 5-4　离心泵零件的材料等级

零　件	材料是否完全一致	材料等级和材料缩写													
		I-1	I-2	S-1	S-3	S-4	S-5	S-6	S-8	S-9	C-6	A-7	A-8	D-1	D-2
		泵壳材料													
		铸铁	铸铁	钢	钢	钢	钢	钢	钢	钢	12%铬钢	奥氏体不锈钢	316奥氏体不锈钢	双相不锈钢	优质双相不锈钢
		内部零件材料													
		铸铁	青铜	铸铁	耐蚀镍合金	钢	钢 12%铬钢	12%铬钢	16奥氏体不锈钢	镍铜合金	12%铬钢	奥氏体不锈钢[b,e]	316奥氏体不锈钢[e]	双相不锈钢	优质双相不锈钢
压力泵壳	是	铸铁	铸铁	碳钢	碳钢	碳钢	碳钢	碳钢	碳钢	碳钢	12%铬钢	奥氏体不锈钢	316奥氏体不锈钢	双相不锈钢	优质双相不锈钢
内壳部件（碗形导流壳、导流体、隔板）	否	铸铁	青铜	铸铁	耐蚀镍合金	铸铁	碳钢	12%铬钢	316奥氏体不锈钢	镍铜合金	12%铬钢	奥氏体不锈钢	316奥氏体不锈钢	双相不锈钢	优质双相不锈钢
叶轮	是	铸铁	青铜	铸铁	耐蚀镍合金	碳钢	碳钢	12%铬钢	316奥氏体不锈钢	镍铜合金	12%铬钢	奥氏体不锈钢	316奥氏体不锈钢	双相不锈钢	优质双相不锈钢
泵壳耐磨环	否	铸铁	青铜	铸铁	耐蚀镍合金	铸铁	12%铬钢淬火钢	12%铬钢淬火钢	硬面处理的316奥氏体不锈钢	镍铜合金	12%铬钢淬火钢	硬面处理的奥氏体不锈钢	硬面处理的316奥氏体不锈钢	硬面处理的双相不锈钢	硬面处理的优质双相不锈钢
叶轮耐磨环[j]	否	铸铁	青铜	铸铁	耐蚀镍合金	铸铁	12%铬钢淬火钢	12%铬钢淬火钢	硬面处理的316奥氏体不锈钢	镍铜合金	12%铬钢淬火钢	硬面处理的奥氏体不锈钢	硬面处理的316奥氏体不锈钢	硬面处理的双相不锈钢	硬面处理的优质双相不锈钢
轴[e]	是	碳钢	碳钢	碳钢	碳钢	碳钢	AISI 4140钢	AISI 4140钢	316奥氏体不锈钢	镍铜合金	12%铬钢	奥氏体不锈钢	316奥氏体不锈钢	双相不锈钢	优质双相不锈钢

续表

零件	材料是否完全一致	材料等级和材料缩写													
		I-1	I-2	S-1	S-3	S-4	S-5	S-6	S-8	S-9	C-6	A-7	A-8	D-1	D-2
		泵壳材料													
		铸铁	铸铁	钢	钢	钢	钢	钢	钢	钢	12%铬钢	奥氏体不锈钢	316奥氏体不锈钢	双相不锈钢	优质双相不锈钢
		内部零件材料													
		铸铁	青铜	铸铁	耐蚀镍合金	钢	钢12%铬钢	12%铬钢	16奥氏体不锈钢	镍铜合金	12%铬钢	奥氏体不锈钢[b,c]	316奥氏体不锈钢[c]	双相不锈钢	优质双相不锈钢
喉部衬套[j]	否	铸铁	青铜	铸铁	耐蚀镍合金	铸铁	12%铬钢淬火钢	12%铬钢淬火钢	316奥氏体不锈钢	镍铜合金	12%铬钢淬火钢	奥氏体不锈钢	316奥氏体不锈钢	双相不锈钢	优质双相不锈钢
级间衬套[j]	否	铸铁	青铜	铸铁	耐蚀镍合金	铸铁	12%铬钢淬火钢	12%铬钢淬火钢	硬面处理的316奥氏体不锈钢[d]	镍铜合鑫	12%铬钢淬火钢	硬面处理的奥氏体不锈钢	硬面处理的316奥氏体不锈钢	硬面处理的双相不锈钢	硬面处理的优质双相不锈钢
泵壳和密封压盖的双头螺柱	是	碳钢	碳钢	AISI 4140钢	AISI 4140钢	AISI 4140钢	AISI 4140钢	AISI 4140钢	AISI 4140钢	镍铜合金淬火钢[h]	SIAI 4140钢	AISI 4140钢	AISI 4140钢	双相不锈钢	优质双相不锈钢
泵壳垫片	否	奥氏体不锈钢蜗形缠绕垫	奥氏体不锈钢蜗形缠绕垫	奥氏体不锈钢蜗形缠绕垫	奥氏体不锈钢蜗形缠绕垫	奥氏体不锈钢蜗形缠绕垫	奥氏体不锈钢蜗形缠绕垫	奥氏体不锈钢蜗形缠绕垫	316奥氏体不锈钢蜗形缠绕垫	镍铜合金，蜗形缠绕垫，聚四氟乙烯	奥氏体不锈钢蜗形缠绕垫	奥氏体不锈钢蜗形缠绕垫	316奥氏体不锈钢蜗形缠绕垫	双相不锈钢蜗形缠绕垫	双相不锈钢蜗形缠绕垫
吐出头/外层吸入圆筒	是	碳钢	碳钢	碳钢	碳钢	碳钢	碳钢	碳钢	碳钢	碳钢	奥氏体不锈钢	奥氏体不锈钢	316奥氏体不锈钢	双相不锈钢	优质双相不锈钢
排液管/碗形导流壳衬套	否	丁腈橡胶	青铜	充填碳	丁腈橡胶	充填碳	充填碳	充填碳	充填碳	充填碳	充填碳	充填碳	充填碳	充填碳	充填碳
过流的紧固件(螺栓)	是	碳钢	碳钢	碳钢	碳钢	碳钢	316奥氏体不锈钢	316奥氏体不锈钢	316奥氏体不锈钢	镍铜合金	316奥氏体不锈钢	316奥氏体不锈钢	316奥氏体不锈钢	双相不锈钢	优质双相不锈钢

第七节　泵的轴封选择与使用

旋转的泵轴和固定的泵体间的密封称轴封。轴封的作用主要是防止高压液体从泵中漏出或防止空气进入泵内。轴封虽然在泵中是一个小部件，对泵的性能影响不大，但它影响到泵的正常运行，泵中的故障经常产生在轴封中。如果轴封选择、使用不当，不但影响泵的可靠性和寿命，有时还会发生事故，尤其在输送易燃易爆和有毒液体中，轴封更是重要。

泵中的轴封常用的有填料密封、机械密封、油封、浮动密封。另外还有螺旋密封、迷宫密封等。

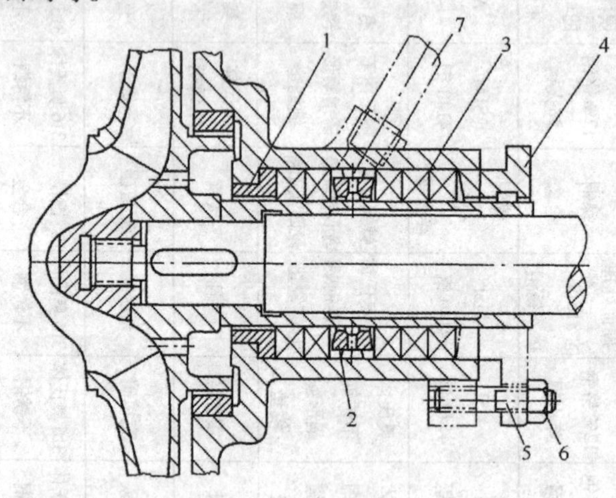

图5－4　泵的填料密封

1—填料套；2—填料环；3—填料；4—填料压盖；5—长扣双头螺栓；6—螺母；7—水封管

一、填料密封

1. 填料密封的结构

填料密封的结构如图5－4所示，它是泵中最常用的轴封之一。一般由填料套、填料环、水封管、填料、填料压盖、长双头螺栓和螺母等组成。它是靠填料和轴（或轴套）的外圆表面接触来实现密封的。轴封的泄漏量可以用调节填料压盖的松紧程度来进行。如果填料压盖压得紧，能减少泄漏量，但会增加填料与轴（轴套）的摩擦损失，降低填料和轴（轴套）的寿命，严重时会发热冒烟，甚至烧坏填料和轴（轴套）。如果压得太松，会增加泄漏或大量空气经填料密封进入泵内，使泵无法工作。填料环和水封管是用来对填料串水之用，起润滑、冷却、水封之用，除扬程很低的泵外，一般填料都需要串水。串水可以从泵出口处引出液体自充，也可以从外面引入液体外充。

2. 填料的材料

（1）油浸石棉填料：是最常用的填料材料，用于温度低于250℃，压力低于4.5MPa的情况下，常用于蒸气、空气、水、重质石油、弱酸液等介质。

（2）石棉四氟乙烯填料：用于温度低于250℃，压力小于12MPa的情况下。可用于腐蚀性液体中，如强酸、强碱、液化气、气态有机物、汽油、苯类、海水等。

（3）聚四氟乙烯编织填料：强度高、耐磨性能好，同时也耐腐蚀。温度低于260℃，压力小于30MPa，最高可达50MPa。

（4）碳素纤维编织填料：耐磨耐蚀，导热性好，并可用于溶剂中。温度低于280℃，压力小于25MPa。

（5）柔性石墨填料：能耐高温，耐低温，同时也耐腐蚀，温度低于400℃，压力小于20MPa。可用于醋酸、硼酸、盐酸、硫化氢、硝酸、硫酸、氯化钠、矿物油、汽油等介质中。

（6）石棉或碳化纤维浸渍聚四氟乙烯编织填料：耐蚀、耐热、强度高，其温度低于260℃，压力小于20MPa。可用于有机溶剂及弱酸、强碱等介质。

油浸石棉填料价格较便宜，使用比较广泛，其余材料一般都使用在特定场合下。

3. 填料密封的优缺点

（1）优点：结构简单，价格便宜，使用、更换方便。

（2）缺点：密封性能差，必须有一定的泄漏量。摩擦力大，消耗较多功率，降低泵的效率。磨损泵轴（或轴套），影响泵的寿命。所以，对输送易燃易爆有毒液体不宜用填料密封。

4. 填料密封在安装使用中应注意的问题

（1）填料的长短要合适，过长过短都会造成较大的泄漏。切口要整齐，一般切成30°角，并且在装填料时，接头要错开120°。

（2）水封管口必须对准填料环，以免填料堵死充水孔，充水无法进入填料。

（3）填料压盖压紧的松紧程度要合适，一般压紧到从填料中渗漏的液体成滴状，即每分钟约60滴左右为合适。对新填装的填料，开始应松一点，泄漏大一点，待经过一段时间磨合后，再逐渐压紧。

（4）当被输送液体温度大于105℃或吸入压力大于0.8MPa时，对填料函体应加冷却水夹套进行冷却，并采用水冷填料压盖，如图5-5所示。

二、机械密封

1. 机械密封的结构及工作原理

机械密封又称端面密封，其基本构件如图5-6所示。由三部分组成：第一部分是由动环和静环组成的密封端面或称摩擦副，动环和静环一般用不同材料组成，一个硬度较低（一般用石墨加填充剂），另一个硬度较高（常用硬质合金、陶瓷等），但在输送含有固体颗粒的液体时，需用硬对硬的材料。

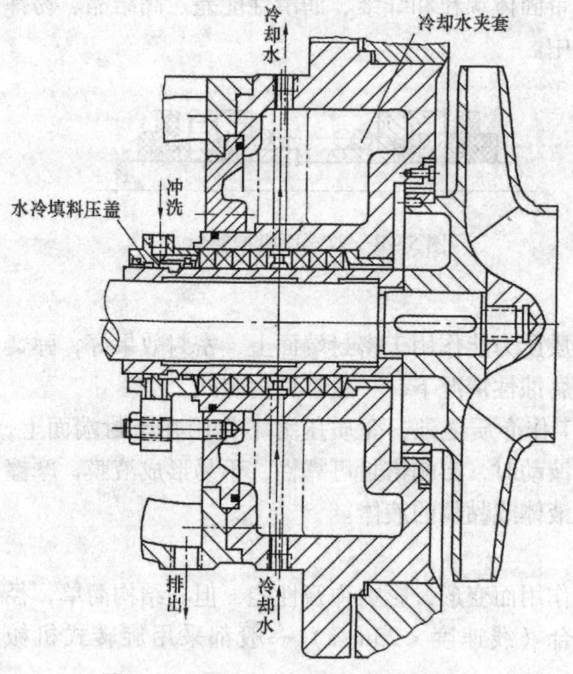

图5-5 带冷却水夹套的填料密封

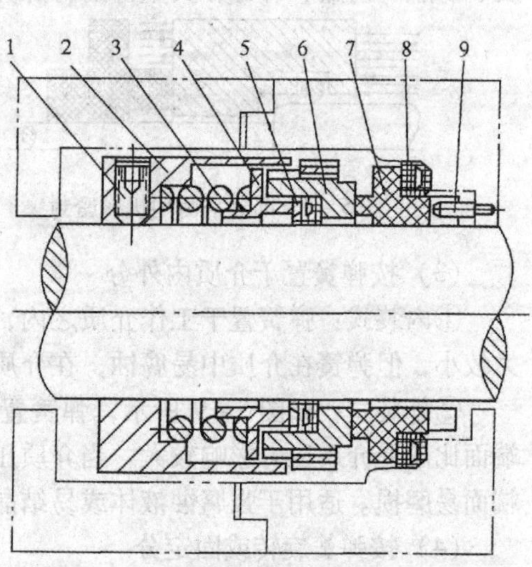

图5-6 机械密封的基本构件及工作原理

1—传动螺钉；2—传动座；3—弹簧；4—推环；5—动环密封圈；6—动环；7—静环；8—静环密封圈；9—防转销

第二部分是由弹性元件为主要零件组成的缓冲补偿机构，由弹簧、推环、传动座、防转销等组成，其作用是使密封断面紧密贴合，并在摩擦副端面磨损后进行补偿。

第三部分是辅助密封圈，用于密封动环与轴之间及静环与压盖之间的密封。同时它还能对泵振动时起弹性缓冲作用。

由于机械密封的使用工况不同，结构也不尽相同，在上述基本结构上有所增减改变。

机械密封的工作原理是轴通过传动座 2 和推环 4 带动动环 6 旋转，静环 7 固定不动，依靠液体的压力和弹簧力使动环断面紧紧贴紧静环端面上，阻止了液体的泄漏。摩擦副表面磨损后，在弹簧 3 的推动下进行补偿。动环密封圈 5 防止液体通过动环 6 与轴之间的泄漏，静环密封圈 8 防止液体从静环 7 与压盖之间的泄漏，并在泵振动时起到缓冲冲击的作用，保证了两端面的良好接触。

2. 机械密封的种类

（1）按液体压力平衡情况分

①部分平衡型：如图 5－7 所示，能平衡一部分液体压力对端面的作用，端面比压随液体压力增高减慢增加，可改善端面磨损情况，一般液体压力大于 0.7MPa 或密度小于 700kg/m^3 润滑性较差的液体需采用部分平衡型机械密封。

②非平衡型：不能平衡液体压力对端面的作用，在液体压力较高时，容易引起摩擦副的快速磨损，所以一般用于压力小于 0.7MPa 润滑性较好液体中。

（2）按摩擦副对数分

①单端面密封：用一对摩擦副，结构简单、制造、拆装容易，用于一般液体中。

②双端面密封：如图 5－8 所示，有两对背靠背摩擦副，密封腔内通入比介质压力高 0.05～0.15MPa 的外供封液，起堵封和润滑密封端面的作用。其结构复杂，需要有一套外供封液系统。所以，常用于腐蚀、高温、液化气、带固体颗粒和纤维、润滑性能差、高结晶、易挥发、易燃、易爆、有毒和贵重等的特殊介质中。

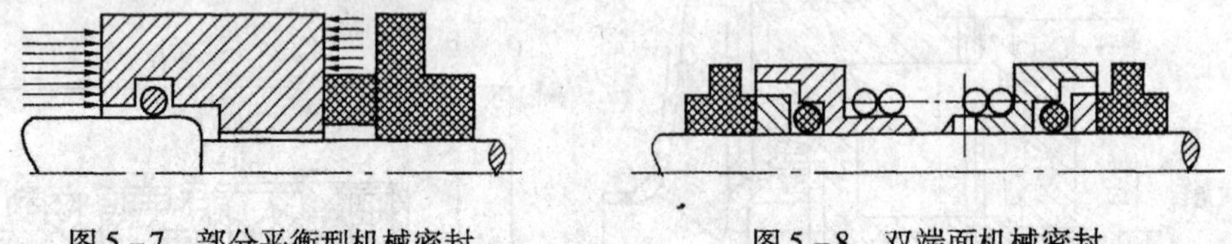

图 5－7　部分平衡型机械密封　　　图 5－8　双端面机械密封

（3）按弹簧置于介质内外分

①内装式：弹簧置于工作介质之内，介质压力能作用于密封端面上，密封效果好，弹簧力较小，但弹簧在介质中易腐蚀，在介质无腐蚀性情况下，一般都用内装式。

②外装式：如图 5－9 所示，弹簧置于工作介质之外，介质压力不作用在密封端面上，端面比压受介质压力影响较大，当介质压力波动时，影响密封可靠性，不易形成液膜，摩擦端面易磨损。适用于强腐蚀液体或易结晶的液体或黏稠的液体。

（4）按弹簧旋转或固定分

①旋转式：弹簧随轴旋转，易受离心力作用而变形，影响弹簧性能，但其结构简单，径向尺寸小。对轴径不很大，转速不高的场合（线速度 <25m/s）一般都采用旋转式机械密封。

②静止式：如图 5－10 所示，弹簧在静环处，不随轴转动。弹簧性能稳定，对介质没有搅动，但结构复杂，所以常用于轴径较大，转速较高（线速 >25m/s）的情况下。

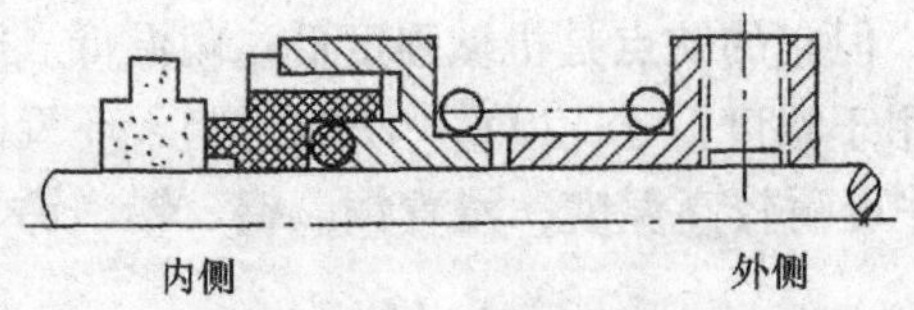

图 5-9　外装式机械密封

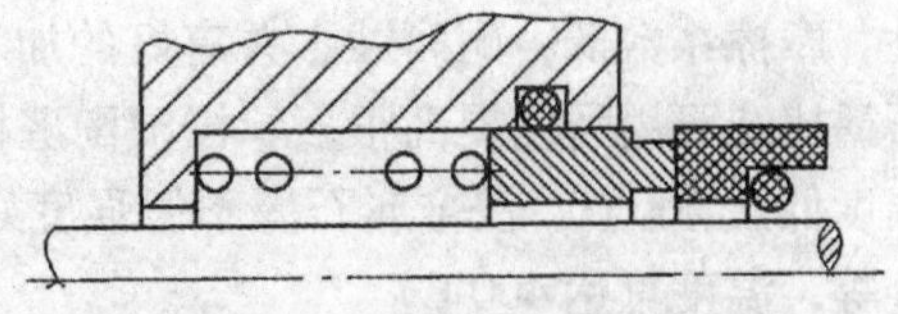
图 5-10　静止式机械密封

（5）按弹簧数量分

①单弹簧：即单个大弹簧，其缺点是端面比压不均匀，转速高时受离心力影响较大，轴颈不同需不同弹簧，所以规格多。轴向尺寸大，径向尺寸小，但安装维修简单，弹簧压缩量允差大。适用于泵转子窜动比较大的场合，要特别注意的是弹簧的旋向，应与转动方向越转越紧的方向。

②多弹簧：用多个小弹簧，端面比压均匀，弹簧规格少，与旋转方向无关，轴向尺寸小，径向尺寸大，安装繁琐，适用于轴径较大转速较高的泵中。

（6）按结构分

①流体静压密封：在两个密封环之一的密封端面上开有环形沟槽和小孔，从外部引入比介质压力稍大的液体，保证端面润滑，减少磨损，增加寿命，它需设置一套外供液体系统，泄漏量较大，只用于高压介质和高速情况下，往往与流体动压密封组合使用。

②流体动压密封：在两个密封环之一的密封端面开有各种沟槽，如图 5-11 所示，由于旋转而产生流体动力压力场，引入密封介质做为润滑剂，适用于高压介质和高速运转的场合，常与流体静压密封组合使用。

（7）按弹性元件分：

①弹簧压紧式：用弹簧压紧密封端面，制造简单，但由于受辅助密封圈耐温的限制，使用在温度不高的场合。

②波纹管式：图 5-12 为金属波纹管的机械密封，它是用波纹管压紧密封端面。密封环（动环或静环）和波纹管制成一个整体，中间没有辅助密封圈，使用温度不受辅助密封圈材料限制，所以金属波纹管机封可使用于高温情况下，对于四氟波纹管、橡胶波纹管机械密封可用于腐蚀性介质中。

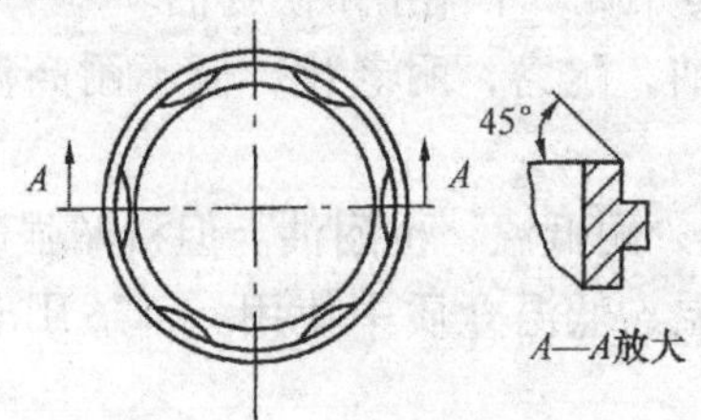

图 5-11　流体动压密封

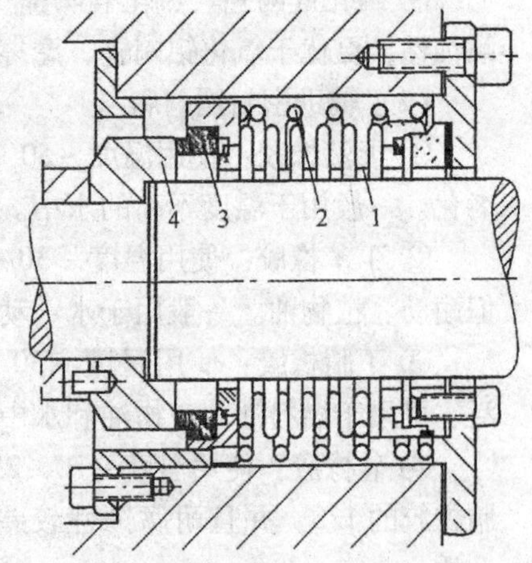

图 5-12　金属波纹管的机械密封

1—金属波纹管；2—压缩弹簧

3—压装的静环；4—动环

3. 机械密封的材料

（1）摩擦副材料

① 石墨浸渍：可以是纯石墨或石墨浸渍树脂或浸渍金属。石墨有良好的自润滑性和导

热性，摩擦系数低，耐腐蚀，并有好的加工性，但它的缺点是机械强度低，耐温低。浸渍后的石墨比纯石墨强度提高很多，浸渍酚醛树脂用于温度低于170℃，呋喃树脂、环氧树脂用于温度低于200℃。浸金属石墨不但强度好，并可耐较高温度，浸青铜、铝、铅、锑、巴氏合金等，温度可达400℃。

② 聚四氟乙烯：有优异的耐腐蚀性，但具有机械强度较低、耐磨性不高、刚性差、弹性小、线膨胀系数随温度增大等缺点，所以常加填充玻璃纤维、二硫化钼、石墨及各种金属加以改进。

③ 酚醛塑料：它有较好耐酸性、耐磨性、成本低，但它质脆，不耐碱腐蚀，使用温度低于120℃。

④ 氧化铝陶瓷：它具有很高的硬度及耐磨性，耐腐蚀性也很强，价格低，但脆性大，机械加工困难。

⑤ 硬质合金：硬度高，强度高，耐磨性，耐腐蚀，抗冲刷性好，可用于<500℃的场合，但其价格较高。采用堆焊、镶环的方法，可降低成本，但容易产生缺陷，镶环在高温中易脱落、变形等。

⑥ 碳化钨硬质合金：碳化钨是由硬度极高的难熔金属碳化物加粘结剂用粉末冶金方法压制烧结而成。具有极高的硬度和强度，极好的耐磨性，抗颗粒冲刷性和耐腐性，线膨胀系数较低。但材料脆性大，机械加工困难。

⑦ 青铜：常用的是磷青铜、锡青铜，其弹性模数大，导热性好，加工性好，它对硬质材料有顺磨性。但质软，耐腐蚀性差。适用油类等中性介质，特别适用于海水，不适用于有固体颗粒的介质。

⑧ 高硅铸铁：具有较高的硬度，在强氧化性酸中有很高的耐腐蚀性，但不耐碱和氢氟酸，并且质脆，耐冲击性能差，机械加工困难。

⑨ 碳化硅陶瓷、氮化硅陶瓷：属于新型陶瓷，硬度高于氧化铝陶瓷，耐磨性，耐热性，耐蚀性，更优于氧化铝陶瓷，摩擦系数低，可用于各种无机酸和有机溶剂。

（2）辅助密封圈材料

① 天然橡胶：使用温度 -50~120℃。其弹性和低温性能好，但不耐高温，不耐油，易老化。一般用于温度不高的水中。

② 丁苯橡胶：使用温度 -30~120℃。耐磨，耐老化，价格低，弹性好。不耐矿物油，但耐动、植物油。一般用于水、动植油及酒精类介质，不能用于矿物油。

③ 丁腈橡胶：使用温度 -30~120℃。耐油，耐磨，耐老化，但不耐高温，应用很广泛。可用于燃料油、矿物油和水中。

④ 硅橡胶：使用温度 -70~250℃。耐高温，耐低温，也耐油。但机械强度差，仅为丁腈橡胶的1/3，并且耐腐蚀性较差。适用于高温、低温介质中使用。不适用于苯、丙酮类介质。

⑤ 氟橡胶：使用温度 -20~250℃。耐高温，耐腐蚀，耐油，耐真空性。但耐低温较差，膨胀系数大，价格高。适用于高温、腐蚀的场合，不适用于酮类溶剂。

⑥ 填充聚四氟乙烯：使用温度 -100~250℃。有优异的化学稳定性，耐油，耐高温，耐低温，耐溶剂，抗老化等。但弹性差，膨胀系数大，温度不高时易泄漏。适用于高温，低温，酸、碱溶剂等强腐蚀性介质。

⑦ 柔性石墨：使用温度 -200~1600℃。其耐温性，耐腐蚀性极其优良，是一种新型材

料，能使用在所有介质中。

（3）弹簧材料

① 磷青铜：防磁性，适用于海水和油类介质中，但不耐腐蚀。

② 碳素弹簧钢：价格低，适用于无腐蚀性介质中。

③ 不锈钢：可用于腐蚀性介质中。

4. 机械密封的选用

（1）强腐蚀性介质：选用外装式机封或波纹管机封。如果采用内装式时要对弹簧进行防腐保护措施。对摩擦副材料也应采用耐磨材料，如四氟陶瓷等。

（2）易汽化介质：选用平衡型或双端面机械密封。

（3）含盐及易结晶介质：选用双端面机械密封；摩擦副采用硬对硬材料，弹簧采用大弹簧，用冲洗液进行“封堵”措施。

（4）含固体颗粒介质：选用双端面机械密封，靠近介质侧选择静止内流式结构。摩擦副采用硬对硬材料。冲洗液加旋液分离器或外供冲洗液冲洗。弹簧要采用大弹簧结构。

（5）高黏度介质：选用静止型双端面机械密封，摩擦副采用硬对硬材料组合。

（6）高温介质：密封材料要进行稳定热处理，且膨胀系数相近。用单端面机械密封，端面宽度尽量小，需充分冷却冲洗。采用双端面机械密封，需外供循环液。温度超过250℃，采用金属波纹管式机械密封，但要注意金属波纹管的承压能力。辅助密封材料也应选择相应温度的材料。

（7）低温介质：介质温度高于 -45℃时可选用单端面机封。介质温度高于 -100℃时，选用波纹管机封。介质温度低于 -100℃时，选用静止式波纹管机封，液态烃建议选用双端面机械密封。摩擦副材料选择青铜填充聚四氟乙烯。辅助密封材料也应选择相应温度的材料。

（8）高压介质：当压力 $p > 0.7$MPa 时，应选择平衡型机封，当压力较高时，在保证允许的最小端面比压条件下，应选择较大平衡系数，但不大于0.5。当压力 $p > 15$MPa 时，宜采用串联机封，逐步降低每级密封压力、摩擦副材料宜用碳化钨对浸渍金属石墨，或硬对硬材料，如硬质合金、陶瓷等。O 形圈的肖氏硬度应大于80，并用隔离支承圈以防被挤出。

（9）高速：当速度 $v > 25$m/s 时，采用静止式机封，动环与轴直接配合利用轴套和叶轮夹紧来传递力矩，而不主张用键、销来传递，以减小不平衡力的影响。要用最小的密封端面摩擦系数，端面宽度尽量小，加强冷却与润滑。

（10）正反转：应采用金属波纹管机封，或小弹簧结构机械密封。

5. 机械密封的冲洗和冷却

（1）机械密封的冲洗

机械密封的冲洗和冷却属机械密封的辅助设施。机械密封的冲洗可以用来降低温度，保持密封端面的良好润滑，防止汽化而不会造成干摩擦，及在有固体颗粒、结晶介质及强腐蚀介质中保持密封环不受损害。因此，机械密封的冲洗和冷却是必不可少的。

机械密封冲洗的方式，有自冲洗、循环冲洗和注入式冲洗三种。

自冲洗是用泵本身产生的压差或密封腔内的泵送装置产生的压差，使被密封介质通过密封腔形成闭合回路实现冲洗。泵本身产生的压差冲洗一般是从泵的出口引入机封腔中进行冲洗，然后回到泵进口。如果泵输送的液体温度较高时，中间可接入冷却器，冷却后再送入密封腔冲洗密封端面。

泵送装置的冲洗是将轴封腔内的液体通过泵送装置升压，送到冷却器冷却后，又送回轴封腔冲洗机封，应用于泵送装置的升压装置，可以是小叶轮、旋涡叶轮或泵送螺旋等，液体温度较高情况下使用。

循环冲洗称额外循环冲洗，是通过一个泵送装置使外加的密封流体进行循环，泵送装置可以是外加的，也可以在密封腔中加装一个泵装置。这种冲洗方法多用于双端面或多端面密封上。单端面密封一般不采用。

注入式冲洗或称外冲洗，是从外部注入另一种液体到密封腔内，改善密封工作条件，这种方法一般是被输送介质不宜做密封流体时采用。例被输送介质含固体颗粒或黏度大或温度太高等。

（2）机械密封的冷却

在输送高温介质时，对机封应进行冷却。冷却方式可为直接冷却和间接冷却两种。直接冷却，一种是上面所说的冷却液体冲洗。另一种是在压盖上通入冷却液体冷却静环，在密封腔外面的部分，即称“急冷”或称“背冷”。这部分冷却液不回流到泵内，而是被排放掉了，所以常常用冷水进行。

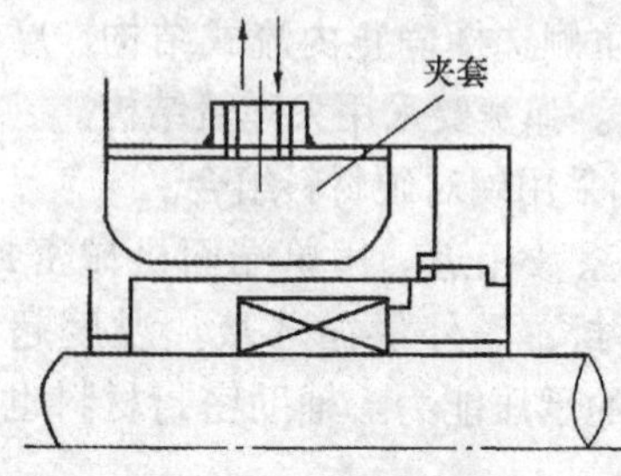

图 5－13　冷却水套冷却

间接冷却是在密封腔外面加冷却夹套，如图 5－13 所示，冷却夹套的冷却液一般是外界引入的冷水。常与泵轴承的冷却，泵支脚的冷却一起组成的冷却系统。

一般泵输送介质温度大于 150℃或没有冲洗时，或低沸点液体，高熔点产品都需要间接冷却，锅炉给水泵中也一般需要间接冷却。

表 5－3 表示了各种温度下需采取的冲洗和冷却方式，供使用时参考。

表 5－3　各种温度下机械密封所需冲洗和冷却的方法

介质温度	<60℃	60～80℃	80～150℃	140～200℃	170～250℃
冲洗冷却方式	自冲洗	自冲洗 静环背冷	自冲洗 密封腔夹套冷却 静环背冷	加冷却器的自冲洗 密封腔夹套冷却 静环背冷	泵送装置加冷却器冲洗 密封腔夹套冷却 静环背冷

泵的冷却管路系统常在泵的说明书中、相关的标准中有明确的规定，需要严格按照规定要求进行。

6. 机械密封的安装

机械密封安装正确与否，会影响机械密封运行是否正常和机械密封的寿命，机械密封安装时应注意如下事项：

（1）安装前应检查机封的型号和材料是否符合，端面是否损坏，并且检查密封端面的平面度，检查弹簧的旋向是否正确。

（2）机封应轻拿轻放，尤其是动、静环的端面不能磕碰、划伤、磨坏。如摩擦副是易碎的材料，像石墨环更要小心防止摔裂。

（3）动、静环的端面要保持干净，不要用手摸，用棉纱擦，更不要粘灰尘、砂子。应该用干净的细布（最好是绸子）来擦。

（4）静环密封圈从静环尾部套入，如果采用的是4F－V形圈，应注意V形圈方向，并一定要插入V形圈中，不能压在V形圈的边上，如果是O形圈，不要滚动，然后把静环放入压盖中。要注意静环防转销槽对准防转销。防转销的高度要合适，应有1～2mm的间隙。不要顶上静环，把静环顶歪，甚至顶碎。如果压入时太紧有困难时，可适当涂一点油脂。装入压盖后应检查一下垂直度，方法是用深度尺测量四点的高度，误差应在0.02～0.04mm范围内。

（5）如果弹簧的压缩量需在安装时确定的话，则必须严格按说明书规定的压缩量要求进行测量计算后进行定位。如果是集装式或是设计时已事先固定好的，最好也检查一下压缩量是否符合。

（6）装完后，应盘车，转子转动均匀，轻快，无摩擦现象。

7. 机械密封的使用

（1）使用中一定要防止机封干磨或半干磨，一出现干磨半干磨即刻就会将机械密封烧坏。产生干磨的原因很多：①泵抽空，泵启动前没灌泵，进口漏气，介质汽化或泵发生汽蚀等情况下，泵必然抽空；②密封腔内没有放气，使机械密封端面处没有液体，发生干磨。

（2）启泵前，应先打开机封的冷却冲洗系统，冲洗在一定程度上可以防止干磨。

（3）输送介质应干净，否则很快就会将机械密封的动静环表面磨坏，如果输送介质不干净，则事先应考虑应对办法，例如，机械密封摩擦副采用硬对硬，或选用双端面机械密封等措施。或加过滤器、旋液分离器等辅助设施。

（4）机械密封有时需要有一定的磨合期，开始时，泄漏量较大，运转后逐渐减少。这是正常的，可以不用管它。如果越漏越严重，或不减少，则应打开检查原因，排除故障。

8. 故障与排除

（1）泄漏量大

机械密封的泄漏有三条通道：①动环端面与静环端面之间；②动环与轴之间；③静环与压盖之间。

① 动环端面与静环端面之间的泄漏

a. 动、静环端面的粗糙度过大或平面度不够，重新研磨；

b. 端面碰坏或烧坏，重新更换；

c. 端面磨损，磨出沟槽，可重新研磨或更换，并检查介质是否干净，如果太脏应加过滤器或旋液分离器；

d. 弹簧压缩量不够，检查计算压缩量，并调整；

e. 弹簧旋向不对，更换弹簧；

f. 平衡型机械密封中载荷系数不合适，重新计算选择。

② 动环与轴（轴套）之间的泄漏

a. 辅助密封圈O形圈、V形圈的直径不对，造成与轴之间配合过紧或过松，需重新更换合适的辅助密封圈；

b. O形圈的断面直径太大或太小，需更换；

c. V形圈安装时，未插入到V形圈中，而是压在边上，重新安装；

d. O形圈、V形圈安装处的凹槽尺寸不对，需检查修正；

e. O形圈、V形圈已损坏，有毛刺或老化失效，需重新更换。

③ 静环与压盖之间的泄漏

a. O形圈、V形圈直径与压盖的直径不合，更换密封圈或修改压盖的尺寸；

b. O 形圈断面直径太大或太小，需更换；

c. V 形圈安装时未插入到 V 形圈中，重新安装；

d. O 形、V 形圈有毛刺，或损坏、老化失效，需更换。

（2）寿命短

①选型不当：当密封腔压力 $>7kgf/cm^2$ 或 $\rho<700kg/m^3$ 时，应选用部分平衡型机械密封。

②弹簧压缩量过大：按机封说明书要求的压缩量，重新检查计算调整。

③当用于高温、腐蚀介质中，机封的结构材料选择不当：应根据介质的温度、腐蚀性正确选择机械密封的结构及各种材料。

④机械密封的冲洗，冷却不当：根据使用的压力、温度，调整冲洗冷却的方法、压力、流量等。

⑤介质不干净或有结晶：改变摩擦副的材料，加辅助设施，如过滤器、旋液分离器等。

⑥干磨：找出干磨原因，防止泵断流、汽蚀。密封腔内防止窝气等导致机械密封的干磨的产生，正确采用冲洗、冷却方式。

9. 机械密封的优缺点

机械密封越来越被广泛的使用，成为泵轴封的首选。

（1）优点

① 密封性好，泄漏量小，几乎不漏，泄漏量 <5mL/h（3 ~ 5 滴/min）；

② 寿命长，如果安装使用得当，介质干净情况下机械密封的寿命在 10000h 以上；

③ 阻力小，消耗功率小；

④ 不磨轴（轴套）。

（2）缺点

① 结构复杂；

② 价格较贵；

③ 安装使用维修要求技术水平高，比较繁复。

三、油封

1. 油封的结构与工作原理

泵中使用的油封一般为有骨架的橡胶密封，如图 5 - 14 所示。它是利用橡胶的弹力和弹簧力及液体的压力将密封碗紧压轴（轴套）上，使之密封，如图 5 - 15所示。油封的外径 D 常不易保证尺寸，所以常需要用一个压盖端面压紧，以防止泄漏和转动。油封是一种单向密封，密封碗朝向的方向为密封方向，所以当需要双向密封时（如泵中，一个方向密封泵的介质往外泄漏，另一个方向密封空气进入泵内），如图 5 - 16（b）所示，需用两个油封背靠背的组合安装。为了增加密封可靠性，和延长寿命，将需要密封的方向安装两个油封组合进行密封，如图 5 - 16（a）所示，油封与油封之间加一个小套，并在套中间和油封压盖中加足黄油，以增加密封性和润滑性，延长寿

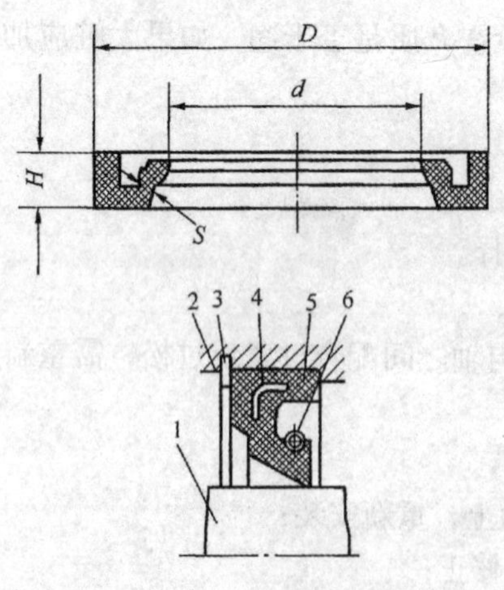

图 5 - 14　有骨架的橡胶密封

1—轴；2—壳体；3—卡圈

4—骨架；5—橡胶皮碗；6—弹簧

命。为了防止油封较快的磨损轴（轴套），在油封处的轴（轴套）应镀铬或喷焊硬质合金，以增加轴（轴套）的寿命。为了增加密封性，轴的粗糙度要保证在 $R_a 1.6$ 以上。

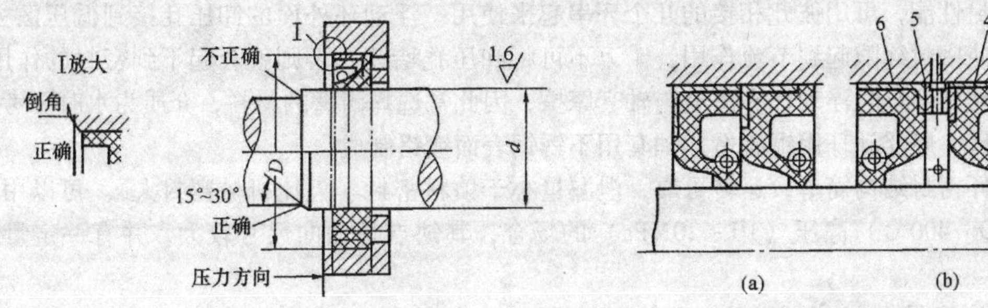

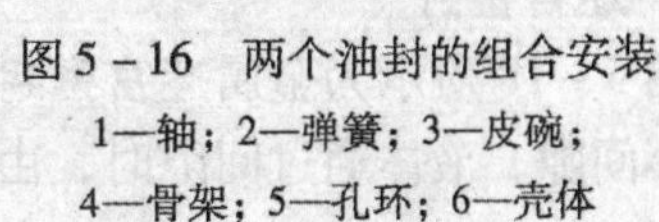

图 5－15　油封的安装

图 5－16　两个油封的组合安装

1—轴；2—弹簧；3—皮碗；4—骨架；5—孔环；6—壳体

2. 油封的安装

油封的内径 d 一般小于轴（轴套）的直径。装配时不太容易套到轴上，常将油封的密封碗翻边，弹簧掉出，所以安装时一定要小心，为了防止翻边常把轴台（轴套）加工一个 15°～30°的倒角。同样，油封的外径 D 与泵体也是过盈，所以泵体的油封入口处也应有较大的倒角，如图 5－15 所示。为了安装方便，增加润滑性、密封性，安装时，油封内及油封间应塞满黄油，轴上也要涂一些油。

3. 油封密封的优缺点

优点：结构简单，价格便宜，轴向尺寸小，密封性能好。

缺点：寿命短，会磨损轴（轴套），使用温度、压力较低，温度应低于 60℃，压力小于 0.2MPa，线速度小于 6～10m/s，所以一般只用于较小的低扬程的泵中。

四、其他轴封

1. 浮动环密封

浮动环密封如图 5－17 所示，它是由浮动环端面和浮动套端面的接触来实现轴向密封

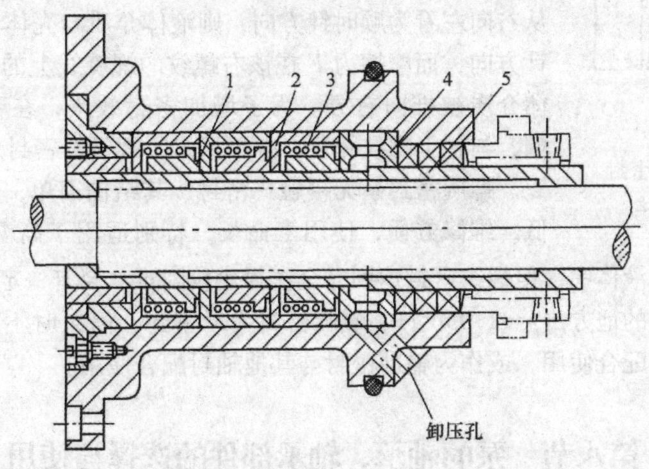

图 5－17　浮动环密封

1—浮动环；2—浮动套；3—支承弹簧；4—泄压环；5—轴套

的，径向密封是由轴套外圈表面与浮动环内圆面形成的狭窄缝隙产生的节流来密封的。浮动环密封有自动调心的优点，所以径向间隙可以做得相当的小。弹簧3起支承动环的作用。为了增加密封性能，可用彼此相接的几个环串起来使用。浮动环外面的卸压孔接到低压区去，这样才能使密封缝隙起到节流作用，千万不可将卸压孔堵死，否则就会起不到密封的作用。考虑到起动和停泵时浮动环有可能与轴套摩擦，因此常选择耐磨的材料，介质为水时要考虑防锈，所以一般浮动环用铜制造，轴套用不锈钢表面镀铬制成。

浮动环密封结构简单，运转可靠，泄漏量小于填料密封（但比机械密封大）。可以用在高温（200～400℃）高压（10～20MPa）的场合，其缺点是轴向尺寸较大，并有一定量的泄漏。

2. 迷宫密封

图5－18所示为金属迷宫密封，图5－19所示为炭精迷宫密封。它们是由密封片与轴组成微小间隙，液体通过间隙时，由于节流作用产生压力降低，从而达到密封目的。

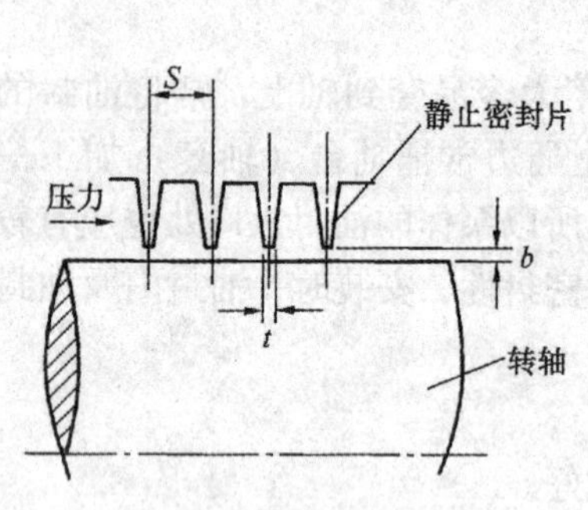

图5－18　金属迷宫密封

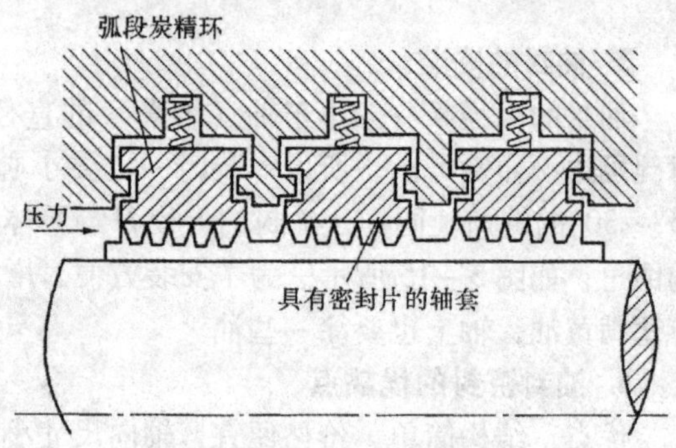

图5－19　炭精迷宫密封

3. 螺旋密封

如图5－20所示，它是利用螺旋原理，当液体介质沿泄漏间隙渗漏时，借助螺旋作用将液体介质反推回去，达到密封作用，螺旋密封为单向密封，所以要注意螺旋的旋向和转动方向，使液体反推。如轴的旋转方向是从右向左看为顺时针方向，则液体介质与壳体的摩擦力 F 为逆时针方向，而摩擦力 F 在该右螺纹的螺旋线上的分力 A 向右，故液体介质被推向右方。为了增加密封效果，在壳体上也开有螺纹槽，与轴上螺纹相反，并采用多头螺纹，密封效果会更好些。

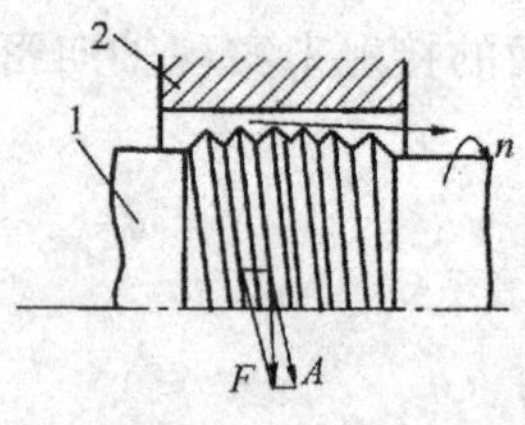

图5－20　螺旋密封

1—轴；2—壳体

螺旋密封系无接触式密封，其结构简单，制造安装要求精度低，维修方便，使用寿命长，特别适用于高温、深冷、腐蚀性、高黏度、有颗粒的液体中，但螺纹密封达到完全密封比较困难，会有一定的泄漏量，并且只能使用在压力较低的地方（$p<1.0$MPa）。螺旋密封为动密封，停泵时不能起密封作用，所以需要与停机密封配合使用，或作为辅助密封与其他轴封配合使用。

第八节　泵的轴承、轴承部件的选择与使用

泵的轴承是支承泵转子旋转的部件，用来承受径向载荷或径向和轴向的联合载荷。轴承

在泵中只是一个小部件，但它关系到泵的运行可靠性。泵的故障经常出现在泵的轴承中，当轴承发生故障时，泵就无法运转，所以轴承选择是否合理，使用是否正确是非常重要的。根据轴承结构的不同，可分为滚动轴承和滑动轴承两大类。

一、滚动轴承

1. 滚动轴承的使用场合

滚动轴承的优点是：轴承磨损小，磨损后泵的转子不会下沉，轴承间隙小，能保证对中性；结构简单，轴承的轴向尺寸小，标准化程度高，通用性互换性好，到处可以购到，价格便宜，使用安装维修方便；摩擦系数小，泵的启动力矩小。

滚动轴承的缺点是：负担冲击的能力差，高速时易有噪声，安装时要求准确。

由于滚动轴承的众多优点，滚动轴承在泵中使用非常广泛，一般转速在 3000r/min 以下，轴径在 100mm 以下，首先选用滚动轴承。

2. 滚动轴承的分类及特性

（1）滚动轴承的分类如下：

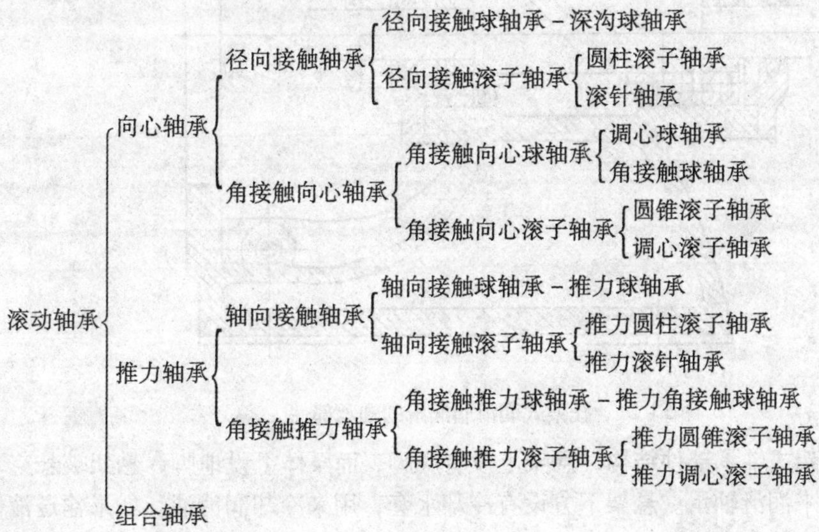

（2）各类滚动轴承的特点：

① 深沟球轴承：主要承受径向载荷，也可同时承受少量的双向载荷。结构简单，安装、拆卸、使用很方便。

② 角接触球轴承：单列可承受径向和单向轴向的联合载荷，所以一般应成对使用。双列可承受径向为主和双向轴向载荷的联合载荷但不宜承受纯轴向载荷。

③ 调心球（滚子）轴承：主要承受径向载荷，也可同时承受少量的双向轴向载荷。

④ 圆柱滚子轴承：仅能承受径向载荷，内、外圈带挡边的单列轴承可承受较小的轴向载荷。

⑤ 滚针轴承：仅能承受径向载荷。

⑥ 圆锥滚子轴承：主要承受以径向载荷为主的径向轴向联合载荷，而大锥角可承受以轴向载荷为主的径向轴向联合载荷。单列的圆锥滚子轴承在径向载荷作用下会产生附加轴向力，因此，一般应成对使用。圆锥滚子轴承的极限转速较低。

⑦ 推力轴承：推力球轴承 51000 型只能承受单向轴向载荷，52000 型可承受双向轴向载荷。

推力圆柱、圆锥轴承，只能承受单向轴向载荷。

推力调心滚子轴承，承受轴向载荷为主的轴向、径向联合载荷，但径向载荷不得超过轴向载荷的55%。

3. 泵中滚动轴承部件常用结构

（1）悬臂式泵轴承部件结构

图5－21是托架式轴承部件结构，托架下方生有底脚，而泵体没有底脚，而被悬空装在托架上，用润滑脂润滑轴承。这种结构适用于被输送液体温度低于80℃，转速低于3000r/min的小功率泵中，当托架后部装有两个轴承时，可用于皮带传动。

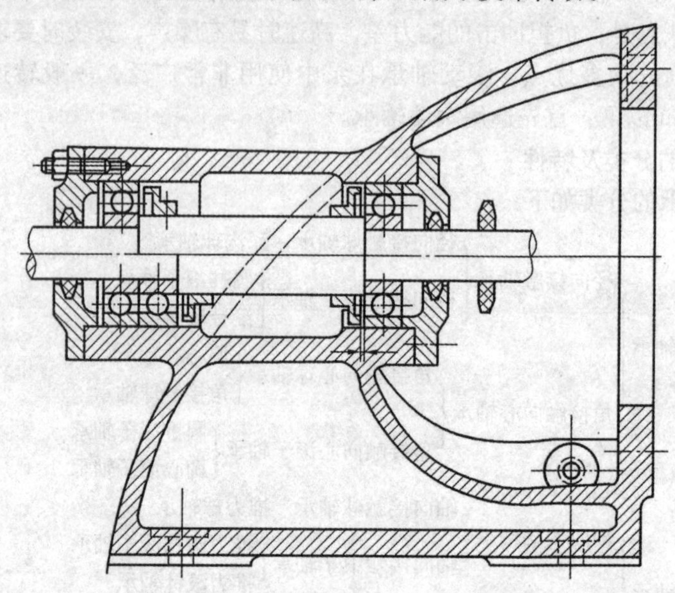

图5－21　托架式润滑脂润滑的轴承部件

图5－22是悬架式轴承部件结构，悬架上没有底脚，而泵体上设地脚，悬架被悬空装在泵体上。用润滑油来润滑轴承。悬架下方设有冷却水套，用来冷却润滑油。如果输送液体温度不高时，可没有冷却水套。悬架中，后面装有一对角接触球轴承或其它推力轴承，轴承内圈用小圆螺母压紧在轴承上，轴承外圈与轴承压盖间约有0.1～0.2mm的间隙可用来承受一定的轴向载荷。悬架式轴承部件结构也可以采用风冷结构，即悬架下面没有冷却水套，而在悬架后面加一个风扇，悬架上带散热片，如同电机的风扇结构。悬架式轴承部件结构可以用

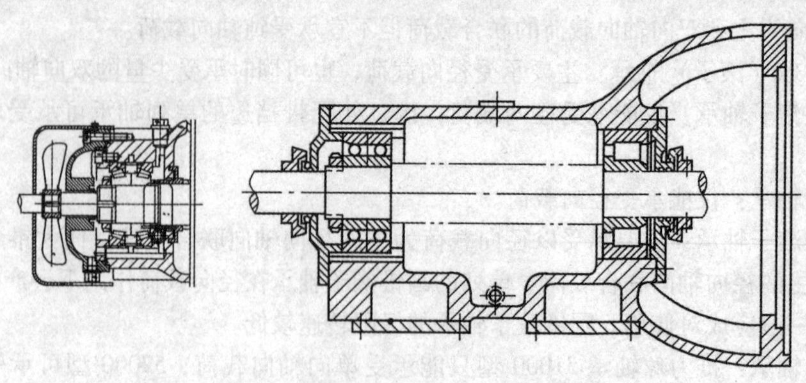

图5－22　悬架式润滑油润滑带水冷却夹套的轴承部件

以转速较高、功率较大或被输送液体温度超过 80℃ 的情况下。

（2）双支承轴承部件结构

图 5－23 是润滑脂润滑的多级泵轴承部件结构图，采用圆柱滚子轴承，不承受轴向载荷，允许泵的转子作小量的轴向窜动。适用于输送的液体温度低于 100℃ 采用平衡盘平衡轴向力的小型多级泵中。

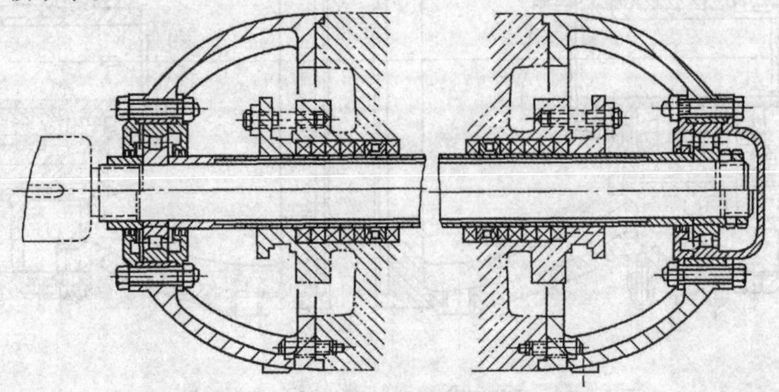

图 5－23　润滑脂润滑的多级泵轴承部件

图 5－24 是分段式多级泵中常用的轴承部件结构图，是以润滑油润滑，油环提油，设有冷却水套冷却的结构。它采用圆柱滚子轴承，不承受轴向载荷，允许转子作小量的轴向串动，可用于输送液体温度大于 100℃、转速较高、功率较大的多级泵中。

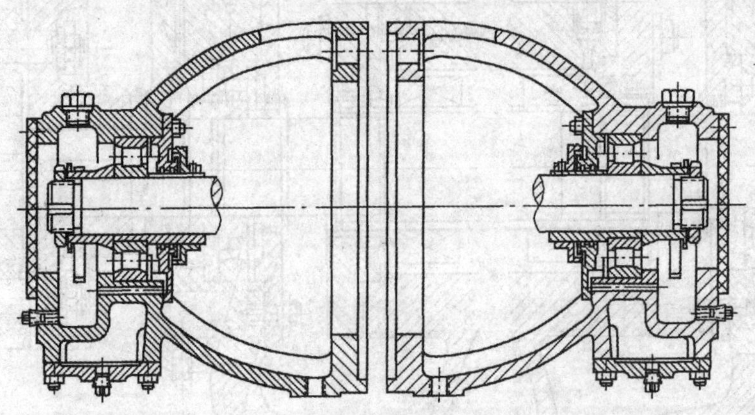

图 5－24　润滑油润滑，油环提油带冷却水套的分段式多级泵轴承部件

图 5－25 是润滑油润滑，油环提油的多级泵轴部件结构图。左端轴承部件中装有一对角接触向心球轴承，可承受一定的轴向载荷，限制轴向位移。右端装有无挡边的圆柱滚子轴承，允许转子轴向伸长，在抽送高温液体时，以补偿泵体与转子间的膨胀差。因此，这种结构能承受一定的轴向载荷。转子不能左右窜动。轴承下部有冷却水套，故这种结构可用于高温泵和中开蜗壳式、大型多级泵中。

图 5－26 是润滑脂润滑的双吸泵轴承部件结构图。轴承为深沟球轴承，能承受较小的轴向载荷，轴承体是水平中开的，适用于输送液体温度低于 80℃、转速低于 3000r/min 的功率较小的双吸泵中。当功率较大，转速较高时，应采用滑动轴承结构。

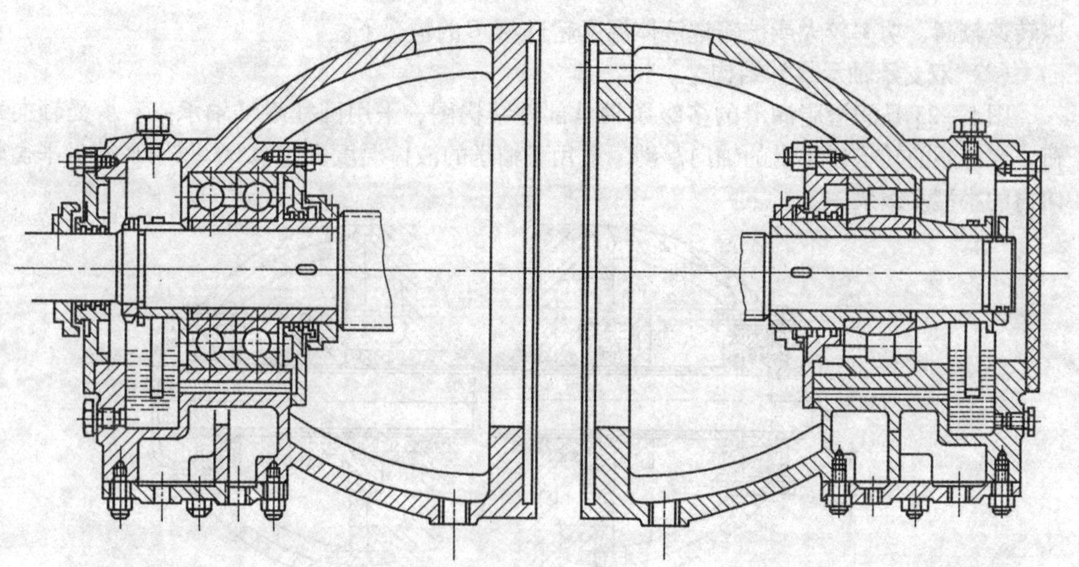

图 5－25　润滑油润滑，油环提油的多级泵轴承部件

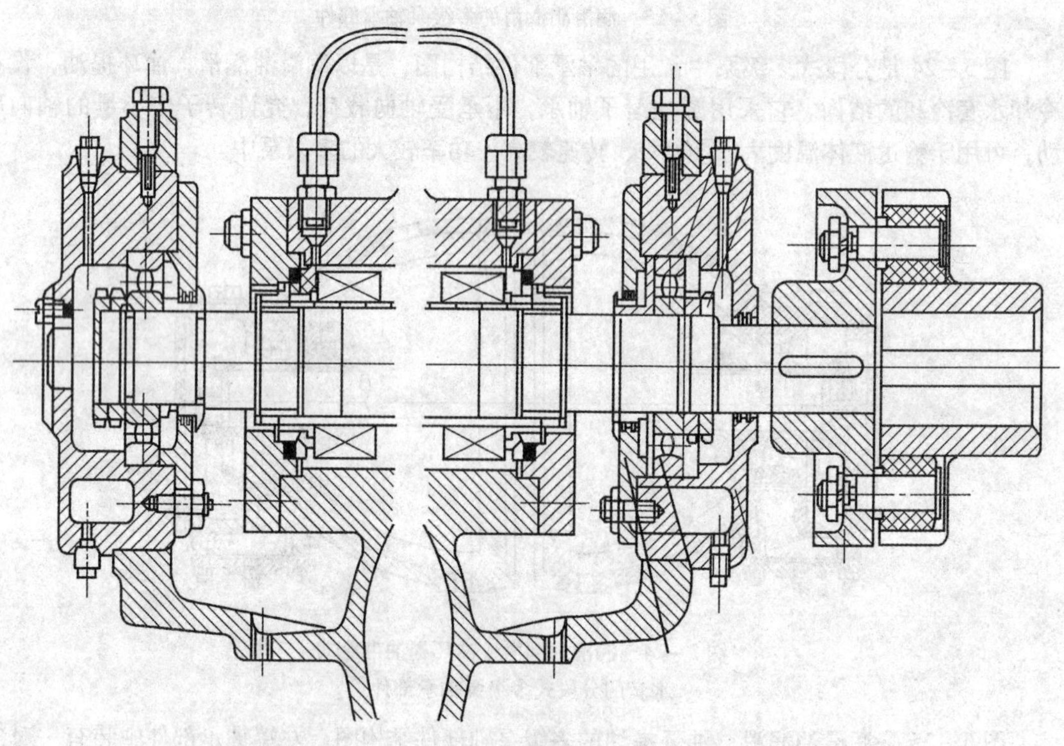

图 5－26　润滑脂润滑的双吸泵轴承部件

4. 滚动轴承的润滑

泵中的润滑一般采用润滑脂润滑和润滑油润滑两种。

（1）润滑脂

润滑脂一般被使用在输送液体的温度较低（100℃以下），转速较低（3000r/min 以下）的小型泵中。

泵中使用的润滑脂应选用钙基脂，它遇水后不易乳化。

润滑方法：可在轴承中和轴承压盖中填充油脂即可，但要注意的是填充的油量要适量，太少润滑不充分，尤其是在长时间使用流失后，会造成缺油干磨，将轴承烧坏。但不宜填充过多，太多会造成轴承发热，一般填充量在2/3～1/2即可。

（2）润滑油

可适用于所有泵中，泵中使用的润滑油，一般情况下可选用20～40号机械油（N32～N68）。对高转速低负荷的泵，可选用5号或7号机械油（N17或N10）。而对于高速大负荷的泵，可选用20号或30号汽轮机油（透平油）（HU－20或HU－30）

润滑方法：在泵中润滑油的润滑方法常采用油浴润滑、飞溅润滑、压力循环润滑等三种。

油浴润滑：是将轴承的一部分浸入油槽中，一般为最下面的滚子中心位置，由轴承转动时带油。它是一种最简单的润滑方法。适用于低、中速的泵中。

飞溅润滑：是用浸入油池内的甩油环的旋转将油飞溅进行润滑，如图5－24、图5－25所示，它可同时对若干轴承供油，可使用于较高转速泵中。

压力循环润滑是用油泵将过滤的油输送至轴承部件中，进行润滑后的油又返回油箱，再经过滤冷却后循环使用。这种方法给油和冷却都有保证，油量油温容易控制，适用于高速大载荷的泵中。

5. 滚动轴承的安装

轴承安装时，一般首先将轴承装在轴上，轴承内圈与轴一般采用过度配合，配合较为紧密，所以装配时常将轴承在油中加热后，装到轴上，快捷方便，但要注意一定要将轴承放正，趁热装入或打击轴承内圈送入，最好用一个套来打。如果放歪了，又不及时将轴承打入，一凉后，进进不得，出又出不来，容易将轴咬坏。有条件也可用油压机压入。如果没有上述条件，需打入的话，必须打轴承的内圈，并且要将轴承打正打均匀，不要打歪，否则打入很困难，拆的时候也同样要打轴承内圈，打正打均匀。

轴承的外圈与轴承体配合较为松，一般采用最松的过度配合或间隙配合。装配时，将轴与轴承一起轻轻打轴端送入轴承体内。但也要注意要将轴扶正。对多级泵装配时，是将轴承体轻轻打入到轴承的外圈上。

装配时要注意，轴和轴承体要擦洗干净，不要夹有脏物、沙子、污物，不得有毛刺；要修理光滑，为装配时顺利，可在轴上，轴承体内涂一点油脂。

在装有推力轴承的一端，轴承压盖与轴承外圈一般需留有0.1～0.2mm的间隙，可用垫片来调整间隙。千万不能顶死轴承外圈，也不要间隙太大。

6. 滚动轴承的使用

（1）轴承温升：泵运转后，要密切注意轴承的温升，一般轴承的温升不应超过外界温度35℃，最高温度不应高于75℃。如果温升太高，应检查油位是否合适，油质是否干净，润滑方法是否起作用，轴承压盖是否顶死了轴承外圈等原因造成轴承温升偏高。

（2）油位是否合适，过低会使轴承因润滑不充分，造成轴承发热或降低寿命，但油位过高也会使轴承发热，并造成漏油。

（3）油质，润滑油必须干净，不能进水。润滑油须及时更换，以保证油质良好，新换的轴承一般在使用100h后须更换润滑油，以后每运转1000～2000h后更换一次。

（4）轴承磨损后，应及时更换。如发现振动增大有杂音、游隙增大等现象表示轴承已磨损，应给予更换。

二、滑动轴承

1. 滑动轴承的使用场合

滑动轴承的优点是：工作可靠，平稳噪声小，因为润滑油层具有吸振能力，所以能承受较大的冲击载荷。但滑动轴承结构复杂，零件较多，体积较大，使用、维护要求技术水平高，故多用在高速大功率的大型离心泵中。

2. 泵中滑动轴承的类型及特性

（1）按承载方向分：有径向轴承，推力轴承，径向推力轴承等。

① 径向轴承：只能承受径向载荷，其结构有整体式、剖分式和自位调心式等。

整体式：如图 5－27 所示，轴瓦为一个整体，轴与轴瓦之间的间隙不能调整，结构简单，轴承安装时从轴端装入。只用于低速小型泵中。

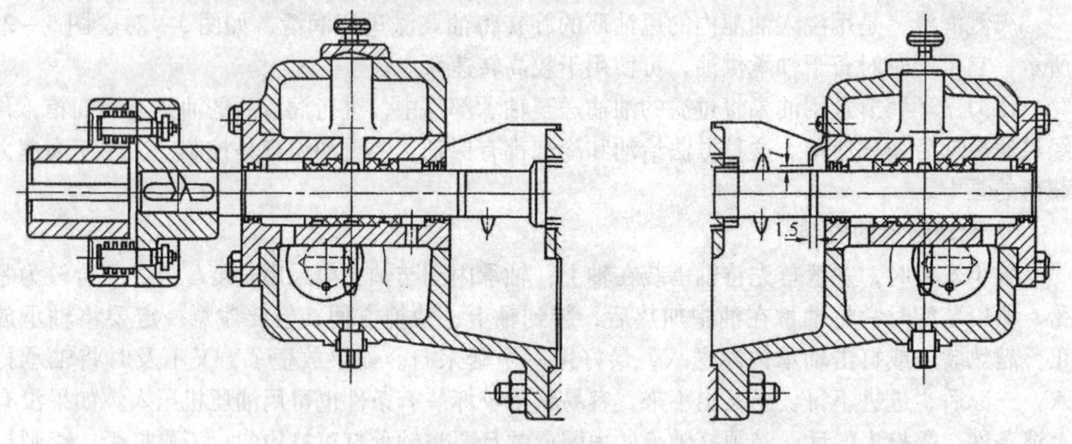

图 5－27　整体滑动轴承

剖分式：如图 5－28 所示，轴承体和轴瓦从中心剖分开，分成轴承体，轴承盖和上瓦下瓦，轴与轴瓦之间的间隙可以调整，安装方便。可用于转速较高的大中型泵中。

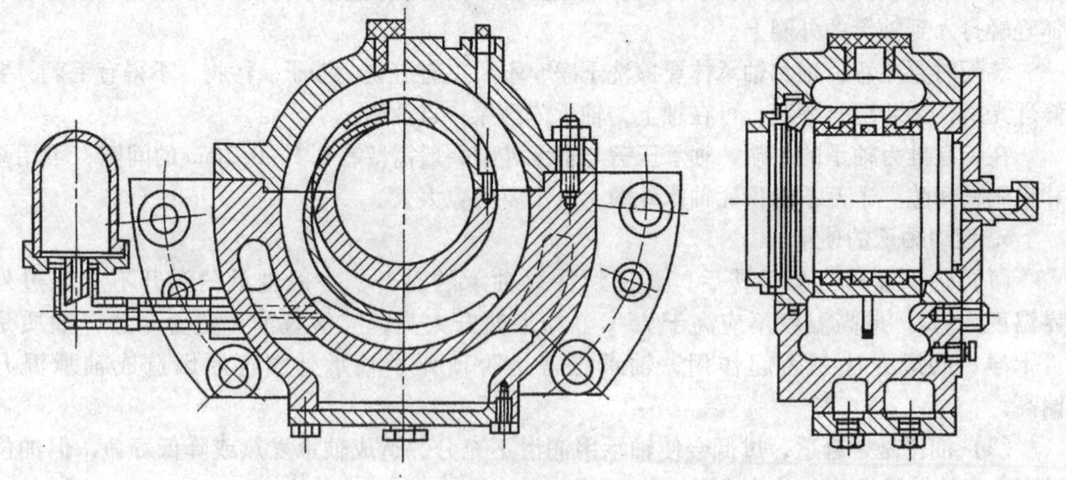

图 5－28　剖分式滑动轴承

自位调心式：如图 5－29 所示，它是将轴瓦体做成球面，轴瓦可在轴承座中摆动，以适应因轴弯曲、歪斜时所产生的偏斜。对分块式的轴瓦每块轴瓦做成球面，可以转动。

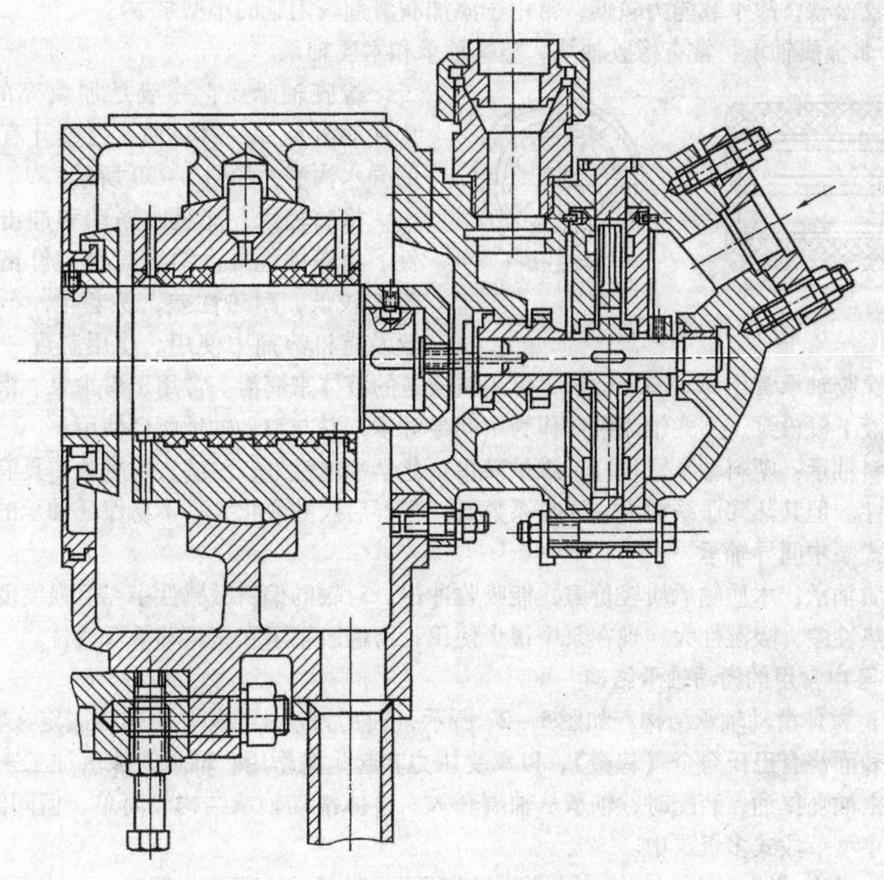

图 5－29　强制润滑调心滑动轴承

有时还在轴承与泵体连接处加上调整螺钉，用来调整轴承的高低，当轴瓦磨损后，可用调节螺钉来调节。

② 推力轴承：用于承受轴向载荷，常用平面止推滑动轴承，由于缺乏液体摩擦条件，而处于不完全流体润滑状态，需与向心轴承同时使用。只能用于承载轴向载荷较小的场合。为了使接触、润滑良好，可将轴瓦做成分块式结构，每块轴瓦做成球面，这种推力轴承可承受较大的轴向载荷。

③ 径向推力轴承：主要承受径向载荷，同时还可承受轴向载荷。

（2）按润滑剂分：有润滑油润滑轴承、润滑脂润滑轴承、水润滑轴承、无润滑轴承和固体润滑轴承。

润滑脂润滑轴承用于低速小载荷情况下。润滑油润滑轴承可用于高速、大载荷场合，它适用于所有的泵。水润滑轴承一般用非金属轴承，如橡胶轴承、塑料轴承及木质轴承。无润滑轴承一般为粉末冶金的轴承，固体润滑轴承在泵中很少使用。

（3）按轴承轴瓦材料分：有金属轴承、粉末冶金轴承和非金属轴承。

① 金属轴承：常有铜合金、巴氏合金（钨金）、铸铁等材料。铜合金铸铁材料只用于转速低、负荷小的整件轴承中。泵中一般是用巴氏合金 chSnSb11－6（或称钨金）材料的滑动轴承，其耐磨性极好，承载能力极大，适用于所有转速和负载的泵中。

② 粉末冶金轴承：它具有多孔性，能存油，不需添加润滑剂的自润滑轴承。但其由于

材质比较松软，故承载能力较低，常用于添加润滑剂较困难的小型泵中。

③ 非金属轴承：常有橡胶轴承、塑料轴承和木质轴承。

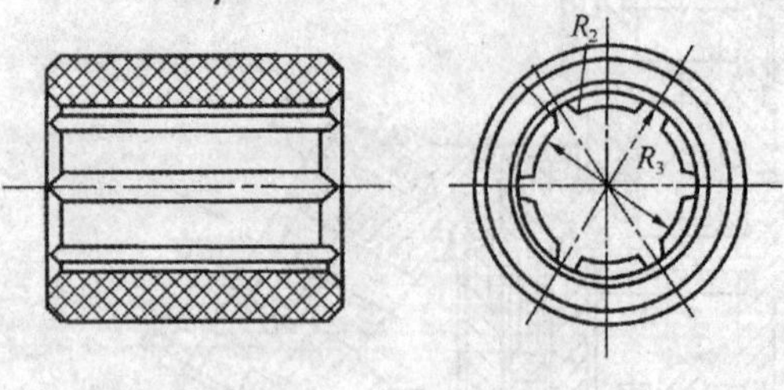

图5-30 橡胶轴承

橡胶轴承：它一般是加填充的硬橡胶，为使润滑良好，需在轴承内壁开有一定大小的导水沟槽，如图5-30所示。

橡胶轴承，能吸收振动和冲击力，耐磨性、耐腐蚀性好。结构简单，价格低。但其强度较低，耐热性差，易老化，不适合在高温及有机溶剂中使用。使用温度一般应小于65℃。橡胶轴承常作为水润滑轴承，可用被输送的液体来润滑。常用于潜水泵、潜油泵、深井泵、液下浸没泵、立式轴流泵等作为中间导轴承，常与滚动轴承配合使用。

塑料轴承：塑料轴承重量轻，维护简单，化学稳定性好，耐磨，耐腐蚀，具有减振、绝缘等特性。但其热膨胀系数大，导热系数低，吸湿后尺寸变化大，不易保证轴承的间隙。常用于立式泵中间导轴承。

木质轴承：木质轴承质轻价廉，能吸收冲击，对轴的偏斜敏感性小，但强度低，耐磨性差，导热性差，吸湿性大，现在泵中很少使用，由橡胶轴承和塑料轴承所代替。

3. 泵中常用的滑动轴承结构

（1）整体滑动轴承结构：如图5-27所示，轴瓦为整体结构，用螺栓固定在轴承体上，轴瓦内表面浇有巴氏合金（钨金），以承受压力和起耐磨作用。轴承间隙由加工来保证。润滑方式由油环提油，装配时，轴承从轴端套入。整体滑动轴承结构较简单，但间隙不可调。常用于小型节段式多级泵中。

（2）剖分式滑动轴承结构：如图5-28所示，轴承分上下两半部分，下半部叫轴承体，上半部叫轴承盖，轴承盖与轴承体用圆柱销定位，并用止口定心。轴瓦也分成两半，内表面浇有巴氏合金（钨金）。轴瓦与轴承体有凹凸部分配合，起定位作用，防止轴瓦轴向移动，两侧有轴承压盖，轴承体下部有油室及冷却水套，藉油环提油自然润滑。轴承靠大半圆止口和泵体相连定心，用螺栓固定。由于轴承是水平中开分半结构，所以装配和拆卸都比较方便，并且轴瓦的刮研，间隙的调整都比较方便。轴与轴瓦之间的间隙，可通过轴承体与轴承盖之间平面上的铜垫来调整，这种结构常用于水平中开式离心泵和多级泵中，检修时，只须打开泵盖，拿走上轴承盖上轴瓦，就可以将泵的转子取出，泵的检修非常方便。

（3）强制润滑调心滑动轴承结构：如图5-29所示，泵的轴头装有一个轴头泵，用来输油对轴承进行强制压力供油润滑（也可由专门油站供油系统供油），但用轴头泵供油也需一个简单的外供油系统，当泵启动时，轴头泵尚未工作时供油。所以，泵在启动前，应先开启外供油系统，当泵正常运转后，再关闭外供油系统。

因为轴瓦体为球面形状，当轴弯曲、歪斜时，球面能自动转动调心，轴承的接触、润滑情况都非常好。但这种轴承加工制造比较复杂，所以强制润滑调心轴承只用于高速大功率的大型泵中。

有时，为了补偿当轴瓦磨损后，转子的下沉，在轴承与泵体连接处，增加了三个调整螺钉用来调整轴承的中心。

（4）滑动轴承与滚动轴承的联合装置结构：如图5-31所示，滑动轴承用来承受径向载荷，轴向载荷由一对角接触球轴承承担，油环提油。这种结构用于径向载荷较大，又有轴

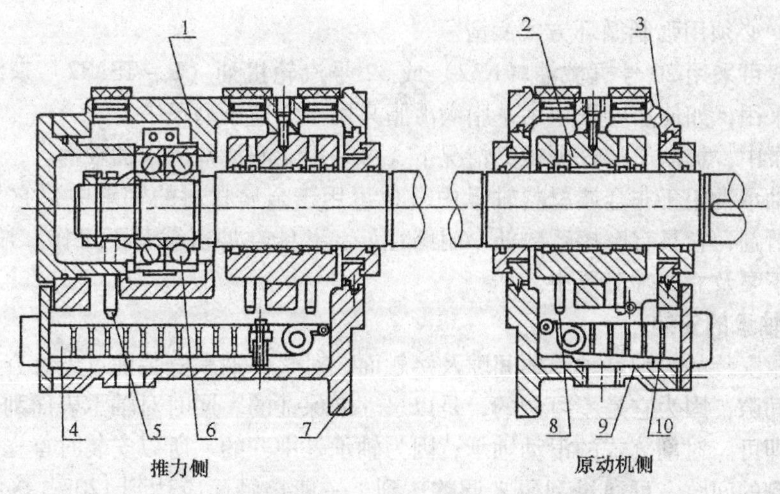

图 5 - 31　滑动轴承与滚动轴承的联合装置

1—上轴承体乙；2—轴瓦部件；3—上轴承体甲；4—冷却器乙；5—油环乙；
6—推力球轴承；7—下轴承体乙；8—油环甲；9—下轴承体甲；10—冷却器甲

向载荷的大型泵中。

图 5 - 32 为水润滑中间导轴承。它是用自身输送的液体作为润滑剂，可用于含有微量泥沙的污水中工作。它吸振性好，但它只能作为立式泵的中间导轴承，需要与滚动轴承配合使用，并只能用于温度小于 65℃ 的液体中。为防止磨轴和锈蚀，在与导轴承接触处的轴上应加钢套或表面镀铬。

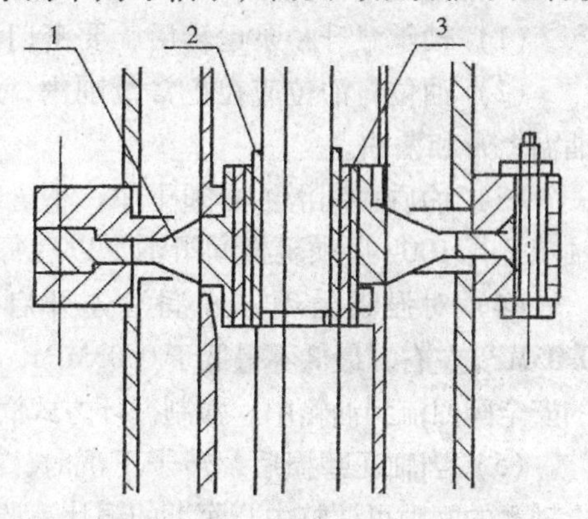

图 5 - 32　水润滑中间导轴承

1—轴承支架；2—轴套；3—橡胶轴承

4. 滑动轴承的润滑

(1) 润滑油的一般选择原则

① 低速重载、冲击、变载的工作条件，应选用高黏度的润滑油，高速、轻载应选用低黏度润滑油。

② 工作温度高，要选用较高黏度的润滑油。温度低，要选用凝固点低的润滑油。

③ 加工粗糙或磨损了的表面，要选高黏度的润滑油。

④ 循环润滑，选用低黏度润滑油，飞溅润滑选用高质量润滑油。

(2) 泵中滑动轴承润滑剂和润滑方式

泵中滑动轴承的润滑剂和润滑方式是根据轴承的平均载荷数 K 来决定的

$$K = \sqrt{pv^3}$$

式中　p——轴颈上的平均单位压力，MPa；

v——轴颈的圆周速度，m/s 。

当 $K \leqslant 6$：用润滑脂润滑；

$K = 6 \sim 50$：用润滑油润滑；

$K = 50 \sim 100$：用润滑油润滑并用油环等装置飞溅润滑，并需用水或循环油冷却；

$K > 100$：必须用强制循环方式润滑。

泵中一般可采用20号机械油（N32）或32号汽轮机油（L－TSA32）来润滑。润滑脂在泵中很少采用，如使用应采用钙基脂润滑脂只用于低速小型泵中。

在小型泵中，加润滑油较困难的情况下，可采用无润滑剂的含油轴承。

水润滑轴承常用于非金属材料轴承中（也可用于金属材料的轴承中）它是用自身输送的液体作润滑剂，它具有摩擦系数低，耐磨性好，并能在冲击载荷下工作。常用于深井泵、潜水泵、液下泵及立式轴流泵中。

5. 滑动轴承的安装

滑动轴承安装的关键是轴承的间隙及接触面。对整体轴承安装前首先检查其尺寸，以保证安装后的间隙，因为它是不可调的，是以尺寸来保证的。同时对轴承表面刮研修整。然后从轴头套入即可。对剖分式的滑动轴承，因为轴承是中开的，所以安装时首先要检查下瓦的接触面及两侧的间隙，可通过刮研来调整达到，一般接触面应达到120°，接触点均匀，两侧的间隙为0.1～0.2mm，轴颈小的取小值，轴颈大的取大值。上瓦与轴的间隙也与上述相同，可在中间剖分面上用薄铜片进行调整达到。为了改善润滑，常在轴瓦上刮研挑花，使能存油，能更好的形成油膜。对可调心轴承，应首先将轴找中心，然后调整螺钉调整锁紧。最后拧紧轴承体与泵体的螺栓。对强制润滑循环方式润滑的，应按要求的油压、油温、流量连接好供油系统。

6. 滑动轴承的使用

（1）轴承温升：泵运转后，要密切注意轴的温升，一般油温不应超过70℃。

（2）油位：油位应在正常范围内，缺油后会造成润滑不良或干磨烧瓦，而过多后会使油温上升和漏油。

（3）油质：润滑油必须干净，不含水。润滑油须及时更换，以保证油质良好。新换的轴承运行100h后须更换润滑油，以后每运转1000h更换一次。

（4）对强制循环方式润滑先开启供油系统，然后开泵并应注意油压，一般油压为0.05MPa左右，最低不得低于0.03MPa，最高不得超过0.25MPa，当压力过高时，打开系统中的安全阀回流到油箱中。强制循环方式润滑不仅要定期换油，同时还要清理油箱过滤器等。

（5）当轴瓦磨损后，转子下沉时，有调节螺钉结构的，应及时用调整螺钉调整到中心。上轴瓦的间隙可调整中开面上的铜片来调节。当轴瓦咬合、烧坏时，应及时修复或更换。如果磨损较多时，两侧间隙超过0.25～0.3mm，上轴瓦的间隙铜片已无法调节时，应给予更换。

三、轴承的冷却

泵在输送液体的温度较高时，为了防止液体热量传给轴承，使轴承温升超过极限值，需要对轴承进行冷却。冷却方式一般采用冷却水套冷却方法。

一般当输送液体温度$T < 105$℃时，可以不进行冷却；当输送液体温度105℃ $< T <$ 200℃时，可以和泵的轴封冷却水套、泵支架串联冷却；当温度$T > 200$℃时应采用强制润滑循环方式，温度高时可在系统中加冷却器进行冷却。

第九节　泵传动装置的选择与使用

一、泵传动装置的形式及特点

泵传动装置的作用是将原动机的轴和泵轴连接在一起，共同旋转将原动机的动力传递给泵。泵的传动装置形式常有联轴器传动、皮带传动、液力耦合器传动和齿轮传动等。另外在特种情况下，还有磁力传动。联轴器传动又分刚性联轴器和弹性联轴器，刚性联轴器有套筒联轴器、凸缘联轴器和夹壳联轴器等，弹性联轴器有柱销弹性联轴器、爪型弹性联轴器和金属绕性膜片联轴器。皮带传动有V形带（三角带）传动和平带传动等。各种传动装置的特点见表5－4。

表5－4 泵传动装置的型式和特点

型式		特点	应用
刚性联轴器	套筒联轴器	制造容易、径向尺寸小。传递扭矩较小，装拆时轴需轴向移动	小功率的立式长轴离心泵的柔性长轴的连接
	凸缘联轴器	结构简单、制造容易、价格低、能传递较大的扭矩。装拆时，轴需轴向移动	能保证原动机轴和泵轴对中情况下轴的连接，如直联泵、立式泵
	夹壳联轴器	装拆时，轴不需要轴向移动，安装时，两轴不易很好地对中。转速不宜过高	用于转速不高，载荷较平稳的立轴泵
弹性联轴器	柱销弹性联轴器	传动效率高、扭矩大、结构紧凑、使用方便、运转平稳、噪声较小、安全可靠。泵联轴器与电机联轴器能脱离开。缺点是不能改变转速和旋转方向	可用于功率较大的泵的传动，使用非常广泛
	爪型弹性联轴器	传动效率高、结构简单、使用加工方便、价格便宜。 缺点是运转不如柱销联轴器平稳，噪声比柱销联轴器大，泵联轴器不能与电机联轴器脱开。不能改变转速和旋转方向	常用于功率较小（建议小于55kW），转速较低的泵中使用
	金属绕性膜片联轴器	传动效率高、重量轻、运转平稳，噪声小、传动扭矩大、安全可靠。缺点是膜片联轴器的材料要求较高，价格较高，不能改变转速和旋转方向	能用于所有泵中，尤其是功率较大和可靠性要求高的泵中
皮带	V形带（三角带）	制造使用方便、能远距离传动、能改变转速、传动比较大、结构简单。 缺点：传动效率较低（比平带高），占地大，转速不够稳定，有打滑丢速现象（比平带好），对轴有侧拉力，增加轴承径向力，所以要求增加轴的直径，降低轴承的寿命，噪声大，安全不如联轴器	常用于需要改变转速的中小型泵中的传动
	平带	制造使用方便，能远距离传动，能改变转速和方向，结构简单，过载时自动打滑起保护作用。 缺点：传动效率较低，占地面积大，转速不稳定，对轴有侧拉力，影响轴和轴承寿命，噪声大，不安全	只能用于需要改变转速和方向的小功率泵中或临时安装使用的泵的传动场合中
其他	齿轮传动	传动效率高，运转平稳，能改变转速和方向及两轴垂直相交的传动，并且能用来增速。 缺点：结构复杂，体积大，价格高。	用于需要改变转速，尤其是需要增速的大功率泵中
	液力耦合器	在运行中能无级变速，能降速也能增速，泵可软起动。运行极其平稳，无噪声，可方便实现离合，工作可靠，寿命长。 缺点：结构极其复杂，制造困难，价格极其昂贵	只用于在运转中需要无级变速情况下的大功率泵传动及要求运行极其可靠的泵中
	磁力传动	泵无需轴封，而毫无泄漏 缺点：传递功率不能太大	无泄漏泵中使用

二、刚性联轴器

泵的刚性联轴器主要有套筒联轴器、凸缘联轴器和夹壳联轴器等。

1. 套筒联轴器

套筒联轴器结构如图 5－33 所示，它就是一个圆筒，两轴分别插入，用圆锥销或键（键可以是平键、花键或半圆键）来传递扭矩。套筒联轴器一般两轴的直径相同，可以较好的保证两轴同心，并便易加工。当用键来传递扭矩时，一般需加一个紧定螺钉，来承受轴向载荷。

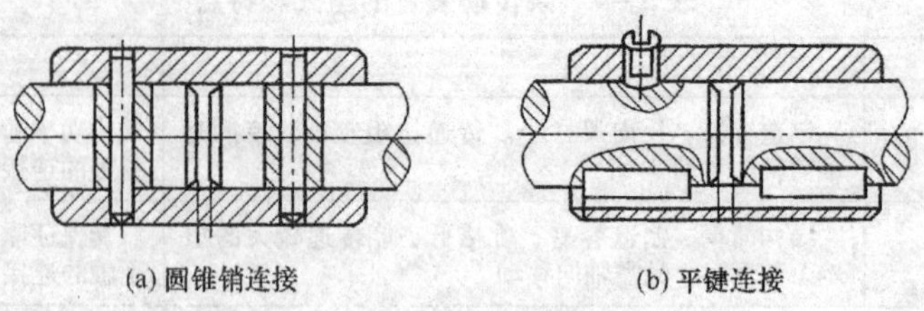

(a) 圆锥销连接　　(b) 平键连接

图 5－33　套筒联轴器

这种联轴器制造容易，价格便宜，径向尺寸较小；其缺点是传递扭矩较小，常用于立式长轴泵中柔性长轴的连接。

2. 凸缘联轴器

凸缘联轴器结构如图 5－34 所示，它是由两个带凸缘止口的半联轴器用螺栓将两个半联轴器连接在一起。凸缘止口用来保证两轴的同心。两联轴器有键用来传递扭矩。因为凸缘联轴器属刚性连接，要求两轴的同心度较高，所以必须保证两轴同心情况下才能使用。

这种联轴器结构简单，成本低，能够传递较大的扭矩，应用很广泛。

3. 夹壳联轴器

夹壳联轴器结构如图 5－35 所示，是由两个半圆筒形的夹壳，由螺栓夹紧在轴头上，利用夹紧后夹壳和轴之间的摩擦力来传递扭矩，但对较大功率泵为了可靠起见，夹壳与轴还设有平键。夹壳联轴器也必须严格保证两轴同心情况下才能采用。

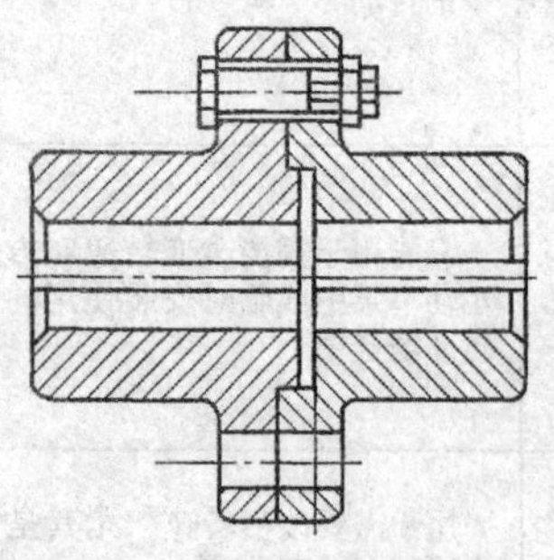

图 5－34　凸缘联轴器

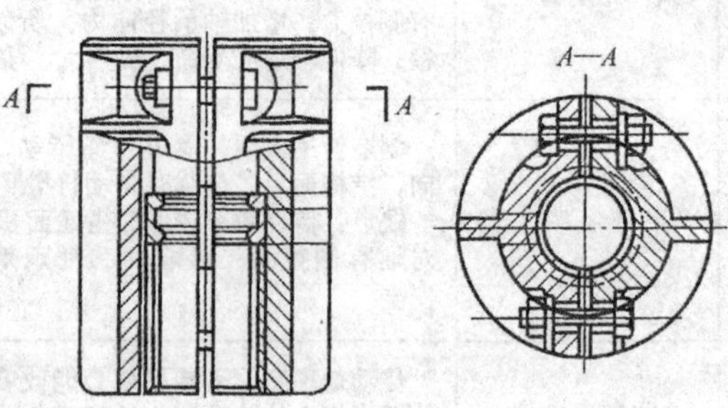

图 5－35　夹壳联轴器

夹壳联轴器是剖分式的分半联轴器，所以装拆时，轴不需要轴向移动，但安装时，两轴不易很好保证对中。常用于转速较低、运转较平稳的立式泵中。

三、弹性联轴器传动

泵的弹性联轴器有柱销弹性联轴器、爪型弹性联轴器、金属绕性弹性膜片联轴器等。

1. 柱销弹性联轴器

（1）柱销弹性联轴器的结构

如图5－36所示，是由泵端联轴器、电机端联轴器、柱销、橡胶弹性圈、挡圈、螺母和弹簧垫圈等组成。泵端联轴器的柱销与孔是锥形配合，通过螺母和垫圈牢牢地将柱销固定在泵端联轴器上，柱销上有橡胶弹性圈，当电机端联轴器转动时，带动泵端联轴器转动，橡胶弹性圈可起缓冲减振作用。

为了使泵检修时方便，常将柱销弹性联轴器制成加长型，如图5－37所示。泵检修时，可将中间联轴器取下，就可将泵的转子抽出，可以在不拆泵、管路和电机的情况下进行检修。

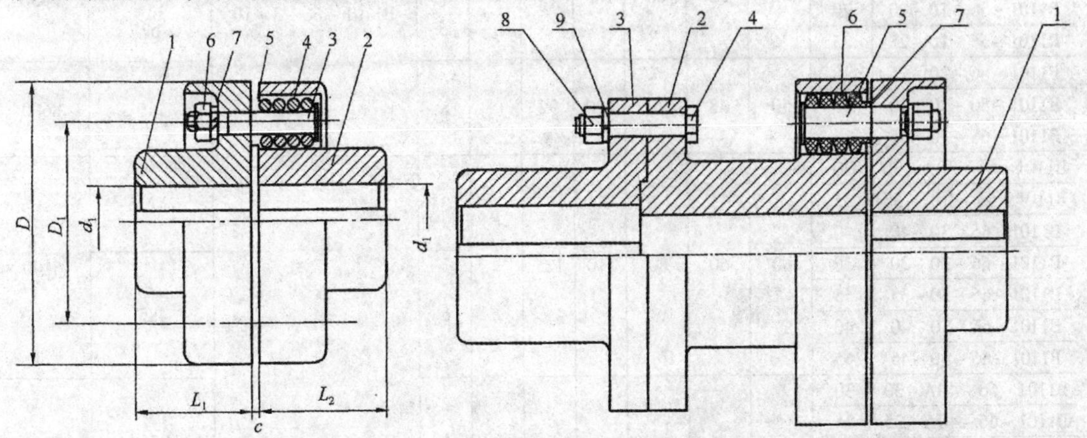

图5－36　柱销弹性联轴器

1—泵联轴器；2—电机联轴器；3—柱销；4—弹性圈；5—挡圈；6—螺母；7—垫圈

图5－37　加长型柱销弹性联轴器

1—泵联轴器；2—中间联轴器；3—电机联轴器；4—联接螺栓；5—柱销；6—弹性圈；7—挡圈；8—螺母；9—圈垫

（2）柱销弹性联轴器的安装和使用

① 联轴器找正：泵和原动机的轴心线必须在同一直线上。否则，运转时将会产生极大的振动和噪声，所以必需要找正。

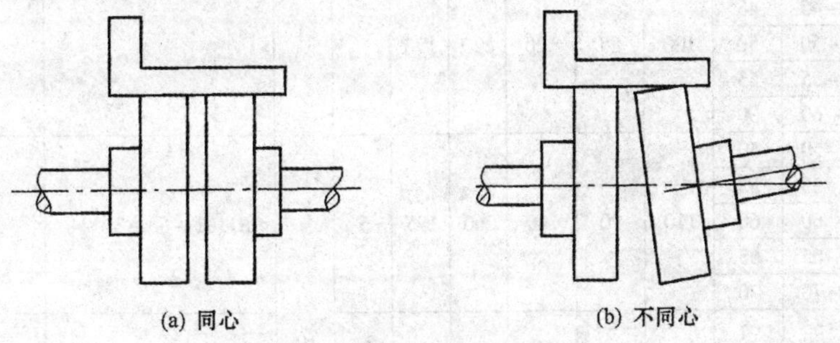

(a) 同心　　(b) 不同心

图5－38　用直尺找正联轴器

找正方法有粗找和精找两种方法。粗找可用直尺和塞尺来找正，将直尺放在联轴器的外圆上，紧紧靠住联轴器的任一半联轴器上，看直尺与另一半联轴器之间的间隙大小，如图5－38所示。需要检查联轴器的上下左右4个点，用泵或电机脚的垫片来调正，直到间隙没有或很小，同时还需要用塞尺检查两联轴器之间的间隙，也需要检查上下左右4个点之间的间隙相差应小于0.1mm。精确找正时，需要用百分表查找。将百分表架固定在泵或电机轴上或联轴器上，用百分表打在另一半的联轴器外圆上，两联轴器一起转动一周，跳动值应小于0.1mm。

② 联轴器间的间隙：泵联轴器与原动机联轴器之间应有一定的距离，以防止将泵的轴向力传递给原动机，烧坏原动机的轴承。间隙C的大小可视泵的大小来决定，可查表5－5。

表 5-5　柱销弹性联轴器

联轴器代号	泵联轴器		电机联轴器		D	D_1	C	柱销数 n	柱销代号	许用扭矩/N·m	许用转速/(r/min)
	d_{I}	L_1	$d_{\mathrm{II}} \leqslant$	$L_2 \leqslant$							
B1101-66-00-16	16	30	22	40	90	60	2	2		17.9	11500
B1101-66-00-20	20										
B1101-66-10A-20	20							3		33.5	
B1101-66-10A-25	25	40	38	60	105	75					9850
B1101-66-10-20	20								B1101-66-3-10		
B1101-66-10-25	25						5	6		67	
B1101-66-20-25	25										
B1101-66-20-30	30	50	48	70	120	92		8		110	8600
B1101-66-20-35	35										
B1101-66-30A-30	30										
B1101-66-30A-35	35							3		242.5	
B1101-66-30-40	40										
B1101-66-30-30	30	60	60	80	170	125					6100
B1101-66-30-35	35										
B1101-66-30-40	40							6		485	
B1101-66-30-45	45										
B1101-66-40A-30	30										
B1101-66-40A-35	35										
B1101-66-40A-40	40							4		375	
B1101-66-40A-45	45										
B1101-66-40-30	30						4		B1101-66-3-18		
B1101-66-40-35	35	70	70	100	190	145					5400
B1101-66-40-40	40										
B1101-66-40-45	45							8		750	
B1101-66-40-50	50										
B1101-66-40-55	55										
B1101-66-50-40	40										
B1101-66-50-45	45										
B1101-66-50-50	50	100	85	120	220	170				1100	4700
B1101-66-50-55	55										
B1101-66-50-60	60										
B1101-66-60-50	50										
B1101-66-60-55	55										
B1101-66-60-60	60	110	90	140	260	195	5		B1101-66-3-24	2060	4000
B1101-66-60-65	65										
B1101-66-60-70	70										
B1101-66-70-65	65							10			
B1101-66-70-70	70										
B1101-66-70-75	75	140	120	160	330	245	6		B1101-66-3-30	4120	3100
B1101-66-70-80	80										
B1101-66-70-85	85										
B1101-66-80-70	70										
B1101-66-80-85	85										
B1101-66-80-90	90										
B1101-66-80-95	95	170	120	200	410	310	7		B1101-66-3-38	8480	2500
B1101-66-80-100	100										
B1101-66-80-105	105										
B1101-66-90-105	150	250	180	260	640	485	8		B1101-66-3-60	39400	1670

注：尺寸单位为 mm。

对用平衡盘平衡轴向力的多级泵，由于转子窜动比较大，所以应取大值，并且调间隙时还应注意一定要先将平衡盘紧靠住平衡板后再确定其间隙。

(3) 柱销弹性联轴器生产已定型、标准化。共有 10 种规格，适用于不同的扭矩。表 5-5 为各种规格允许的扭矩，选用时可计算出泵的扭矩后选取。

(4) 安装时将联轴器放正于轴头上，用木鎯头打入或用木块垫在联轴器上用铁锤打入。对较大直径的联轴器，装配时可能较紧，可将联轴器加热后再装。

(5) 橡胶弹性圈磨损后应及时更换，否则会增加振动和噪声。

2. 爪型弹性联轴器

(1) 爪型弹性联轴器结构

如图 5-39 所示，它是由泵端联轴器、电机端联轴器及橡胶弹性块组成，泵端、电机端联轴器上都有爪块，中间夹有橡胶弹性块，拨动另一半联轴器的转动，橡胶弹性块可起缓冲减振作用。

爪型弹性联轴器结构较简单，机加工量很少，成本低。但它许用扭矩较小，所以只能用于较小功率的泵中(建议用于 55kW 以下)，并且振动噪声也比较大。

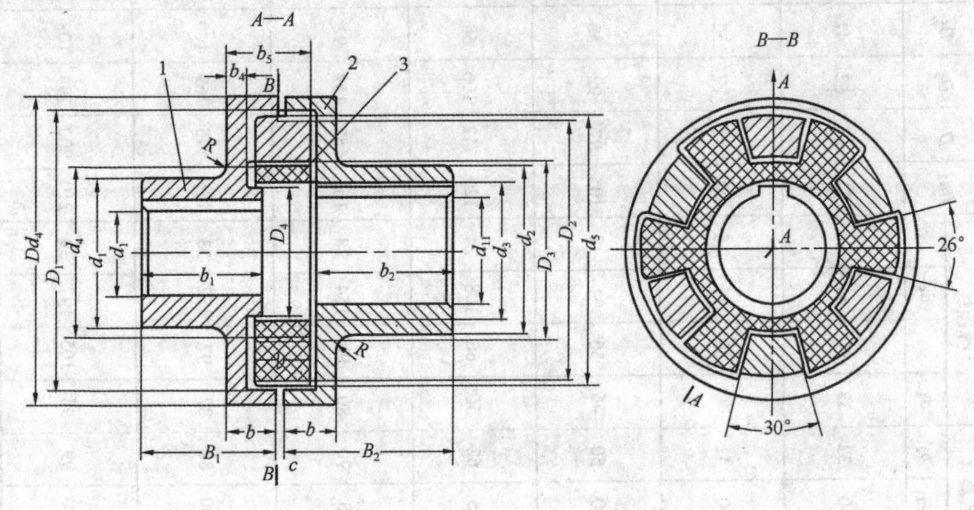

图 5-39　爪型弹性联轴器

1—泵联轴器；2—电机联轴器；3—弹性块

(2) 爪型弹性联轴器的安装使用

①爪型弹性联轴器和柱销弹性联轴器一样，需要找正和两联轴器之间留有一定的间隙。找正方法同柱销联轴器，间隙 C 较柱销弹性联轴器小，可查表 5-6。

②爪型弹性联轴器生产也已定型标准化。共有 7 种规格，适用于不同的扭矩，见表 5-6，选用时根据泵的扭矩大小进行选取。

③爪型弹性联轴器必须作静平衡试验，否则会影响泵转子不平衡而引起振动。

④橡胶弹性块磨损老化后应及时更换。

3. 金属绕性膜片联轴器

(1) 金属绕性膜片联轴器的结构

如图 5-40 所示，它是由泵端半轴节、电机端半轴节、中间节、定距套、膜片及螺栓、螺母等组成。它的工作原理是靠螺栓通过定距套将膜片压紧在一端的半轴节上，而临近的另一个螺栓通过定距套将膜片压紧在另一端的半轴节上，这样，当一端的半轴节旋转时，通过

表 5-6 爪型弹性联轴器

代号	泵联轴器				电机联轴器				弹性块				Dd_4	D_1	D_2	D_3	D_4	b	b_4	b_5	R	C	许用扭矩/（N·m）	许用转速/（r/min）
	d_{I}	d_1	B_1	b_1	$d_{\mathrm{II}} \leqslant$	d_2	B_2	b_2	d_3	d_4	d_5	b_3												
B1104-69-n_0-16	16	36	32	28	32	50	40	32	32	40	64	14	75	67	62	42	30	13	5	21	5	2	15	
B1104-69-n_0-18	18																							
B1104-69-n_0-20	20																							
B1104-66-00-20	20	45	40	35	35	54	50	41	40	50	79	16	90	82	77	52	38	15	6	24	6	2	29.1	6300
B1104-66-00-22	22																							
B1104-66-00-25	25																							
B1104-66-10-25	25	50	45	40	45	65	60	50	46	56	94	18	105	97	92	58	44	17	7	27	7	2	57.2	5400
B1104-66-10-28	28																							
B1104-66-10-30	30																							
B1104-66-20-25	25	60	55	50	50	75	75	62	56	66	108	24	120	112	106	68	52	23	10	36	8	2	102	4700
B1104-66-20-30	30																							
B1104-66-20-35	35																							
B1104-66-30-25	25	70	65	60	70	100	85	70	80	90	154	28	165	157	152	92	70	27	12	42	14	2	272	3400
B1104-66-30-30	30																							
B1104-66-30-35	35																							
B1104-66-30-40	40																							
B1104-66-40-30	30	80	70	60	85	120	100	82	87	97	172	33	185	175	169	100	80	32	14	50	16	3	500	3100
B1104-66-40-35	35																							
B1104-66-40-40	40																							
B1104-66-40-45	45																							
B1104-66-50-35	35	80	80	70	85	125	120	99	95	105	197	39	210	200	194	108	85	37	16	58	18	3	850	2740
B1104-66-50-40	40																							
B1104-66-50-45	45																							
B1104-66-50-50	50																							

注：尺寸单位为 mm。

膜片带动另一半轴节转动。为了便于检修，常加一个中间节，做成加长型的膜片联轴器。由于是通过膜片来传递扭矩，所以对中要求较柱销和爪型弹性联轴器不敏感些。

（2）膜片联轴器的安装和使用

①膜片联轴器同样需要找正，找正方法和要求同柱销弹性联轴器。对加长膜片联轴器，泵端半轴节和电机端半轴节距离较远，找正比较困难，所以常需要用专用的加长杆架的百分表来找正。如图5－41所示，将百分表通过加长杆架安装在泵轴上或电机轴上，或任意半轴节法兰上，百分表打在另一半轴节的外圆上，两轴同时转动一周，跳动值差应小于0.1mm。如果在现场，没有专用的加长杆架，可将中间节连接在任一半轴节上来找正。但要注意：连接时应小孔与小孔连接，用孔来定中心，小孔与螺栓配合间隙较小，定中心较好。找正方法可以精找或粗找，方法同弹性联轴器。用这样的方法虽有误差，但是能满足使用要求，找正完后重新拆下螺栓，改为大孔对小孔联接。

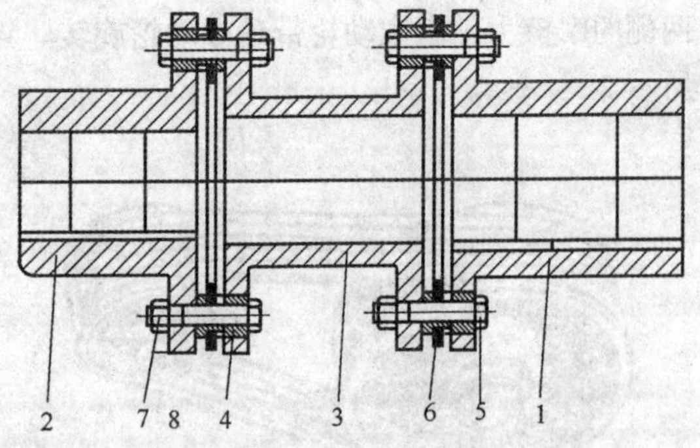

图5－40　膜片联轴器

1—泵端半轴节；2—电机端半轴节；3—中间节；4—定距套；5—螺栓；6—膜片；7—螺母；8—垫圈

②膜片联轴器之间的间隙，应以膜片能轻松放下留适当的空隙即可，不宜太大，太大容易使膜片受力而受损。

③膜片联轴器选用时可根据泵的扭矩来选用其规格。

④膜片联轴器安装时，要注意大孔对小孔安装，螺栓套上定距套，装在联轴器的大孔中，然后螺栓穿过另一半轴节小孔拧紧螺栓，千万不能小孔对小孔，大孔对大孔安装，这样膜片就不起作用，很快就会将螺栓切断。

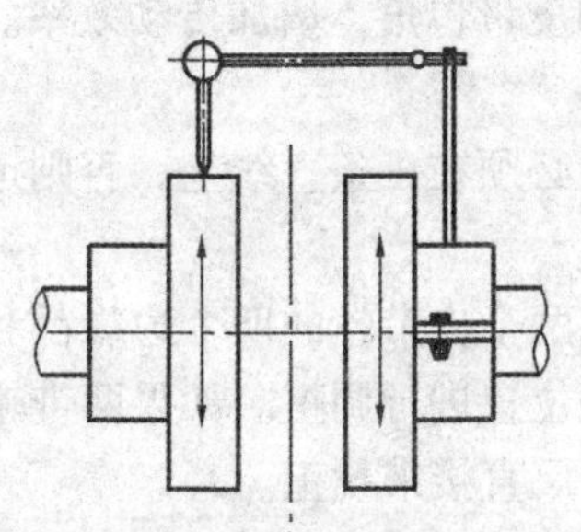

(a)把指示表安装在从动轴上，让两轴同时旋转，检测两轴是否同轴心，并检测其准确性

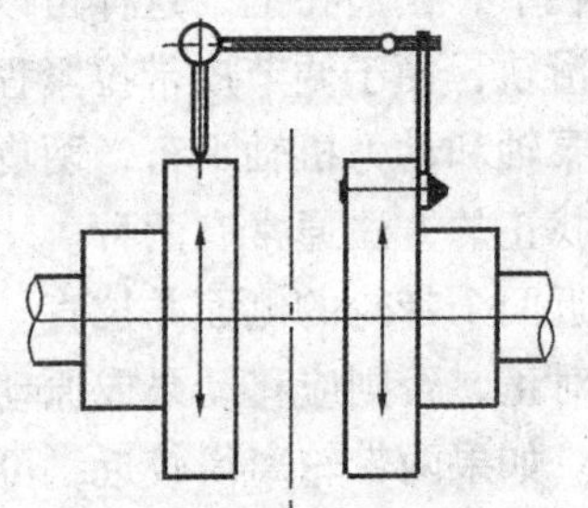

(b)把指定表安装在半轴节法兰上，让两轴同时旋转，检测两法兰是否同轴心，并检测其准确性

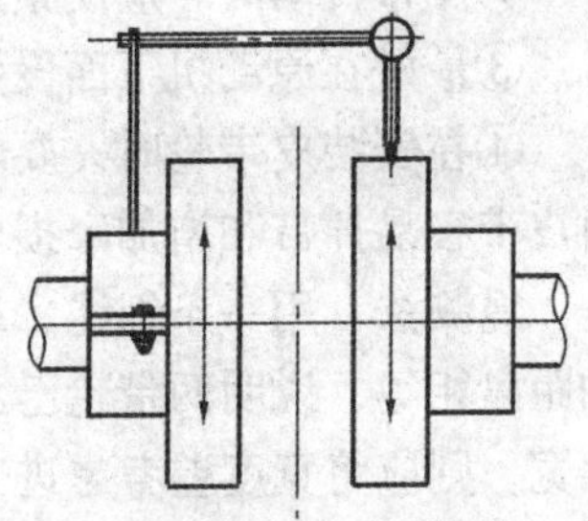

(c)把指示表安装在主动轴上，让两轴同时旋转，检测两轴是否同轴心，并检测其准确性

图5－41　加长杆架百分表检查同心度

四、皮带传动装置

泵的皮带传动在泵中已很少使用，但在需要改变转速、旋转方向、位置时还是经常使用的，皮带传动在泵中常用的有V形三角带和平带两种。

1. V形带

（1）V形带的结构

如图5－42所示，它是由大小带轮和V形带（三角带）组成。靠V形皮带在带轮的槽中两侧的摩擦力，由主动轮带动被动轮旋转。V 形带如图 5－43(a)所示，带轮如图 5－43(b)所示。

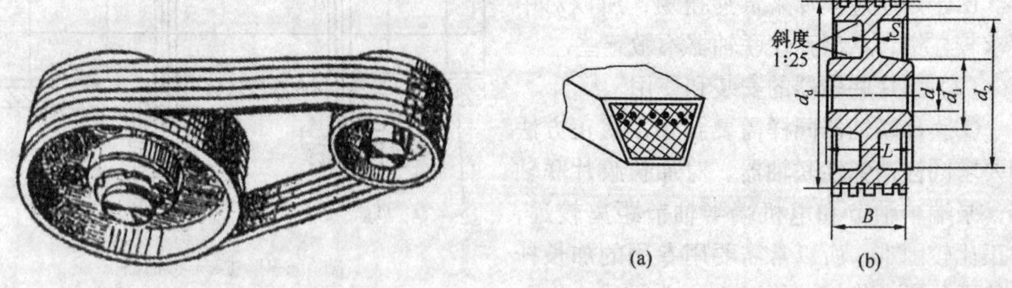

图 5－42　V 形带传动　　　　图 5－43　V 形带及带轮

皮带传动时，皮带轮直径和转速之间存在以下关系：

$$i = \frac{n_1}{n_2} = \frac{d_2}{(1-\varepsilon)d_1} \tag{5-8}$$

式中　ε——弹性滑动系数，一般取 $\varepsilon = 0.01 \sim 0.02$；

i——传动比，V 形带传动时 $i < 10$。

普通 V 形带的带速最佳为 20m/s，最高带速最好不超过 30m/s，窄 V 形带带速可更高些。

(2) V 形带的安装使用

①带轮的中心距及带的数目需计算来确定，不得任意改变，如需改变，需要重新进行计算后确定。

②皮带传动时，应使紧边在下，松边在上，这样可以增加皮带包角，增加传动效率。

③最好在原动机下面设置滑轨，便于调节皮带拉紧程度。

④在安装皮带轮时，要求泵轴和动力机轴平行，两皮带轮必须在一条直线上，否则运转时皮带容易掉带和增加摩损。找正的方法通常有两种。

绳测法：用一条细绳，靠近两个带轮的侧面并拉直。如果两个皮带轮的四个边缘都和绳的距离相等，说明两带轮已经对正，否则应移动泵或原动机的位置进行调正。如果两带轮不等宽，则应将宽度差考虑进去。如果两带轮离得较近，可用直尺直接来找正。

目测法：站在小带轮的一边，用一只眼睛离小带轮半米的地方沿小带轮的端面往大带轮端面看，如果为一条直线，说明两带轮已找正，这种方法比较粗略，需要有一定经验才行。

⑤为了安全，带轮需要加防护罩。

2. 平带

(1) 平带的结构和特点

它是靠带轮外圆与皮带的摩擦力，由主动轮带动被动轮的旋转，带轮应比带略宽。

平带传动时，不但能改变转速，当交叉传动时，还可以改变方向，当半交叉传动时，可两轴垂直交错传动，如图 5－44 所示。

平带传动中心距较大，转速不够稳定，传动比较小，一般 $i < 5$，但在加张紧轮情况下，传动比 i 可达 10。

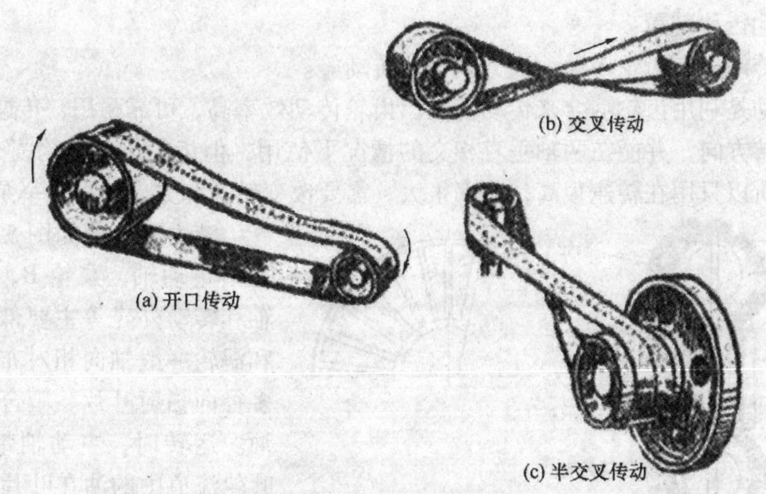

图 5-44　平带传送示意图

（2）平带的安装使用

平带的安装使用和 V 形带基本相同，但有以下几点需给予说明。

平带不像 V 形带是整条固定长度，而是根据需要的长度截断，然后连接起来。平带的连接方法有以下几种：

①皮带扣连接：如图 5-45 所示，将皮带的两头按缝处用皮带扣连接起来，皮带扣能承受的拉力约为平带强度的 2～3 倍。这种连接方法可以传递较大的功率，但不能拆开来再用。要注意皮带的切口要和皮带边成直角，不能偏斜，否则两边长度不等，运转时容易脱落和缩短使用寿命。

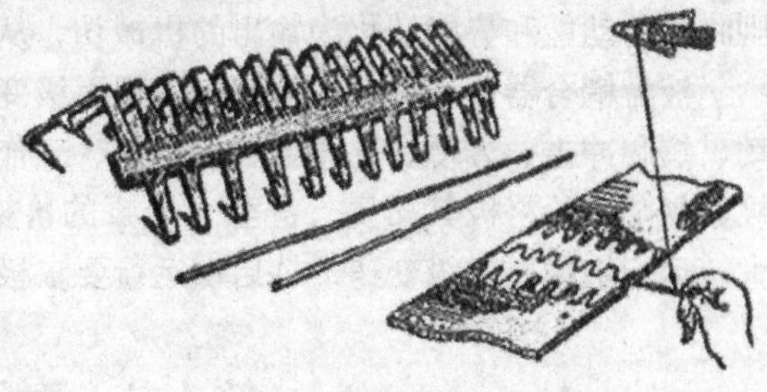
图 5-45　皮带扣连接示意图

②皮带螺丝搭接：它是把皮带头夹在一起，一般用四只皮带螺丝接起来，如图 5-46 所示。它的拉力强度和皮带扣差不多，但拆开后还能用，比较经济，但运转时有冲击声。连接时要注意，其外侧搭扣应顺着皮带的转动方向，同时螺丝头不能露出太长，以免发生危险。

③螺丝夹板连接：这种方法是把皮带的两头向上翘起，用夹板夹在一起，用螺钉穿过夹板和皮带夹紧固定，如图 5-47 所示。它使用于传递的功率较大，皮带宽而速度较低的地方，带速应小于 10m/s。

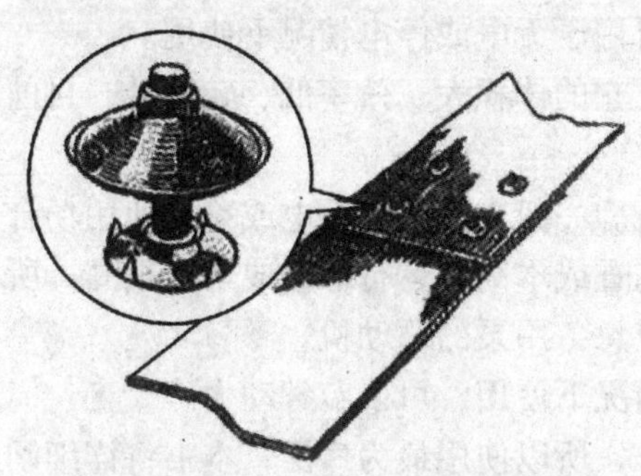
图 5-46　皮带螺丝搭接示意图

图 5-47　螺丝夹板连接示意图

五、其他传动装置

泵中的传动还有齿轮传动、液力耦合器传动等。

齿轮传动是利用齿轮啮合来传动扭矩。齿轮传动效率高，可靠耐用，传递功率大，能改变转速、旋转方向，并能在两轴垂直相交的情况下使用，但齿轮传动结构复杂，加工困难，价格昂贵，所以只用在转速很高，功率很大，需要改变转速和方向的大功率泵中传动。

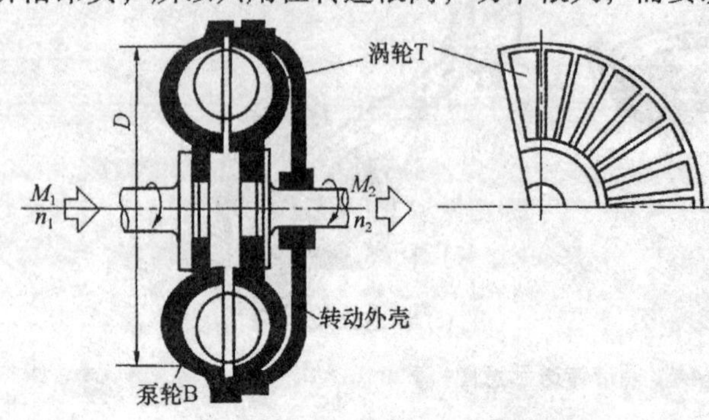

图5－48　耦合器的结构原理图

液力耦合器如图5－48所示，它是由主动轴、泵轮B、涡轮T、从动轴和转动外壳等主要部件组成。泵轮和涡轮一般轴向相对布置。轮内有许多径向辐射叶片。耦合器内充以工作油。运转时，主动轴带动泵轮旋转，叶轮流道中的油在叶片带动下因离心力的作用，由泵轮内侧(进口)流向外缘(出口)，形成高速高压油流冲击涡轮叶片，使涡轮跟随泵轮作用方向旋转。油在叶轮中由外缘(进口)流向内侧(出口)的流动过程中减压减速，然后再流入泵轮进口，如此循环不断。在这循环流动中，泵轮将输入的机械功转化为油的动能和势能，而涡轮则将油的动能和势能转化为输出的机械功，从而实现了主动轴到从动轴的动力传递。

液力耦合器传动具有在运转中实现无级变速、轻载或空载的软启动、过载保护、隔离振动、缓和冲击、方便实现离合、无磨损、工作可靠、传递功率大、寿命长等优点。但其结构极其复杂，价格极其昂贵，甚至大于泵的价格。操作维护技术要求高，所以只用于功率特大，运行中需要无级变速，软启动运行要求极其可靠的场合，如大功率的锅炉给水泵等。

第十节　泵的原动机选择

一、原动机的类型

泵的原动机类型选择一般可根据其动力来源、工厂或装置的能量平衡环境条件、调节控制要求及经济效益等条件进行综合考虑来确定。泵的原动机类型常用的有以下几种：

(1) 电动机。具有结构简单、运行可靠、经济、寿命长、维护方便、价格便宜、体积小、启动操作简单等特点。所以使用最为广泛，凡有电网的地方都首选电动机作为原动机。

(2) 汽轮机。只有在有蒸汽源的场合下使用，常为改善工厂的蒸汽平衡而使用。它适用于大中型泵中，具有可调速，防爆防燃下工作并可用于无电或停电情况下使用。

(3) 蒸汽机。只有在有蒸汽源的场合下使用，它的体积大、效率低、转速低，目前已很少使用，只有在特定的场合下使用。

(4) 内燃机。包括汽油机、柴油机、燃气轮机。一般在无电、停电或移动使用场合下使用，其相对体积较大，结构复杂，寿命短，不但购置成本高，运行维修成本也很高，所以只有在无电、移动情况下使用，常作为紧急停电的应急备用泵的原动机。

(5) 液力透平。常在为了循环液体动力回收情况下使用，可以节省动力。

由于电动机本身的优点，以及目前电网的普及，所以使用最为广泛，本书将详细阐述电动机的选择。

二、电动机的选择

1. 电动机的型式和选择

电动机常用的型式有三相交流鼠笼型异步电机、三相交流绕线式异步电机、三相同步电机及直流电机等。

(1) 三相交流鼠笼型异步电机。它具有结构简单、运行可靠、维护方便、价格便宜、体积小等优点，但启动性能差、不能调速、空载时功率因数低，但配备变频装置或其他调速型式后，也可实现调速。三相交流鼠笼型异步电机目前使用得最普遍，在无特殊要求的情况下一般都采用它。

(2) 三相交流绕线式异步电机。它具有能调速、启动转矩大、改善功率因数、大功率、高效率、转速稳定等方面的优点，但它需电刷滑环或整流器等部件，相对于鼠笼型电机维护麻烦，价格也稍贵，并且随负荷转矩的增加，电机转速将显著下降。

(3) 同步电机。负载转矩在允许限度内变化时，具有转速能保持恒定，功率因数可调节等优点，但它需有专门的励磁系统，结构较复杂，造价高，维护量大，安全性也不如鼠笼电机，所以常用于需要转速保持恒定、低转速、大容量的泵中选用。

(4) 直流电机。仅用于有直流电源或设备的情况下，它需备有事故电池组，功率不大、转速不高的特殊场合才选用。

2. 电动机型号的表示方法

电机的型号常由产品代号(包括类型代号、特点代号、设计序号等)、规格代号(包括转子中心高、铁芯外径、机座或凸缘号、机座或铁芯长度、功率、转速、极数等的数字或符号)和特殊环境代号等三部分组成。

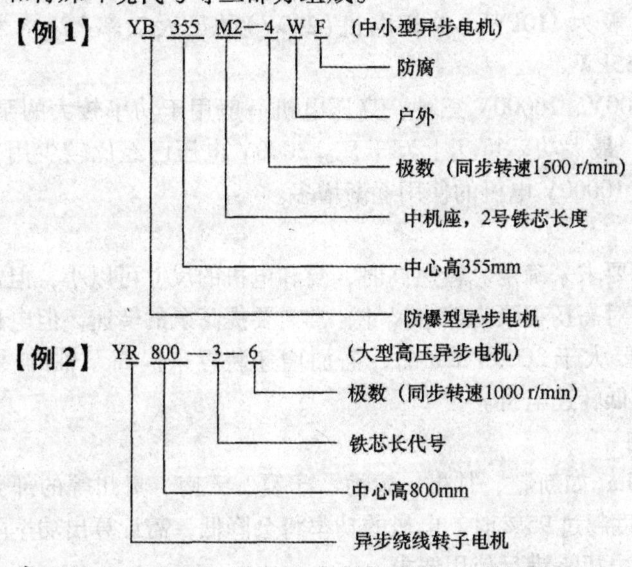

常用的几种异步电机产品代号如表5-7所示。

表5-7 异步电机产品代号

产品名称	代　号	汉字意义
异步电机	Y	异步
异步绕线转子电机	YR	异步绕线
异步空-水冷却电机	YKS	异步空-水冷却

续表

产品名称	代　　号	汉字意义
异步封闭式电机	YKK	异步封闭
防爆安全型异步电机	YA	异步安全
隔爆型异步电机	YB	异步隔爆
防爆通风型异步电机	YF	异步通风
隔爆型电磁调速异步电机	YBCT	异步隔爆电磁调速

3. 电机功率确定

电机功率确定可通过第二章第四节“配用功率 P_g 的计算方法”确定，但要注意如下情况：

(1) 如果泵的使用性能不是在泵的规定流量点时，一般须按规定点的性能来计算其配套功率，除非是使用性能恒定不变的情况下，可按使用性能来计算其配用功率。

(2) 如果泵经过转速调节、泵叶轮切割等方法的改变，应根据改变后的性能来计算其配用功率。

(3) 如果输送的液体密度改变后，应按实际输送液体的密度来计算配套功率。

4. 电压选择

电机的电压常有低压和高压两种。

低压电机又分为三相电机(电压为380V)和单相电机(电压为220V)。低压电机一般功率较小，目前生产的三相低压电机(380V)的最大功率：2、4极为315kW，6极为250kW，8极为200kW，10极为160kW，12极为110kW。单相电机(220V)的最大功率：2，4极为3.7kW，6极为2.2kW，8极为0.55kW。

高压电机的电压有3000V、6000V、10000V三种，高压电机一般用于功率较大的泵中，高压电机最小功率在185kW以上，最大功率可达上万千瓦。3000V电压已经比较少用，常用为6000V，为减少二次变电，现10000V电机的使用逐渐增多。

5. 转速确定

泵用电机的转速通常是按泵的要求来确定。转速高时，泵和电机的尺寸可以小，但常受到泵汽蚀、寿命、噪声等的限制。对高扬程泵为缩小尺寸，常需要提高泵的转速，但电机的最高同步转速为3000r/min，当需要大于3000r/min时，需加增速装置来提高泵轴的转速，对低扬程泵，则常采用极数较多的低转速电机。

6. 海拔高度和环境温度的影响

当电机用于海拔高度超过1000m(如新疆、甘肃、青海、宁夏、云南、贵州等的部分地区)或环境温度超过40℃，相对湿度超过95%时，电机的功率将会降低，需计算出功率降低的程度，必要时选择功率大一些的电机来满足使用要求。

(1) 环境温度的影响

温度修正后的电机功率 P'_g 按下式修正计算：

$$P'_g = K_t P_g \tag{5-9}$$

式中 P'_g——温度修正后的电功功率，kW；

P_g——电机额定功率，kW；

K_t——温度修正系数，见表5-8。

表 5-8 温度修正系数 K_t

环境温度或冷却空气进口温度/℃	25	30	35	40	45	50
K_t	1.1	1.08	1.05	1.0	0.95	0.875

（2）海拔高度影响

海拔高度在 1000m 以下时，认为海拔高度对电机无影响，可以不予修正，当海拔高度大于 1000m 时，对电机功率就有影响，则需要修正，但分两种情况：

①由于海拔高度提高所造成的冷却效果降低小于环境温度的降低值，即满足 $(h-1000)\Delta i \leqslant 40-t_{at}$，此时认为电机的额定输出功率不变，可以不修正。

式中 h——海拔高度，m；

Δi——海拔高度在 1000～4000m 时，海拔每提高 100m 所需要的最高稳定补偿值，$\Delta i = 0.01 \times$ 电机温升极限/100，℃/m；

t_{at}——使用地点的最高环境温度，℃。

②当 $(h-1000)\Delta i > 40-t_{at}$ 时，此时，电机冷却效果欠补偿，需进行修正。额定输出功率的百分数可按每欠补偿 1℃ 功率降低 1% 计算。即：

$$\Delta P_g = [(h-1000)\Delta i - (40-t_{at})]\frac{P_g}{100} \quad (5-10)$$

修正后的电机功率 $P'_g = P_g - \Delta P_g$

7. 电机的防护型式

电机的防护分一般环境和特殊环境两种型式，一般环境防护是指对人体或异物、风沙和水对电机密封影响所采取的措施，即外壳防护等级；特殊防护是指高湿度、高温度、腐蚀性、高原、机械损坏时对电机防护的要求，它是在密封的材料和涂层上选用适合于特殊环境的防护。

（1）电机外壳防护等级的分类

按 GB 4208 标准，外壳防护等级代号由特征字母 IP 和防护特征数字(2 个)组成。防护特征数字见表 5-9 和表 5-10。

表 5-9 特征数字第一位数字代表的防护等级

第一位特征数字	0	1	2	3	4	5	6
防护等级含义	无防护	防 >50mm 固体异物	防 >12mm 固体异物	防 >2.5mm 固体异物	防 >1mm 固体异物	防尘	尘密(无尘进入)

表 5-10 特征数字第二位数字代表的防护等级

第二位特征数字	0	1	2	3	4	5	6	7	8
防护等级含义	无防护	防滴	15°防滴	防淋水	防溅水	防喷水	防猛烈海浪	防浸水影响	防潜水影响

有时，还需要表示某种附加含义时，在特征数字后面加 S 或 M、W 标于 IP 与特征数字之间。

S——防止水进入内部达到有害程度的试验是在设备不运行(静止)的情况下进行。

M——防止水进入内部达到有害程度的试验是在设备运行的情况下进行。

W——在规定的气候条件下使用并具有附加的防护措施或方法。

如果无补充字母时，则表示这种防护等级在所有正常使用条件下都适用。

【例】IP 2 3 S

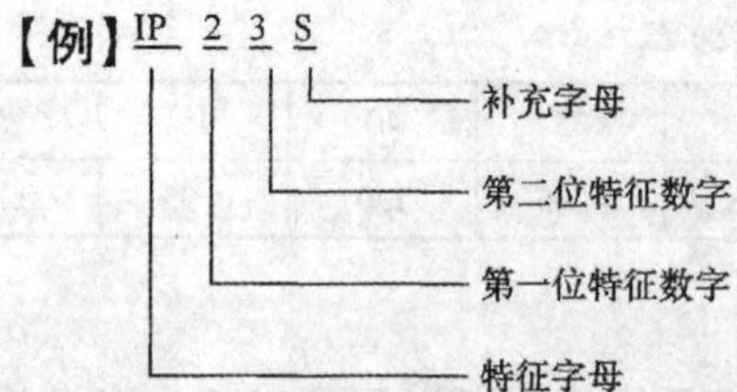

如仅需要只用一个特征数字表示防护等级时，被忽略的数字必需用字母 X 代替，例 IPX5。

对 d、e、n 型防爆电机的防护等级，不应低于 IP54。

（2）特殊环境的防护型式

如具有特殊环境防护能力的电机，还须在电机系列规格号的后面加特殊环境代号，例 $YB160M_2-2W$，W 表示户外用。表 5 – 11 为电机的特殊环境代号。

表 5 – 11　特殊环境代号

代号	G	H	W	F	T	TH	TA
意义	高原用	海上用	户外用	防腐用	热带用	湿热带用	干热带用

8. 爆炸和火灾危险环境用电机

（1）爆炸和火灾危险环境分区及防爆设备分类

根据 GB 50058《爆炸和火灾危险环境电力装置设计规范》标准，把爆炸和火灾危险环境分为爆炸性气体环境、爆炸性粉尘环境和火灾环境三种。表 5 – 12 为爆炸与火灾危险环境和分区的一般定义。

表 5 – 12　爆炸与火灾危险环境和分区

危险环境	爆炸性气体环境			爆炸性粉尘环境		火灾危险性环境		
分区	0 区	1 区	2 区	10 区	11 区	21 区	22 区	23 区
区域情况	连续地出现爆炸性气体环境或预计会长期出现	在正常运行时预计可能出现爆炸性气体环境的区域	在正常运行时不可能出现爆炸性气体环境，即使发生也仅可能是短暂存在的区域	爆炸性粉尘混合物环境连续出现或长期出现的区域	有时会将积留的粉尘扬起而偶然出现爆炸性混合物危险环境的区域	具有闪点高于环境温度的可燃液体，在其数量和配置上能引起火灾危险的区域	具有悬浮状的或堆积状的、爆炸性的或可燃性粉尘，虽不可能形成爆炸混合物，但在数量和配置上能引起火灾危险的区域	具有固体可燃物质，在数量和配置上能引起火灾危险的区域
举例	装易燃液体的密闭容器，其未充惰性气体内部气体空间等极个别情况	自然通风条件下的第一级释放源情况，如密封正常时会释放易燃物质的二甲苯泵	自然通风条件下的第二级释放源情况，如正常情况不会或仅偶尔短暂释放易燃物质的二甲苯泵	石墨、炭黑、赤磷、硫等导电性好的和易悬浮于空气中的可燃粉尘，易导致10区				

爆炸性气体环境用电气设备种类，Ⅰ类为煤矿用电气设备，Ⅱ类为除煤矿外其他爆炸性气体环境用电气设备。用于煤矿的电气设备其爆炸性气体环境除甲烷外，可能还有其他爆炸性气体时，应按Ⅰ类和Ⅱ类的相应气体要求进行规定制造与检验，Ⅰ类性能低于Ⅱ类，因此不能对等的用于工厂，所有防爆型式的Ⅱ类电气设备，其允许的最高表面温度分为T1～T6六组，如表5－13所示。防爆电气设备除符合通用要求外，还须分别符合各防爆型式的专用标准。

表5－13　防爆电气设备的类别与温度组别

类别	Ⅰ类	Ⅱ类	各防爆型式专用标志及标准
	电气设备允许最高表面温度		隔爆型电气设备　d(GB 3836.2) 增安型电气设备　e(GB 3836.3) 本质安全型电气设备　i(GB 3836.4) 正压型电气设备　p(GB 3836.5) 充油型电气设备　o(GB 3836.6) 充砂型电气设备　q(GB 3836.7) 浇封型电气设备　m(GB 3836.8)
温度组别	设备表面可能堆积煤尘时：＋150℃ 采取措施防止堆积煤尘时：＋450℃	温度组别，允许最高表面温度 T1　450℃ T2　300℃ T3　200℃ T4　135℃ T5　100℃ T6　85℃	

Ⅱ类隔爆型(d)和本质安全型"i"电气设备又分为ⅡA、ⅡB和ⅡC类。标志ⅡB的设备可运用于ⅡA设备的使用条件，标志ⅡC的设备可适用于ⅡA、ⅡB设备的使用条件。

防爆标志举例如表5－14所示。

表5－14　防爆标志举例

防　爆　要　求	防　爆　标　志
Ⅱ类隔爆型B级T3组	dⅡBT3
Ⅱ类隔爆型，氨气环境专用	dⅡ(NH3)或dⅡ(氨)
Ⅱ类增安型，最高表面温度125℃	eⅡT5或eⅡ(125℃)/eⅡ(125℃)T3
2区丁烷气环境，用隔爆型电机	dⅡAT2
泵选用YB电机(一般生产为dⅡBT4)	dⅡBT4(T4组高于T2组)
Ⅱ类主体增安并具有正压部件T4组	epⅡT4

(2) 爆炸性气体环境的电机选择

根据爆炸危险区域的分区，电气设备的种类和防爆结构的要求，应选择相应的电气设备，电机的防爆结构型式选择见表5－15。

表5－15　电机的防爆结构型式选择

爆炸危险 / 防爆结构 / 电气设备	1区			2区			
	隔爆型 d	正压型 p	增安型 e	隔爆型 d	正压型 p	增安型 e	无火花型 n
鼠笼型感应电机	○	○	△	○	○	○	○
绕线型感应电机	△	△		○	○	○	×
同步电机	○	○	×	○	○	○	
直流电机	△	△		○	○		
电磁滑差离合器(无电刷)	○	△	×	○	○	○	△

注：○为适用，△为慎用，×为不适用。

选用的防爆电气设备的级别和组别，不应低于该爆炸性气体环境内爆炸性气体混合物的级别和组别。当存在有两种以上易燃性物质形成的爆炸性气体混合物时，应按危险程度较高的级别和组别选用防爆电气设备。对爆炸性气体选择电机的组别和温度组别见表 5－16。

表 5－16　爆炸性气体选择电机的组别和温度组别

组别	温度组别（按爆炸性气体的引燃温度划分）/℃					
	T1 $t>450$	T2 $450\geq t>300$	T3 $300\geq t>200$	T4 $200\geq t>135$	T5 $135\geq t>100$	T6 $100\geq t>85$
ⅡA	甲烷、乙烷、丙烷、苯乙烯、甲基苯乙烯、苯、甲苯、二甲苯、三甲苯、萘、动力苯、一氧化碳、酚、甲酚、双丙酮醇、丙酮、丁酮、戊－2－酮、己－2酮、醋酸甲酯、醋酸、氯乙烷、氯甲烷、溴乙烷、1－氯丙烷、二氯丙烷、氯苯、苄基氯、二氯苯、二氯乙烯、a，a，a－三氯甲苯、二氯甲烷、氨、氢甲烷、三乙胺、苯胺、甲苯胺、氯胺	丁烷、环戊烷、甲基环戊烷、丙烯、乙苯、异丙基苯、甲基异丙基苯、甲醇、乙醇、丙醇、丁醇、戊－2，4－二酮、环已酮、甲酸甲酯、甲酸乙酯，醋酸乙酯、醋酸丙酯、醋酸丁酯、醋酸戊酯、甲基丙烯酸甲酯、醋酸乙烯酯、乙酰基醋酸乙酯、二氯乙烷、烯丙基氯、氯乙烯、氯乙醇、噻吩、硝基甲烷、硝基乙烷、甲胺、二甲胺、二乙胺、正丙胺、正丁胺、二氯基乙烷、*N*，*N*－二甲基苯胺	戊烷、已烷、庚烷、辛烷、壬烷、癸烷、环已烷、甲基环已烷、乙基环丁烷、乙基环戊烷、乙基环已烷、十氢化萘、松节油、石脑油。煤焦油石脑油、石油（包括汽油）、溶剂石油、燃料油、煤油、柴油、戊醇、已醇、环已醇、甲基环已醇、氯丁烷、嗅丁烷、乙酰氯、乙硫醇、四氢噻吩、环已胺	乙醛、三甲胺		亚硝酸乙酯
ⅡB	丙炔、环丙烷、丙烯腈、氰化氢、焦炉煤气	丁二烯－1，3，环氧乙烷、1，2－环氧丙烷、1，4－二氧杂环已烷，1，3，5－三氧杂环已烷、丙烯酸甲酯、丙烯酸乙酯、呋喃1－氯－2，3环氧丙烷	二甲醚、甲氢化呋喃甲醇、丁烯醛、丙烯醛、四氯呋喃、乙硫醇	乙基甲基醚、二乙醚、二丁醚、四氯乙烯		
ⅡC	氢	乙炔			二硫化碳	

（3）爆炸性粉尘环境的电机选择

连续出现或长期出现爆炸性粉尘环境的危险区为 10 区，有时会将积留下的粉尘物扬起而偶然出现爆炸性粉尘混合物的环境危险区为 11 区。

爆炸性粉尘环境内的电气设备和线路，应符合周围环境内化学的、机械的、热的、霉菌以及风沙等不同环境条件对电气设备的要求。

在爆炸性粉尘环境内，电气设备最高允许表面温度应符合表 5－17 的规定。

表 5－17　爆炸性粉尘环境内电气设备最高允许表面温度

引燃温度组别	无过负载的设备温度/℃	有过负载的设备温度/℃
T11	215	195
T12	160	145
T13	120	110

防爆电气设备选型：除可燃性非导电粉尘和可燃纤维的 11 区环境采用防尘结构(标志为 DP)的粉尘防爆电气外，爆炸性粉尘环境 10 区及其他爆炸性粉尘环境 11 区均需采用尘密结构(标志为 DT)的粉尘防爆电气设备，并还需按照粉尘的不同引燃温度选择不同引燃温度组别的电气设备。

(4) 火灾危险环境的电机选择

火灾危险环境的电气设备应符合周围环境内化学的、机械的、热的、霉菌及风沙等环境条件对电气设备的要求。

在火灾危险环境内，应根据区域等级和使用条件选择电机的防护结构：

固定安装式：21 区内：用 IP44，但对有滑环等有火花部件的电机不宜采用；

22 区内：用 IP54；

23 区内：用 IP21，但对有火花部件的电机应采用 IP44。

移动携带式：都采用 IP54。

(5) 增安型防爆电机的应用　增安型防爆电机 YA 型是 Y 系列电机的一个派生系列。其安装尺寸与 Y 系列电机基本一致，并符合 IEC(国际电工委员会)和 EN(欧洲标准)的要求。主体外壳防护等级为 IP54，并增加了“轻微腐蚀”的防护，安装维护方便，价格较低，所以在石化行业、泵行业中得到了广泛使用。

第六章　泵的安装

第一节　泵的安装位置

一、泵的几何安装高度

泵的几何安装高度，对卧式泵是指泵轴中心线到液面的垂直高度。泵的几何安装高度的确定主要从下面两方面来考虑确定的，一是受泵的汽蚀性能限制，即不能太高；另一方面是被淹没的危险，即不能太低。另外还要考虑施工要求及投资成本。

（1）汽蚀性能限制：可按第三章第四节式(3－11）或式（3－14）来计算确定，即：

$$H_g \leqslant [H_s] - \frac{V_1^2}{2g} - h_{w_1}$$

或

$$H_g \leqslant \frac{p_0}{\rho g} - NPSHR - \frac{p_v}{\rho g} - h_{w_1} - B$$

(2)淹没危险：在雨季水位上升，要防止泵和电机被淹没的危险。

二、泵离水源的距离

泵应尽量靠近水源，可以减小进水管路长度和阻力损失，但为了使液体平稳吸入泵内，在泵吸入口前要求有3*D*以上的直管段，为了减小进水管的长度和弯头，泵的进水口应朝向水源方向。

三、进水池的要求

泵并不一定都要进水池，如小型泵、井泵。但对大型泵，为了使水流平稳，便于检修，常设有进水池。进水池设计的原则是：水流要平稳均匀，流速不要太大，尽量避免产生旋涡。

1. 进水池尺寸

图6－1为进水池的最小尺寸要求。

（1）进水池最小深度 h

$$h = h_1 + h_2 + C$$

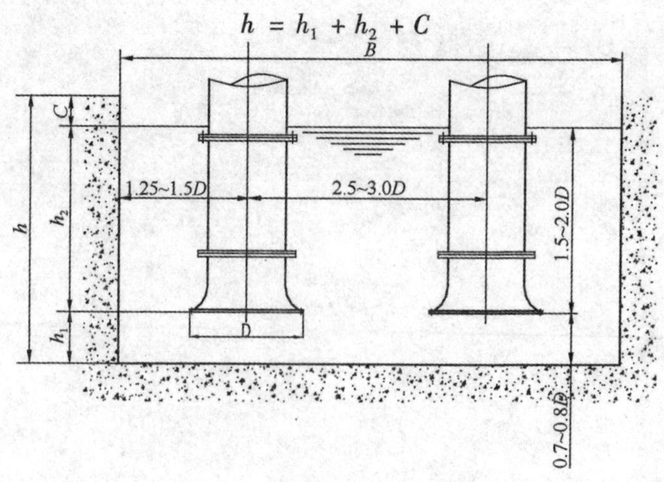

图6－1

式中 h_1 ——进水管口离池底的距离，$h_1 \geqslant (0.7 \sim 0.8)D$，但最小不得小于0.3m；

h_2 ——淹没深度。即进水管口至水面的距离，$h_2 \geqslant (1.5 \sim 2.0)D$，最小不得小于0.5m，水面应以旱季最低动水位的水面来确定；

C——水面至池面的距离，注意此时水面应以雨季最高动水位确定，一般取0.3 ~0.5m。

(2) 进水池的宽度 B

进水池的宽度要考虑进水管与壁面的距离，最小应取 $(1.25 \sim 1.5)D$，所以进水池的宽度 $B \geqslant 3D$，泵应布置在中间。若是多台泵布置，为防止相互干扰、夺水，两台泵之间要有一定的距离，最小应取 $(2.5 \sim 3.0)D$，有时，因考虑泵检修的需要，还可能要大一些。

对于无进水池，可参照上述要求来布置泵。

如果因进水池设计不当，或由于泵的口径增大后发生了旋涡，可按图6－2的几种防止旋涡发生的方法来改善补救。

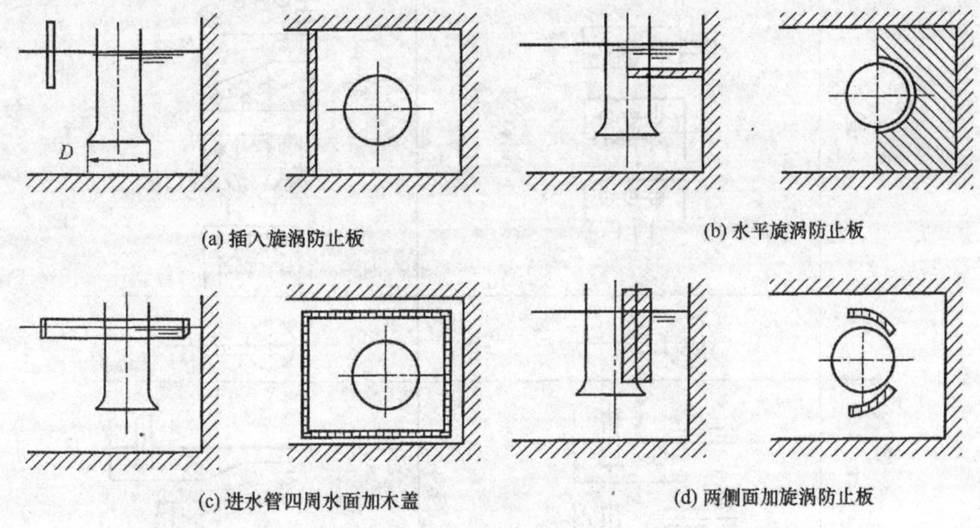

图6－2 进水池水面旋涡防止方法

图6－2(a)是进水池进口处，离进水管1D处，插入一个旋涡防止板。

图6－2(b)是在进水管后壁水中水平加旋涡防止板。

图6－2(c)是在进水管的四周水面加一个盖，盖在水面上可随水面升高或降低浮动。

图6－2(d)是在进水管两侧加旋涡防止板。

以上这几种方法是作为当发生旋涡后的一些补救方法，能起到一定的作用。

2. 进水池的布置

进水池虽然符合尺寸要求，但由于布置不当也会产生旋涡或干扰、两泵间夺水等现象，影响泵的正常运转，尤其对大口径泵，正确的布置更为重要。

图6－3表示了几种布置形式的好例与坏例，供参考。

3. 拦污护网

若抽送的液面很脏时，单靠进水管的护网是不够的，常常会有把进口护网堵塞或部分堵塞的危险，造成泵流量减少，更严重的会造成泵的汽蚀。此时，需在进水池进口，或在进水

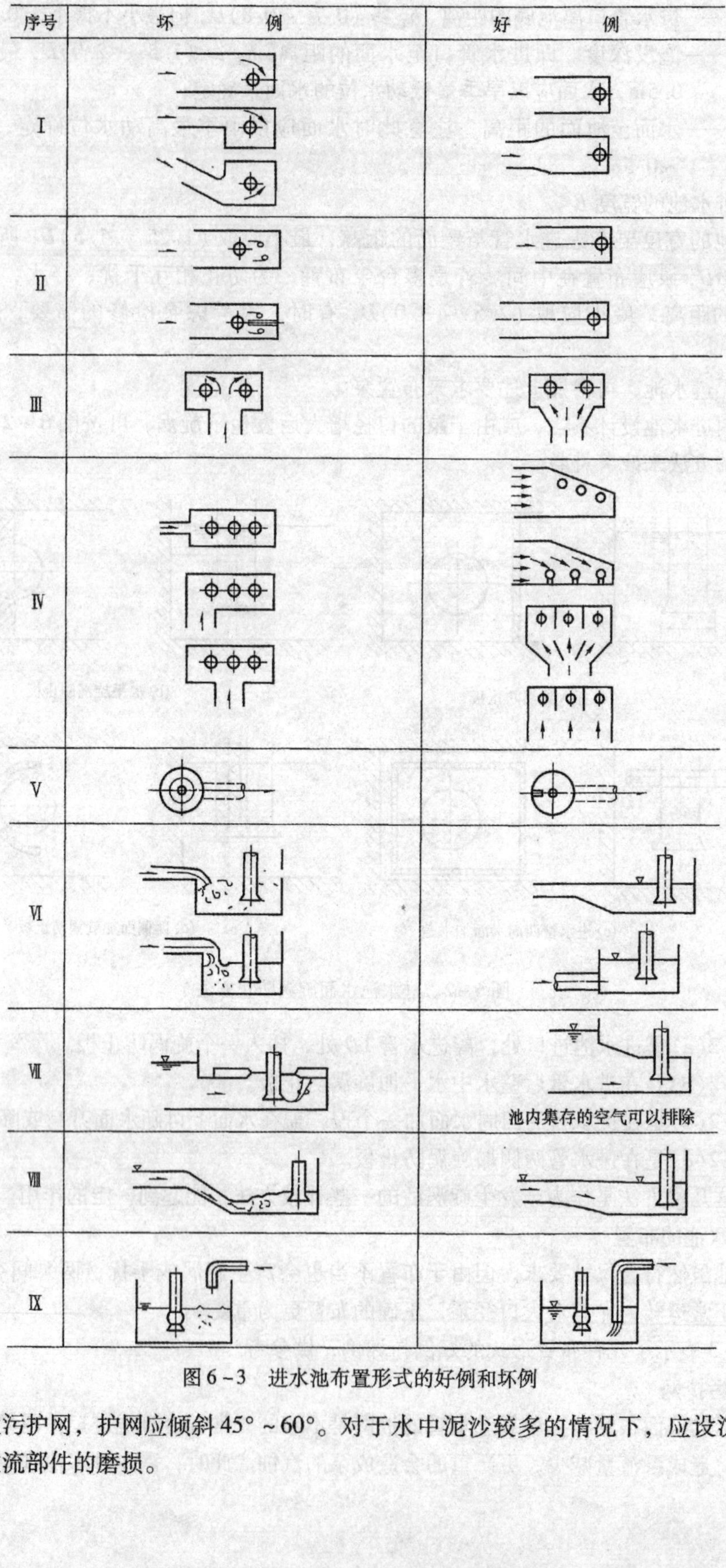

序号	坏　　例	好　　例
Ⅰ		
Ⅱ		
Ⅲ		
Ⅳ		
Ⅴ		
Ⅵ		
Ⅶ		池内集存的空气可以排除
Ⅷ		
Ⅸ		

图 6－3　进水池布置形式的好例和坏例

管四周加拦污护网，护网应倾斜 45°～60°。对于水中泥沙较多的情况下，应设沉淀池，以减小对泵过流部件的磨损。

4. 泵房

泵一般都需要设置泵房，以防止雨水风沙侵蚀。对于卧式泵可将进水池布置在泵房外面，对于立式泵可布置在进水池或水井上面。

泵房应有足够大的面积，泵与墙壁、泵与泵之间要有一定的距离，便于维修时操作。

泵房应有足够的高度，便于安装时的起吊。如果泵房的高度不够时，可以在泵房顶开天窗来解决，对大型泵的泵房应设置起吊设备。

泵房离变压器不能太远，以防止线压降太大。

第二节 泵机组安装

泵机组的安装顺序为：基础浇灌、底座安装、泵和原动机的安装。

一、基础浇灌

泵的基础是用来固定泵和原动机的位置，承受泵和原动机的载荷，防止振动。对于大型泵的基础，要根据泵和原动机的动、静载荷进行正确的设计计算来确定，否则会造成垮塌、变形、振动。

固定使用的泵都应打混凝土基础，先挖好基坑，铺 10～15cm 的砂子或碎石夯实，如果土质过松，需要打桩加固，然后安放模板，扎钢筋，最后浇灌混凝土。基础一般高出地面 10～20cm，宽出底座 10～15cm 为宜。小型泵机组可采用砖或石块砌筑。

地脚螺栓固定的方法有两种，一次浇灌法和二次浇灌法。

一次浇灌法是在混凝土浇灌前，先做好模框，将地脚螺栓固定定位在模框上，如图 6－4 所示。一次浇灌在混凝土中，拆下模框后，地脚螺栓就固定在混凝土中。这种方法的优点是缩短了施工时间，地脚螺栓与混凝土的粘结较好，但螺栓的位置不易保证，浇灌混凝土时要小心，不要将地脚螺栓碰歪，一般只用于小型泵（泵口径 <300mm）的安装。

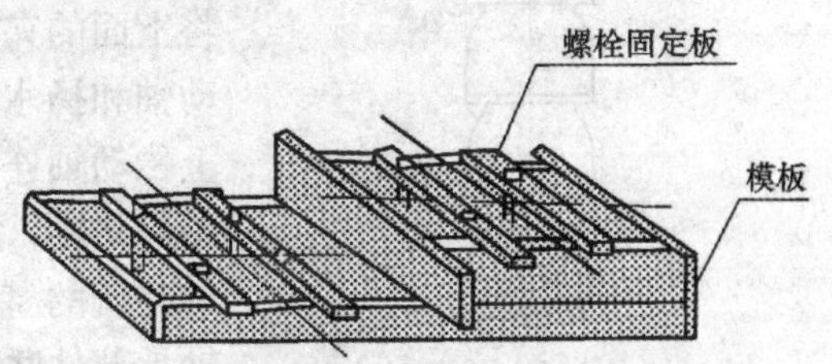

图 6－4　一次浇灌螺栓在模板上固定

二次浇灌法是在基础上预留出地脚螺栓孔，一般为 100mm×100mm 的方孔（视地脚螺栓大小增减）。孔深为地脚螺栓长 L＋(100～200)mm 待混凝土达到一定强度后，安装底座，上好地脚螺栓后再往预留的螺栓孔内浇灌混凝土，这种方法不会因地脚螺栓不正而造成底座安装困难。大型泵机组一般都采用二次浇灌法。

二、底座安装

底座安装时，需在底座与基础之间加放斜铁或垫铁来调整标高和找水平位置。斜铁或垫铁加放在地脚螺栓处，如果底座较大时，需在底座的两头和中间间隔较大处加放斜铁或垫铁。当用垫铁找平时，需准备不同厚度的垫铁，但垫铁最好不超过 3 块。除找水平外，还要找底座的中心线，以便管路安装时与泵进出口法兰重合。找正拧紧地脚螺栓后，还需要向底座空腔内灌浆。

三、机组安装

一般是先将泵吊装就位，找好与管路的连接位置，然后将原动机吊装就位，并按第五章第九节“泵传动装置的选择与使用”内容进行找正，最后拧紧与底座的连接螺栓。如有冷却水管路、润滑油管路，先进行连接安装，最后连接泵进出口管路，支承好进出口管路，泵就安装完毕。

对大型泵机组，泵和原动机不采用共用底座而是分开底座时，可将泵和原动机的底脚视为底座，将底座安装和机组安装合在一起进行。

四、立式长轴泵、深井泵的安装

如果立式长轴泵较短时，可以将整体泵吊起，放入池口(井口)的基础上，找水平，拧紧地脚螺栓就可，安装很方便。

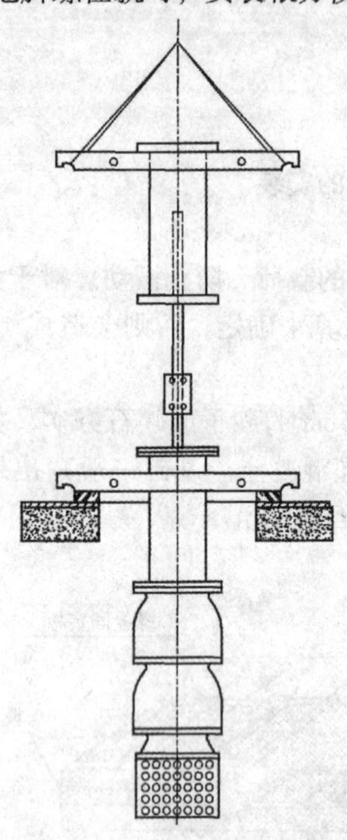

图6-5　立式长轴泵的安装

如果立式长轴泵、深井泵的长度较长，为解决包装和运输的困难，常为散件，需要在现场进行泵的组装和安装。立式长轴泵深井泵一般都安装在井口上或池口上，所以安装前需准备两块方木架在井口上，并还需有两副安装夹板。安装时，先将泵头组装好，用夹板夹紧泵头的上端，用钢丝绳挂在夹板上吊起，放入井口，然后落下，将夹板搁在井口上的两块方木上，拿走钢丝绳。连接中间传动轴，安装安有导轴承的中间轴承支架，然后用另一副夹板夹紧扬水管吊起，穿过传动轴放下，连接泵和扬水管，如果为了节省起吊高度，可将传动轴穿在扬水管中间，一起吊起放下。先连接传动轴，然后再连接扬水管，如图6-5所示。再将装好的部分吊起，取下下面的安装夹板，慢慢下落，将上面的夹板放平在两块方木上。照此方法，将中间的传动轴和扬水管一节一节加长，往下放。装完扬水管后，将上传动轴连接好，将泵座穿过传动轴下落与扬水管连接好，吊起泵座，取下扬水管上的夹板。将泵座放到预先准备好的井口的基础上找水平，紧固地脚螺栓，最后安装轴封、轴承部件联轴器、电机支架和电机。

第三节　管　路　安　装

管路安装前应检查管子和附件的规格、尺寸和质量。尤其对高压管路，管子的承压能力一定要符合要求，必要时要做水压强度试验。

一、管路口径的选择

管路口径越小，可减少管路购买成本，安装时也比较方便，但口径越小，会增加流速而造成较大的阻力损失，运行就不经济，尤其是进水管路，如果口径太小，容易使泵发生汽蚀。所以管路口径的选择要兼顾一次购买成本、长期运行成本及运行可靠性。一般选择流速2.5~4.5m/s，常选用3m/s较为适中，出水管流速可以高一些。

二、管路连接方法

1. 法兰盘连接

在每节管的两头有法兰盘，用螺栓将法兰盘连接，两法兰盘之间夹有一层2~4mm厚的橡胶板或石棉板。法兰的结构和尺寸按压力的不同而不同，按其压力的大小选取其结构、材料和尺寸。这种连接方法可承受较大的压力，装拆也比较方便，但结构较为复杂。法兰盘连接时，管子内口及垫的内口要对齐，不要错位，垫的内口不能小于管径，以免影响液体的流动，所以常将两个法兰的外径做成相同大小，可用外圆来找正。安装时，两法兰面要清洗干净，螺栓拧紧时，应对称拧紧，并且每条螺栓拧紧的力要均匀，以防止法兰面歪斜而造成漏水或漏气。

2. 螺纹连接

在每节管子两头都有一段螺纹，然后用一个带螺纹的管箍连接起来。连接时，在螺纹上绕一点麻，涂上铅油，或绕四氟薄带，要注意绕麻或四氟薄带的方向应与螺纹方向一致，否则麻或四氟带会吃不进去。先用手认上扣，再用管钳或链钳拧紧。螺纹连接一般用于口径不大、压力不太高的情况，常用以口径 150mm 以下的管路连接。

3. 承插管连接

管子的两头，一头为大头，一头为小头，大头向前，将管子的小头插入管子的大头中，四周镶嵌接头填料。连接时小头的顶端与大头内的支承端面之间应留有 3 ~ 8mm 的间隙，以便伸缩。同时还应注意，小头插入大头内与大头内壁之间的间隙应均匀，为保证均匀，可用几根锲子塞在环状空隙中定位，在空隙中嵌塞接头填料。接头填料通常用油麻绳或石棉水泥做成一束一束，每束 4 ~ 6 条，每束的粗细略粗于环状空隙，并均匀一致，如图 6 - 6 所示。在缺乏填料时，也可以用桐油石灰代替，待接口填实后，再把接口处浇上混凝土垫层，或每隔一定距离设置支墩来支承管子的重量和固定管路的位置。

承插管一般用铸铁制成，一般只用于压力较低情况下使用，泵的进水管不允许使用。

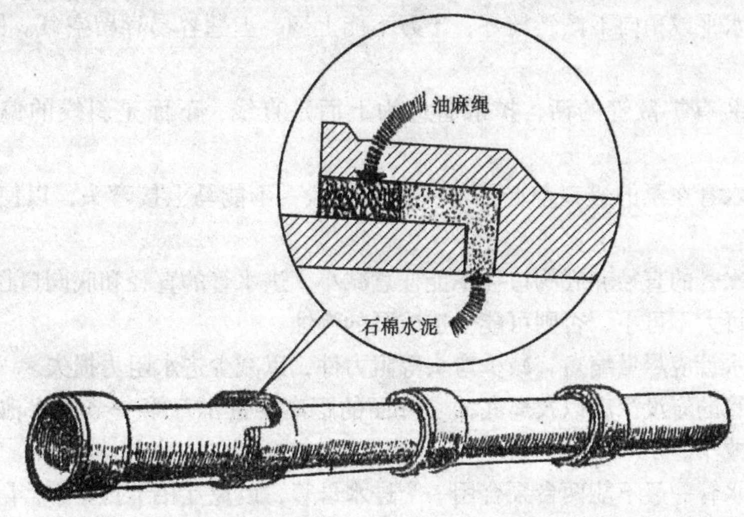

图 6 - 6　承插管安装图

4. 混凝土管套管接头连接

在安装前，先把管子接口处外壁及套管内壁凿毛，但在填嵌油麻绳的部位不凿毛，安装时要校正好管路的位置和高度，用泥浆石片做管子的垫层，在浇灌垫层时，接口处也要留一段不浇，便于接头嵌塞填料用。填料一般用石棉、水泥和油麻绳，油麻绳塞在中间，两头用石棉、水泥填塞，如图 6 - 7 所示。石棉、水泥比例一般为石棉 30%，水泥 70%。封口接好后，要注意保养，一般需 14 天左右，冬天还要注意防冻。混凝土套管连接一般只用于压力极低或无压情况下的引水管之用，泵的进出水管路上很少用，绝不允许用于泵的进水管。

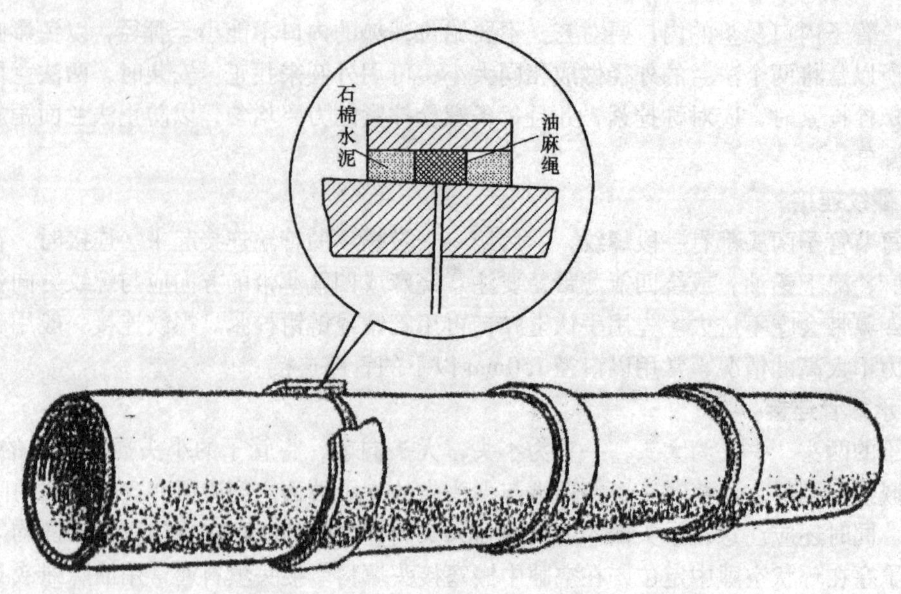

图6－7　混凝土套管连接

三、泵进水管路安装注意事项

（1）泵进水管不能有漏气的地方，否则会吸不上水或减小泵的流量。

（2）泵进水管不能有存气的地方，所以进水管的任何部位都不能高于水泵的进口，进水管的横管应该水平或稍向下倾斜较好，千万不能上翘，上翘容易存留空气。图6－8为进水管安装示例。

（3）如果装有扩散管的话，扩散管应为上面是直线，下面是斜线的偏心扩散管，见图6－8。

（4）泵进水管在泵的进口前必需有一段直管段，不能马上接弯头，以使水流平稳进入泵内。

（5）泵进水管的直径和底阀口径不能任意减小，进水管的直径和底阀口径至少应与泵入口口径相同，可大不可小，否则可能会造成泵的汽蚀。

（6）泵进水管应尽量缩短，减少弯头等阻力件，以减少进水阻力损失。

（7）进水管的淹没深度以及离底面、壁面的距离要按本章第一节进水池的要求尺寸进行，不要任意减小。

（8）泵进水管一般不能两台泵合用一个进水母管，以免互相干扰夺水，除非母管直径非常之大。

（9）泵进水管应支承牢固，不能把管的重量附加到泵上，造成泵的损坏。

四、泵出水管安装注意事项

（1）泵出水口不宜安装过高，最好是泵在工作时，出水口淹没在水中，停泵时，出水口露出水面，这样最节省扬程也便于检修。尤其对低扬程泵来讲是很重要的。

（2）对扬程较高的泵（>20m）出水管路中必需安装逆止阀，以防止水锤现象发生。逆止阀一般安装在泵出口，闸阀的前面为好。

（3）泵出水管不能有漏水的地方，尤其对高扬程泵压力较大造成人身伤害。

（4）如果管路需经常拆卸的话，用法兰连接较方便。

（5）泵出水管路应支撑牢固，不允许管路重量压在水泵上，以避免损坏泵和发生振动。

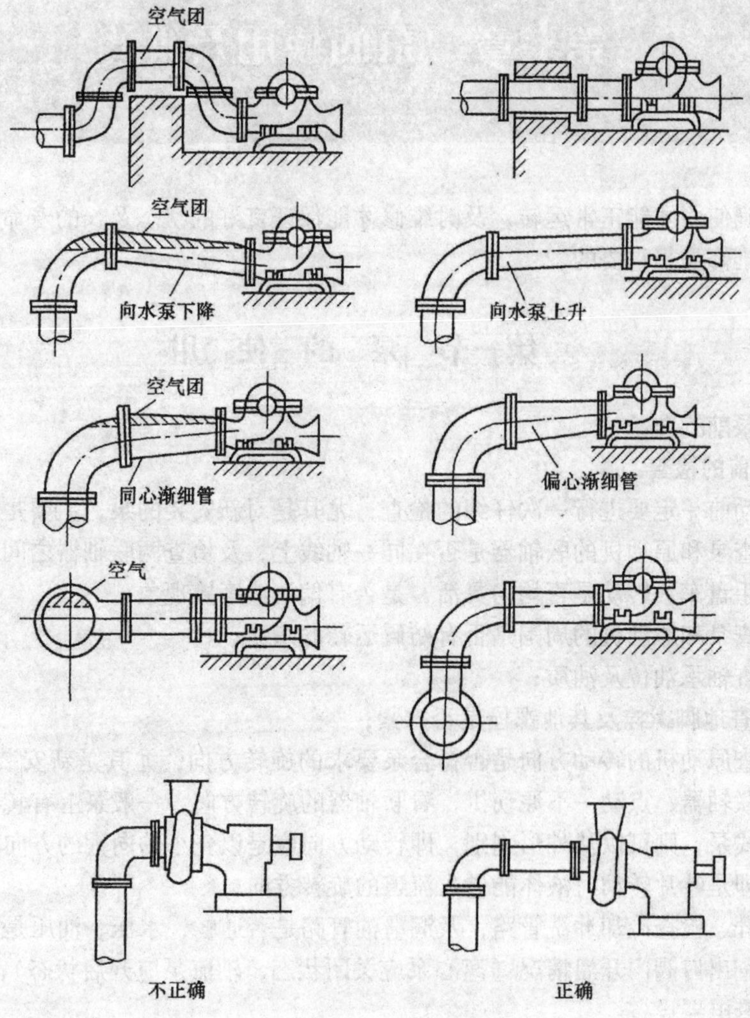

图6-8　进水管安装示例

第七章　泵的使用及维修

泵的正确使用才能正常运转，及时维修才能保证良好的状态及长的寿命。所以泵的正确使用、及时维修是很重要的。

第一节　泵　的　使　用

一、启泵前的准备

1. 启泵前的检查

泵在启动前一定要进行一次仔细的检查，尤其是对新安装的泵，主要是检查以下方面：

(1) 检查泵和原动机的联轴器是否在同一轴线上，及检查两联轴器之间的间隙；

(2) 用手盘车，转动是否均匀灵活，是否有偏沉或摩擦现象；

(3) 检查泵和原动机的周围是否有妨碍运转的东西；

(4) 检查轴承油位及油质；

(5) 检查地脚螺栓及其他螺栓是否拧紧；

(6) 检查原动机的转动方向是否符合泵要求的旋转方向，尤其是新安装的泵尤为重要。方法是脱开联轴器，点动一下原动机，看联轴器的旋转方向，一般泵上有转向牌，如无转向牌，对蜗壳式泵，则可以从外形判别，即转动方向应是以壳小的向大的方向转动。如果看叶轮的叶片，即是叶片转动时液体能进入流道的旋转方向；

(7) 打开、检查冷却冲洗管路，及润滑油管路是否通畅，水压、油压是否正常；

(8) 检查出口阀门开启情况（离心泵应关闭状态，轴流泵应开启状态）；

(9) 检查电器设备。

(10) 检查进水池的水位及是否清洁。

2. 启动前的灌水或抽真空

除自吸泵或叶轮浸在液中的泵外，泵都需要灌满液体或用真空泵抽真空启动（自吸泵也需在泵体内灌满液体），决不能泵内无液干启动。灌液时还要注意充分放气。放气口应设在最高处。

3. 暖泵

对输送高温液体的泵要注意开泵前暖泵，暖泵时每小时温升不应大于50℃，并每隔5～10min盘车半圈。

二、启泵

启泵时，泵和原动机前不要站人，尤其要避开联轴器的地方，对高压水泵要防止漏水伤人。启泵后要迅速打开出口闸阀到额定压力或流量（关阀运转不得超过3min），并密切注意泵的运转情况，如发现异常要赶快停泵检查原因，排除故障后再开。

三、启泵后注意事项

启泵后要密切注意泵的运行情况，应注意如下事项：

（1）检查各仪表是否在正常范围内，尤其首先检查电流表，不能超过电机的额定电流，电流过小也属于不正常。另外还要检查流量计、压力表、油压和油温等；

（2）检查轴封泄漏情况和发热情况，轴封如是填料密封时要逐渐调整压盖压紧程度，如果填料发热要检查串水是否正常，压盖是否压的太紧。新填的填料，开始泄漏量可以大一点，等磨合后逐渐压紧到泄漏量正常；

（3）检查泵和原动机的轴承温升，轴承温度一般不得超过周围温度35℃，最高不得超过75℃，如果没有温度测量仪，可用手摸一下，一般不能感到烫手而不能停留；

（4）对强制润滑轴承要检查油温和油压；

（5）检查进出水管是否有漏气，漏水的现象；

（6）检查泵和原动机的振动和声响是否正常；

（7）检查进水池的动水位及是否有旋涡。

四、停泵及停泵后的注意事项

（1）停泵前应先关闭出口闸阀（轴流泵除外），然后再停泵；

（2）停泵后应关闭冷却、冲洗管路、润滑油路。但对于输送高温液体情况下，不要马上关闭冷却、冲洗管路；

（3）擦干净水渍、油渍；

（4）冬季室外应放干净泵内存水，以防止冻裂；

（5）长期停用时，应把泵拆开，擦干、涂油保养。

第二节　泵的故障及分析排除方法

一、泵的故障原因及排除方法

泵的常见故障原因及排除方法见表7－1。

表7－1　泵的故障原因及排除方法

序号	故　障	故　障　原　因	排　除　方　法
1	泵不出水	1）泵内充液不足 2）管路或叶轮堵塞 3）吸入管路漏气或轴封漏气 4）泵转向不对 5）叶轮损坏 6）发生汽蚀 7）泵的最高扬程低于装置扬程	1）继续向泵内充液并放气或抽真空 2）清理管路或叶轮 3）检查并消除漏气 4）改变泵旋转方向 5）更换叶轮 6）增加吸入压力或降低泵安装高度 7）提高泵的扬程或减少装置扬程
2	流量小	1）泵规定点扬程低于装置扬程 2）吸入管路内窝气 3）泵转速低 4）泵发生汽蚀 5）叶轮部分堵塞 6）叶轮损坏或密封环磨损过大 7）泵淹没深度小，吸水面产生旋涡，吸入空气 8）泵叶轮直径小	1）提高泵的扬程或减小装置扬程 2）放气及消除吸入管内窝气 3）检查原动机及电路 4）增加吸入压力或降低泵安装高度 5）清理叶轮 6）更换叶轮或更换密封环 7）增加泵的淹没深度或加防旋涡措施 8）检查加大叶轮直径

续表

序号	故 障	故 障 原 因	排 除 方 法
3	泵不能启动	1）转子卡死或有严重摩擦 2）离心泵没有关闭出口阀门，轴流泵没有打开出口阀门 3）电压太低 4）过载安全保护电流调得太低 5）平衡轴向力装置失效 6）轴承损坏	1）检查原因，消除 2）离心泵关闭出口阀门启动，轴流泵打开出口阀门启动 3）检查原因，排除 4）适当调高过载安全保护电流 5）检查原因、消除 6）更换轴承
4	功率过大 电机发热	1）泵的流量过大，超过使用范围 2）转速过高 3）电压太低 4）密封环磨损过大 5）输送液体相对密度大 6）轴向力平衡装置失效 7）泵的转动部件有摩擦 8）电机质量不好 9）填料压得太紧	1）关小出口阀门 2）降低转速到额定转速 3）检查原因、消除 4）检查测量更换密封环 5）更换原动机，加大功率 6）检查原因、消除 7）检查消除 8）检验电机质量，修理或更换 9）松填料
5	泵振动噪声大	1）传动装置找正不良、泵与原动机轴不在同一轴线上 2）泵或电机转子平衡不良 3）底座没有填实或地脚螺栓未拧紧 4）基础不坚固 5）轴弯曲 6）轴承磨损 7）泵流量太大或太小，超出使用范围 8）泵发生汽蚀 9）泵转动部分零件没有拧紧 10）管路支承不牢固 11）泵吸入空气	1）正确找正传动装置 2）做泵、电机转子的静平衡或动平衡试验 3）检查填实，拧紧地脚螺栓 4）核算加强基础 5）校直或更换泵轴 6）修理或更换轴承 7）关小或开大出口阀门到使用流量范围内 8）增加吸入压力或降低泵的安装高度 9）拧紧 10）改进加固支承 11）增加淹没深度
6	轴承发热	1）轴承安装不正确或间隙不当 2）轴承磨损 3）润滑油过多或缺油 4）油质不良 5）油环不带油 6）轴弯曲 7）传动装置找正不良，泵和原动机轴不在同一轴线上 8）对轴承强制润滑时油压不够 9）皮带传动，皮带拉的过紧 10）不允许皮带传动使用皮带传动	1）正确安装，调整间隙 2）更换轴承 3）检查调正油位或填充油脂量 4）更换润滑油 5）检查重新安装 6）校直或更换泵轴 7）重新找正传动装置 8）增加润滑油油压 9）放松皮带 10）加皮带轮架子

续表

序号	故 障	故 障 原 因	排 除 方 法
7	轴封泄漏	对填料密封 1）填料压的不紧 2）填料室与轴不同心 3）轴或填料轴套磨损太大 4）轴弯曲 5）填料安装不当 对机械密封 1）机封弹簧压缩不够 2）摩擦付端面磨损或损坏 3）密封圈老化、损坏或尺寸不对 对油封 1）老化失去弹性 2）弹簧掉出 3）轴、密封腔尺寸不符 4）缺油	 1）逐渐压紧 2）更换填料室 3）更换或修理轴或轴套 4）校直或更换轴 5）按要求正确安装 1）调整弹簧压缩到要求值 2）修理或更换摩擦副 3）更换密封圈 1）更换 2）重装将弹簧放入槽内 3）改变轴、密封腔尺寸及配合符合要求 4）油封内填充黄油
8	轴封发热或寿命短	填料密封 1）填料压的太紧 2）填料未串水或串水未对准填料环 3）填料室与轴不同心 4）轴或填料轴套磨损 机械密封 1）机封弹簧压缩量过大压得太紧 2）机封选型不当 3）机封的冷却冲洗不当 4）发生干磨 5）介质不洁	 1）适当放松填料密封 2）加串水或调整密封环对准串水口 3）更换填料室 4）修理或更换轴、轴套 1）调整弹簧压缩量 2）按密封腔压力、温度选择合适的机封型式及材料 3）按密封腔温度、压力正确选择机封的冷却冲洗方法 4）正确选择冲洗、放气等，防止泵发生汽蚀 5）采取措施清洁介质，或改变摩擦副材料

二、故障原因分析、确定具体原因

从表7-1中可以看出，对一种故障，有多种故障原因，只有正确确定具体原因后才能正确排除故障，在现场要正确确定具体原因常是很复杂困难的工作，只有通过各种仪表及各方面的现象进行仔细、综合的分析才能得出具体的原因。表7-2介绍了故障原因现象分析的一些方法。

表7－2　故障原因分析

序号	故障	故障原因	故障显示的现象
1	泵不出水	1）充液不足 2）管路或叶轮堵塞 3）吸入管路漏气或轴封漏气 4）泵的转向不对 5）叶轮损坏 6）发生汽蚀 7）泵的最大扬程低于装置扬程	1）电流表的电流很小，出口压力表无压，进口无真空或极小 2）进口管路堵塞（包括底阀打不开或堵塞）：电流表的电流比较小，出口压力很小，但进口真空度却较高。 出口管路堵塞（包括出口阀门未打开）： 电流表的电流比较小，出口压力很高，进口真空度略小，长时间运行后泵会发热。 叶轮堵塞一般堵塞在叶轮进口，其现象同进口管路堵塞 3）如果漏气严重，泵不出水，电流很小，出口压力很小并且波动很大，进口真空小并且波动大，当关闭出口阀门，进口真空很快下降 4）如果泵进口是真空：在出口阀门未打开之前，压力表有压，但很小，当出口阀门打开后，泵出一股液体后，接着就不出水，出口也没有压力了。如果泵进口有压力：泵出口有压，但压力较小，打开出口阀门后压力迅速下降，出水量很小 5）如果是滚键，泵轴虽转动，叶轮并不转动，所以泵出口无压力，进口无真空，电流很小。如果叶片损坏或盖板磨坏，虽然不出水，但是泵出口有压力，进口有真空，但较小，电流却并不小 6）开泵后出水，逐渐减小到无，压力开始正常，逐渐减小到无 7）泵的出口压力很高，为最高扬程，电流略低，进口真空略低，运行的时间长后泵会发热
2	泵流量小	1）泵规定点的扬程低于装置扬程 2）吸入管路漏气 3）吸入管路内窝气 4）泵转速低 5）发生汽蚀 6）叶轮部分堵塞 7）叶轮损坏或密封环磨损过大 8）淹没深度小，吸入空气 9）叶轮小，常把切割过的叶轮当成正号叶轮装入	1）出口压力高于泵规定点的相程，电流略小，但很稳定，进口真空略小 2）在漏气不严重，吸入真空较小的情况下，泵仍能出水，但泵的流量较小，表现为出口压力，吸入真空度都减小、不稳定，电流略小，波动大 3）出口压力偏低，流量小，电流偏小，并且都不稳定，波动大 4）出口压力、电流都偏小，但指示很稳定，不波动 5）出口压力、电流都较小，波动大，而进口真空较高，并且伴有振动，还能听到泵内有像放小鞭炮的噼啪声 6）出口压力较小，电流比较小，但很稳定，如果堵在叶轮进口，则会发生汽蚀那样的现象 7）叶轮损坏一般发生前盖板磨穿，是由于轴母未拧紧或轴向力平衡装置失效所造成。表现为出口压力下降流量减小，但电流却很大 8）一般发生在大口径泵中，表现为出口压力、电流不稳定，时大时小，并略小，吸入面上能看到旋涡 9）出口压力小、流量小、电流小

续表

序号	故障	故障原因	故障显示的现象
3	泵不能启动	1）转子卡死或严重摩擦	1）出口无流量也无压力，电流却很大，盘车时盘不动或盘动费劲，有半沉、摩擦现象
		2）离心泵未关闭出口阀门，轴流泵未打开出口阀门	2）一般能合上启动，但不能合上运转。合上启动后，对离心泵出口压力偏低，对轴流泵出口压力非常大，启动电流特别大
		3）电压太低	3）常是由于变压器容量小，或线压降大或电机接线错误，表现为起动电流大
		4）过载安全保护电流调得太低	4）能合上启动，不能合上运转
		5）平衡轴向力装置失效	5）启动电流大，并且不稳定，有时伴有轴承发热现象
		6）轴承损坏	6）当轴承损坏严重情况下，就不能启动，表现为启动电流极大，达到电机的堵转电流
4	电机发热、功率过载	1）泵的流量过大，超出使用范围	1）出口压力低于规定点的扬程很多，进口真空度大，流量大，电流很大，严重时电流不稳定。常会伴有管路振动噪声
		2）转速过高	2）出口压力高，进口真空大，电流大
		3）密封环磨损过大	3）虽然泵的流量不大，但泵的实际流量却很大的，所以表现为泵的出口压力低，吸入真空大，电流也大
		4）输送液体相对密度大	4）出口压力偏大，真空正常，电流大
		5）平衡轴向力装置失效	5）转速不稳定，电流大，不稳定
		6）泵转动部件有摩擦	6）用手搬动时，轻重不均匀，有摩擦声
		7）填料压得太紧	7）表现为盘车沉，开泵后填料泄漏量小或无，并发热，电机电流大；在小泵中尤为多见
		8）电机质量不佳	8）泵无异常，电流大
5	振动噪声大	1）传动装置找正不良	1）轴承处振动较明显，可用直尺和塞尺检查传动装置
		2）转子平衡不良	2）轴承处振动较大，并且横向振动大于上下振动
		3）底座没有填实或地脚螺栓松动	3）底座振动很大，甚至周围地面也有振动感
		4）基础不坚固	4）一般发生在大泵中，底座和周围地面有明显振动
		5）轴弯曲	5）轴承处振动较明显，伴有电流增大，轴承发热的可能
		6）轴承磨损	6）轴承处的噪声较大，并可能发热。对滚动轴承检查游隙较大，窜动量较大，对滑动轴承，轴有下沉现象
		7）泵流量太大，超出使用范围	7）出口压力低，电流大，进出管路尤其是阀门处有较大的唰唰流水声，伴有管路跳动
		8）管路支承不稳	8）管路有较大振动，噪声
		9）泵吸入空气	9）阵发性发生振动噪声，伴有出口压力不稳，流量时大时小
		10）轴承缺油或油质不良	10）轴承发热

第三节　泵的故障分析及排除实例

本节介绍一些现场的泵故障分析排除的实例，这些实例虽然都是一些个例，但通过这些例子的介绍可以给大家对泵故障分析排除的一些思路和方法。

泵使用现场经常是很复杂的。故障原因多种多样，就是对于一个很有经验的人来讲，有时也会感到困难，需要经过仔细观察分析思考和计算才能找到真正的故障原因。

现场故障分析排除首先要准备好该泵的一些资料，如说明书、样本、性能曲线、总装配图等，这对分析问题时是很有用的。到了现场必须仔细实地观察和了解该泵的装置情况，工艺流程、操作过程、安装情况、电气设备情况和各仪表运行情况及数值，然后用泵的一些基本知识去进行分析和必要的计算，这样就比较容易得到泵故障的原因，进行排除。

【例1】　包头一玻璃厂，使用2台IS200－150－400型单级单吸离心泵，用作冷却循环泵，泵的流量400m³/h，扬程50m，轴功率67.2kW。

泵的装置是这样：泵从一个较大的吸水池底部进水，然后通过泵送到玻璃制作流程中需要冷却的系统中，最后又回到吸水池中冷却。用户反映泵出口压力低，泵流量小，满足不了玻璃制作流程中的冷却需要。

解决过程：在现场观察到，泵出口压力不到0.2MPa，电流值仅为65A，没有安装流量计，所以不能测得流量值，但从回到吸水池的流量看明显较小。当关死泵出口阀门时，泵出口压力达到了泵的关死点扬程。

从上面的现象分析，泵的扬程只有20m，电流只有65A。但轴功率67.2kW时，电流应为150A左右，泵的流量又小，但关死点扬程正常，所以判断为泵进口堵塞。但用户不同意这个判断，理由是吸水池清澈，能看到池底，哪有脏物堵塞泵。当时确实也感到有些疑惑不解，水如此干净拿什么堵？但根据上述现象分析泵进水是倒灌，不可能是汽蚀、漏气，只能是泵进口堵塞。在找不到别的原因的情况下，用户只好同意我们意见打开泵的进口检查，却发现了一个编织袋堵在了叶轮的进口上。清除编织袋后，一切正常了。原来因为吸水池是开敞式的，有人随意扔进了编织袋，吸入了泵内。

【例2】　北京某单位，使用2台空调系统的冷却泵，泵的流量200m³/h，扬程32m，轴功率21.26kW。

泵的装置是这样的，泵出口有一个大的稳压罐，从稳压罐输送到所需要的冷却的空调系统中，然后又回到一个回水罐，从回水罐又回到泵的进口，这样一个闭式循环系统。调试中发现泵的出口压力低仅0.14MPa，泵达不到额定扬程32m的要求，用户认为泵不合格。

解决过程：现场观察到泵的出口压力确为0.14MPa，即泵的扬程仅为14m，但电流却很大，达到了50A，而按泵的轴功率21.26kW计算应为40A左右。当泵关死阀门后泵出口压力能达到泵的关死点扬程。再进一步观察到，泵出口稳压罐的压力也是0.14MPa，但回水罐的压力为0.12MPa，经过空调的冷却系统后，压力仅下降了0.02MPa。根据上述情况判断认为空调冷却系统安装有问题，冷却水未进入空调冷却系统，即短路。出口的水直接回到了进口，也就是说未带上负荷。但安装公司不同意这个观点，认为是泵达不到性能所致。应先解决泵的问题。在设计院，用户，安装公司及泵厂共同商定下，决定关小泵出口阀门到泵的额定扬程值，然后用超声波流量计测量泵的流量，结果流量为198m³/h，基本达到泵的额定流量200m³/h，证实了上面分析是正确的，安装公司只得承认泵没有问题，他们只好重新检查管路系统。

【例3】 某钢厂使用的转炉炉口冷却循环泵，流量为426m³/h，扬程50m，轴功率76.1kW，泵检修后发现泵的出口压力下降为0.45MPa，电流却很大，为165A。

解决过程：现场了解到泵的装置系统并未改变，而检修后泵的扬程降低，而电流却增大，当关死泵出口阀门时，泵达不到关死扬程值，初步判断认为新换的泵密封环尺寸有问题，泵体与叶轮处的间隙太大，使大量的液体从密封环回到了泵的进口，泵实际上是在大流量情况下运行。打开泵检查后发现忘记装密封环了，大量的液体不从泵出口流出而回到了泵的进口，实际上是在大流量工况下运转。

【例4】 某工厂的循环冷却泵8sh－9型泵，其流量为288m³/h，扬程62.5m，轴功率61.6kW。试运中，泵的出口压力仅为0.44MPa，电流为89A。用户反映泵出口压力低，冷却效果不良，达不到要求。

解决过程：现场勘察，泵的吸水深度约2m，加上出口压力0.44MPa，泵的扬程约为46m，低于泵的扬程62.5m；泵的轴功率61.6kW，电流应约为117A，而现在电流只有89A，电流偏小，泵运行稳定正常。关闭出口闸阀后，泵出口压力上升到0.6MPa。查8sh－9型泵的性能曲线，关死扬程应为76m左右，远远达不到关死扬程值，初步判断叶轮外径小造成。打开泵的上盖测量泵叶轮外径，直径为218mm，应该是233mm，218mm是8sh－9A的叶轮直径，原来错把8sh－9A的叶轮装上了，更换8sh－9的叶轮后，压力、电流正常，冷却效果也达到了要求。

从上面的四个实例看出，同样是泵的出口压力低，但原因却不同，通过泵的出口压力、电流大小、关死点的扬程等进行分析判断，得到了不同的故障原因。

【例5】 北京房山一农田灌溉泵，型号为4DA8X4型多级泵，泵的流量54m³/h，扬程96m，配用功率30kW，允许吸上真空高度7m。

泵的装置是这样：泵从一条小河中取水，吸水面离泵中心约3m，输送到约1500m远处的输水渠中，输水管爬坡高度约为18m，口径为100mm。因为泵出口处离泵较远，所以开泵后，泵出口处站着一个拿小旗的人，当泵出水后，便摇动小旗告诉泵操作工人泵已出水。用户反映泵流量太小。

解决过程：现场看到泵出水管口流出的水只有半管水，出口后没有往前冲就落下来了，确实水量很小，但泵运行很平稳正常。没有安装任何仪表。在详细检查泵后发现，泵的进水段上没有放气阀。泵进水段上应有放气阀，开泵前应进行放气。询问同去的泵检查员为什么没有，检查员说泵原先是有放气阀的，但因为使用中都不用它，为了节省成本，将放气阀取消了。当时计算分析认为泵不会发生汽蚀，进口管路也无漏气，也找不出其他原因，所以认为是进水段上没有放气，窝气所造成的。同去的检查员却不同意这个观点，认为取消放气阀后，那么多泵从来没有发生过问题，进水段上就那么一点气，水一通过还不把气带走了。但因找不到其他原因，也只能试一试了，用电钻在进水段上面重新打螺孔，安了一个放气阀，开泵前灌水时将气放尽，然后开泵。这时情况变了，泵出水口满满一管水直射出达2～3m之远，将出口观望的摇旗人冲倒，满身是水，看来还真就是这个原因。分析认为别的地方因为出水管较短，容易将窝气带出去，这里因为出水管太长不容易将气带出造成了进口窝气。

【例6】 从一水井中取水浇菜地的一台泵，泵的流量17m³/h，扬程15m，允许吸上真空高度7.3m。泵的主人说，以前泵出水量很大，十多亩菜地全靠这台泵浇灌，但慢慢地出水量越来越少了，现在刚开泵时，能出一股较大的水，但马上变得小了，有时还断水了，现在已不够用了。同时泵的叶轮也经常损坏。

解决过程：根据上述反映的情况，初步判断为该地区地下水位下降，水井的水位下降，造成水泵发生汽蚀所致。用一根细绳拽了一块木头测量了水井的水位，不开泵时的静水位为6m，开泵时的动水位为7.8m，超过了泵的允许吸上真空高度7.3m。所以建议他在井边挖一个2m深的坑，将泵放到坑中，降低泵的吸水深度，泵就正常工作了。

【例7】 从一水井中取水浇地，泵的型号为3BA－13B型泵，其流量为34.2m^3/h，扬程为12m。泵的主人说，以前泵很好用，半天就能把地浇完。现在刚开泵时，运行正常，但15min后就不出水了，需停20多min后再开，浇15min后又不出水了，一天也浇不完。同时也太麻烦了，开开停停，人一步也不能离开。

解决过程：根据上述反映情况，认为因水井陈旧，地下水位下降，造成水井出水量减少，供不上泵的流量。建议更换一台流量较小的泵2BA－9B型泵，其流量为15m^3/h，扬程仍为12m。更换泵后，泵能连续工作，省事多了，不会损坏泵了，虽然现在需要一天才能浇完地，但仍能满足灌溉需要。

【例8】 某农村一台农田灌溉泵，泵的流量144m^3/h，扬程9.5m，允许吸上真空高度5.5m。

泵的装置很简单，泵房在河边，泵轴中心距水面4m的河中吸水，输送到约10m远的水渠中，水渠高约2m。故障为泵流量小。

解决过程：询问泵操作人员说，原来出水量很大，不知为什么最近出水量小了。根据现场装置，泵的安装高度4m小于允许吸上真空高度5.5m，泵不会发生汽蚀，泵的扬程也足够。并且原来出水量很大没有问题。我们在泵的出口安装了一块压力表，发现压力表指针摆动很大，压力偏低。当关死出口阀门时，压力表指针站不住，慢慢往下降。进一步检查，发现填料无滴水有些发热，进一步检查发现从泵的出口引出串水到填料处的铜管没有了。用两个丝堵，堵死了原来的孔，进一步询问原因，泵操作工说，串水铜管碰坏了，漏水严重，因此取了下来，又找不到铜管就用丝堵堵上了。原来是因为填料未得到串水水封，填料处漏气到了泵的进口，造成了泵流量的减小，后来重新按装上了串水铜管泵就正常了。

【例9】 河北一钢厂，使用3台冷却循环泵300S58B型中开双吸离心泵，二用一备。泵的流量684m^3/h，扬程43m，配用功率132kW。

泵的装置是这样的二台泵并联送到一个母管中，后又分成二路，一路冷却四个热交换器，四个热交换器为并联。另一路冷却炼铁高炉，高炉分二层，为并联。冷却后的冷却水又收集回到泵的吸水池中冷却，用户反映炼铁高炉二层无冷却水，一层水量也不大。

解决过程：观察泵的出口压力仅为0.20MPa，而炼铁高炉前的压力仅为0.18MPa，高炉二层高约为20m，热交换器处冷却效果良好。当时觉得泵的扬程43m，扬程足够，为什么泵的出口压力上不去呢？分析认为热交换器这一路的阻力小，流量较大，造成了高炉处水少所以决定将热交换处的阀门关小到热交换器最小的需要，此时泵的出口压力上升至0.22MPa，高炉二层有了少量冷却水，但仍很小。一层的冷却水明显加大，但还是满足不了工艺工作的要求，当时分析计算认为泵的流量太小，而扬程不需要那么高，计算结果泵的扬程26m就够了，认为泵选型时流量选小了，扬程选高了。所以建议用户将泵换成350S26型双吸离心泵，其泵的流量1260m^3/h，泵的扬程26m，配套电机功率还是132kW，电机功率相同，原来电机可以不动，仍然还可以使用，只是换泵头即可，花的钱并不多。更换泵以后，泵的出口压力提高至0.26MPa，电流并未增加。但高炉二层的冷却水解决了，一层冷却水多了，热交换器处也无需关小阀门了。

【例10】 河北某钢厂使用的炼钢转炉炉口冷却热水循环泵，流量410m³/h，扬程47m，轴功率65.6kW，配套电机功率75kW，额定电流值为139.7A在设备调试中发现电机电流达到了145A，超过了电机额定电流。

解决过程：现场观察到电机的电流确为145A，再看泵的进出口压力计算得到泵的扬程仅为38m，分析认为泵的扬程选的太高了，泵在超大流量下运转，造成泵轴功率增大，此泵的配用电机功率的储备系数又较小，造成了泵大流量下电机超电流。所以决定关小泵出口阀门到电流额定值。并建议泵检修时，可将泵叶轮外径适当切割，减少叶轮外径这样更节能。

【例11】 河北一煤矿的主排水泵250D－60×8型多级离心泵，泵的流量450m³/h，扬程480m，配用功率850kW，必需汽蚀余量3.7m。用户反映泵运行正常，就是泵的叶轮、导叶坏的快，用一段时间后叶轮导叶上产生许多凹坑，用户认为泵发生了汽蚀破坏，要求帮助提高泵的汽蚀性能。

解决过程：现场看到泵的出口压力、电机电流都正常，运行平稳，吸水面到泵轴中心4.5m，计算得到可用汽蚀余量（装置汽蚀余量）5.2m，大于必需汽蚀余量3.7m，泵也未听到噼啪的响声，泵不应该发生汽蚀。再仔细观察损坏的叶轮导叶都是大大小小椭圆形凹坑，边缘整齐，汽蚀破坏应是蜂窝状剥落，不会是边缘那么整齐，再进一步观察，不但叶片进口有凹坑，出口也有，盖板也有，叶轮上有，导叶上也有，第一级叶轮上有，次级叶轮上都有。汽蚀一般只发生在第一级叶轮，叶片进口附近，后面的叶轮很少发生，所以判断不应该是汽蚀所致，而是输送的矿水有腐蚀性，造成了过流件的腐蚀。建议煤矿将叶轮、导叶改为不锈钢材料就可以了。后来了解到，改成不锈钢后叶轮导叶就不损坏了。

【例12】 北京郊区一临时安装的灌溉泵，流量35m³/h，扬程25m，配用电机功率5.5kW。

故障为电机合不上闸，泵转不起来。

解决过程：现场泵盘车轻松灵活，轴承润滑正常，电机接线正确，启泵时出口阀门是关闭的。但电机没有启动器降压启动，而是直接启动的。再进一步检查，变压器离泵很远，约有1500m，并且用很细的塑料导线连接过来。看了之后觉得变压器离泵这么远，导线又那么细，线压降一定很大，决定赶快测量电机接线端的电压，结果仅为330V，电压太低，又是直接启动，当然就起不来了。后换了粗的导线电压上升到380V，泵就起来了。

【例13】 江西一钢厂，使用的立式长轴浸没泵，电机功率为15kW，故障为泵启动时，有时能启动来，有时就不能启动。

解决过程：现场泵盘车灵活，电机接线正确，电压正常，但泵输送的水中含有大量的泥沙，使密封环之间的摩擦现象较为严重。后来找来了电工师傅了解，钢厂开关柜上的保护电流调得较小，又加上泥沙原因，启动电流较大，造成了泵有时能启动，有时不能启动。建议在安全范围内适当调大一些保护电流，泵就很容易启动了。

【例14】 某煤矿的井下主排水泵200D－43×7型多级离心泵起不起泵来。

现场检查：泵盘车轻松，但发现输送的水比较脏，水中含有较多的煤灰。据泵的操作人员反映，泵以前运行时，回水管有些发热。所以初步判断回水管堵塞。当打开回水管时，内有许多煤泥，而回水孔处已几乎堵死。当清理完回水管和回水孔后，泵就很轻松起来。

【例15】 某煤矿的水力採煤泵GZ270－150×9型多级离心泵，泵的流量270m³/h，扬程1350m，配用电机功率1600kW，安装调试发现，机组振动很大，泵不敢长期运行。

解决过程：现场在泵的轴承处测得泵的振幅达0.3mm，泵机组周围的地面也感到较大的振动感。检查泵的性能轴承温升都很正常，检查联轴器的对中也符合要求，泵本身并无什么问题，当时在厂里生产时，一起制造了两台这样的泵，经实验室内试验为正常，而另一台安装在北京的另一个煤矿，已正常工作一个多月了，振动仅为0.06mm，这一台为什么振动如此之大呢？后来与煤矿的工人交谈得知，在泵机组的基础浇灌时，上一天混凝土浇灌了一半下班了，第二天接着浇灌完，所以分析觉得是否因为基础分层达不到强度及刚度要求，泵的功率又较大，因此造成了振动大。在找不到其他的原因的情况下，只能将基础炸了，重新浇灌基础，结果还真是这个原因，问题解决了。

【例16】 宁波某一宾馆的空调冷却循环泵，泵的流量200m³/h，扬程32m，配用功率30kW，泵运行时振动噪音大，并且柱销联轴器的橡胶弹性圈只使用1~2h就坏了。

解决过程：现场发现柱销弹性联轴器的柱销与泵端联轴器配合的地方是直杆，应该是锥形配合，这样用螺母拉紧后锥面紧紧贴合使柱销不会晃动，泵端联轴器的孔还是锥形的。原来泵上带来的柱销在安装中丢失了，在宁波当地只能买到这样直杆的。检查两联轴器的对中性也不够好，造成了振动噪声大，橡胶弹性圈损坏快。后来购到了锥形的柱销，并重新找正了联轴器的对中。结果运行相当平稳，运行一天后检查橡胶弹性圈，毫无损伤，后来了解到运行了几个月，橡胶弹性圈没有损坏。

【例17】 河南某电厂，使用的单级单吸悬臂式热水循环泵2台，泵的流量为450m³/h，扬程22m，配用电机功率45kW，用户反映振动大。

解决过程：现场测量泵的性能正常。联轴器对中性很好，各部分螺栓紧固良好。在泵的后轴承处测得振幅值为：一台为0.10mm，另一台为0.15mm，根据JB/T8097《泵的振动测量与评价方法》中规定，C级为0.11mm。根据这个规定应该说一台为合格，另一台为不合格，但电厂根据电力行业的要求为0.08mm，两台都不合格。电厂采取了从底座上加一个固定架子，顶住泵的轴承座不让振动，但结果毫无效果。后经过详细检查发现，泵的联轴器是爪型弹性联轴器，加工后未作静平衡试验。后来在电厂作了泵转子的动平衡试验后，结果一台为0.03mm，一台为0.065mm，都符合了电厂的要求。从上述的例子看出转子平衡的好坏，对泵的振动影响是很大的。

【例18】 北京某工厂使用的一台小型锅炉给水泵，泵的流量9.5m³/h，扬程168m，配用功率13kW，使用中泵的性能及其它情况都正常，就是运行时间稍长后泵的轴承发热。

解决过程：泵运行半小时后，泵的轴承及压盖发热，手摸时烫手不能停留，并发现轴承压盖处有漏油，打开轴承压盖后发现轴承内压盖上塞满了满满的油脂，后将轴承内的油脂挖出了三分之一，再开泵运行，再也不发热了，油也不漏了。

【例19】 新疆一钢厂高炉冷却泵14SH－13A型单级双吸离心泵2台，泵的流量1116m³/h，扬程36m，配用电机功率160kW，额定电流为289A，用户反应电流大，电流表指示为400A。

解决过程：现场看到，开关柜上的电流表指示确为400A，据说曾用钳形电流表测得的电流也是400A，但另一台泵却是265A。

当时分析电机电流大有四种可能，一是泵的问题，因使用的是A型泵，可能叶轮忘记切割，提供了14SH－13型泵的叶轮，所以打开泵盖测量了泵叶轮的直径，没有错，是A型泵的叶轮。二是管路系统，管路阻力太小，泵在大流量运行造成功率大，电流大，但泵的出口压力符合泵的扬程，并且两台泵并联，用的是同样的管路系统，而那一台泵的电流是正常的，所以管路系统应该没有问题。三是电机的质量有问题，经与电机厂联系，电机厂查证资料证明，电机已作试验，没有问题。四是开关柜的问题，电流互感器接线有错误，但用户坚决给予否认，理由是曾用钳形电流表测量过也是400A。现场开泵运行观察到开关柜上的电流表指针确实是400A并很稳定。泵运行了半小时，电机并不发热，照理如果电机的电流超过那么多，电流表的指针不会那么稳定，电机温升也应很大，会发热，所以我们坚持认为还是开关柜的问题。争执之下，商定用另一台正常运行的电流不大的电机换上来试，结果电流也是400A，最后用户只好调了一台进口的新钳形电流表，并且刚新近进行了标定，一测却为265A，结果表明还是开关柜上电流表的问题。后来找来了开关柜的安装工，仔细查找查出了互感器接线有错误。

从上述这些例子看，泵的故障多种多样，很是复杂。需要仔细观察现场，借助各种仪表，用泵的基本知识及资料来进行分析，必要时要进行计算，才能正确判定其故障原因并排除。同时不但要分析泵本身的问题，还要注意检查整个系统设备、仪表的问题，综合全面分析，才能得到正确的故障原因进行排除。

第四节 泵的维护修理

一、日常维护

泵的日常维护包括以下方面：

（1）要经常擦去泵、原动机及其他设备上的灰尘、水渍、油渍，保持泵房内清洁整齐；

（2）密切注意泵及原动机轴承的油位、油压、油质及温度，及时补充更换润滑油；对新安装的轴承，运行100h后应更换一次油，以后每运转1000~2000h更换一次油；对润滑油脂要注意，对泵应用钙基油脂，它遇水不易乳化，而对电机应用钠基油脂，其耐温较高；

（3）经常注意轴封的泄漏及发热，对轴封为填料时，水应是一滴一滴的泄漏，如果成串泄漏要慢慢压紧填料，如无泄漏，填料会发热也是不正常的，应松一点填料，新填料可允许泄漏大一点，磨合后逐渐压紧填料到正常情况；对机械密封，泄漏量应该小于5mL/h（每分钟3~5滴）为正常，对新安装的机封泄漏可大一点，磨合后逐渐减少。如果太大应打开检查原因，调整修理；

（4）要经常注意各个仪表，如流量计、压力表、电流表等是否正常稳定，发现异常要检查原因排除；

（5）要注意泵组的声响振动情况，发现异常要检查原因排除；

（6）经常检查各部分的螺栓是否松动，尤其是地脚螺栓；

（7）经常注意进水池水位，经常清理进水池。

二、定期检修

泵的定期检修能保证泵的正常运行、及时发现问题、及时修理，这样不仅能保证泵正常运行，同时维修成本也低。带病运行，会造成更大的损失，小病不养，大病难治。如泵的轴承、密封环、平衡盘等不及时修理，将可能会使叶轮、轴、泵体磨损，甚至可能整台泵的报废，甚至把电机烧毁；所以泵的定期检修是很重要的，一般为一年一次。定期检修包括如下内容：

（1）打开泵清洗，除锈、除污；

（2）检查易损件的磨损，如密封环、轴套、导叶套、平衡盘、平衡板、平衡套等，如磨损过大，应及时修理或更换；

（3）检查轴承，对滚动轴承可检查其游隙，或转动声响是否正常；对滑动轴承检查轴瓦与轴的间隙及轴瓦表面是否有沟槽；

（4）检查轴封：对填料，应检查填料是否磨损老化、填料轴套表面是否磨损，及时修理或更换；对机械密封，应检查机械密封动、静环摩擦表面是否磨坏，O 形圈是否老化变形，弹簧是否变形损坏，及时给予更换；

（5）检查叶轮、导叶是否锈蚀、磨损或缺损，应予清洗、除锈、重新刷漆，若已损坏应更换；

（6）检查泵轴是否弯曲、磨损、螺扣是否损坏，给予修理、矫正或更换。

三、停用保养

如果泵长时间停用时，应将泵打开、清理、除锈，在加工面上涂油，重新装配，妥善保管，防止杂物进入。

四、泵零件修理

（1）密封环修理：如果密封环磨损或磨成沟槽，可将叶轮在车床上修平，更换泵体密封环，尺寸与叶轮密封环配制。如果磨损严重，应更换。

（2）轴套：填料处的轴套如果磨损不严重，只是磨出沟槽，则可在车床上修平，如果比较严重，则应更换。其他的轴套磨损后一般需更换。

（3）平衡盘、平衡板（环）的修理：平衡盘、平衡板如果磨损不严重，仅有沟槽，则可在车床上或平面磨上加工平，然后在平衡板后面用纸垫或石棉垫或薄铜片垫出。

（4）轴承修理：如果是滚动轴承一般不能修理，而是按同型号轴承更换，如果是滑动轴承，磨损不严重时，可刮研修复，严重时只能更换或重新挂巴氏合金修复。

（5）轴修理：如果泵轴弯曲，可用百分表打跳动，用压力机矫直。如果是螺纹碰坏后可用三角锉扶起修复，如果损坏严重，修复困难时需更换。

（6）叶轮：铸铁叶轮一般只能更换，对钢轮可进行适当的焊补。但要注意修理后必须重做静平衡或动平衡。

（7）机械密封修理可参照第五章第七节进行。

第五节　泵叶轮和泵体的测绘

泵损坏后，当购买不到这台泵的备件时，只能实地测绘来解决。泵的测绘主要是泵叶轮和泵体的测绘，因为泵的叶轮和泵体决定了泵的性能，同时泵的叶轮和泵体测绘绘图比较困难。它不但形状是一个曲面，图纸表示方法也很特殊，所以这里主要介绍泵叶轮和泵体的流道水力模型的测绘、绘型方法，而其他零件的测绘绘图同一般机械零件的测绘制图，不作详细介绍。

泵叶轮和泵体的测绘方法很多，下面介绍的方法是我们从实践中总结出来，自行研究的一种方法，实践证明是一种比较正确方便的方法，并且可以不破坏叶轮而得到。

一、泵叶轮叶片测绘

1. 叶片绘型的一些基本知识

（1）叶片工作面和背面：离心泵的叶片，一般都是后弯叶片，如图 7－1（b）所示，朝着旋转方向的将能量传递给液体的叶片表面称工作面，相对应的反面称为叶片背面。

（2）轴面：经过叶轮轴心线的平面称为轴面，如图7-1（b）中的0-0、1-0、2-0、3-0……等平面。

（3）轴面投影图：将叶轮的前、后盖板和叶片的进、出口边，用旋转投影的方法投影到同一轴面上，例图7-1（a）称轴面投影图。

（4）轴面截线：某一个轴面与叶片工作面、背面的两条交线称轴面截线。轴面与叶轮工作面的交线称工作面轴面截线，如图7-1（a）阴影部分的实线为轴面2-0的工作面轴面截线。阴影部分的虚线为轴面2-0的背面轴面截线。

对离心泵叶片，轴面截线可分为三种形式：一种是圆柱形叶片，如图7-2（a）所示，轴面截线成一条平行于轴线的直线；第二种是斜叶片，如图7-2（b）所示，轴面截线是一条斜直线；第三种是扭曲叶片，如图7-2（c）所示，轴面截线是一条曲线。对圆柱形叶片，只要测出截线上任意一点就可以确定其轴面截线，对于斜叶片，需测出截线上两点（一般为前、后盖板上的两点）就可以确定其轴面截线。而对于扭曲叶片，就必需测出截线上数点，才能确定轴面截线。

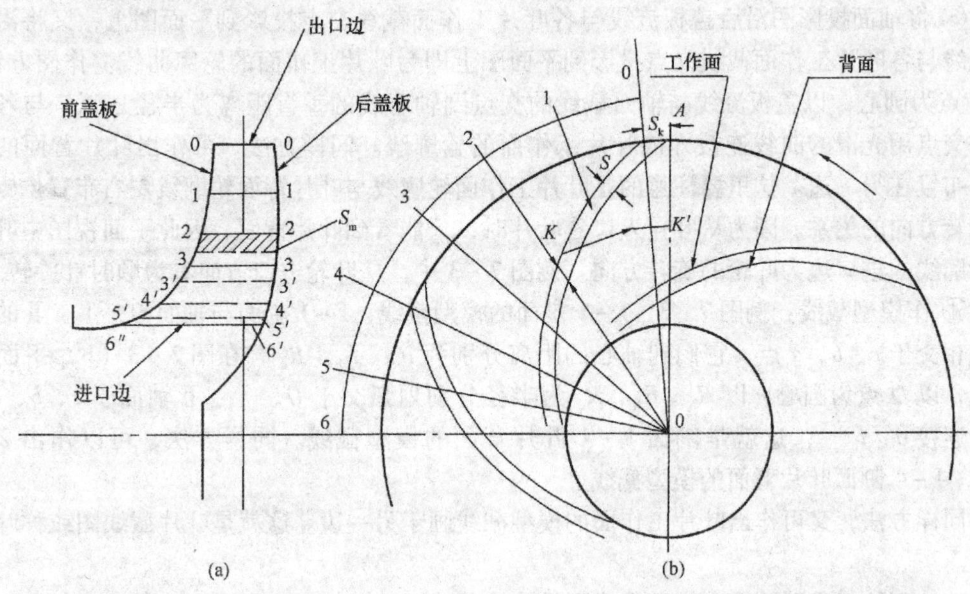

图7-1　离心泵叶轮投影图

（5）叶片剪裁图（叶片木模图）：叶片模型制作时，有的人习惯用叶片剪裁图（木模图）来制作。叶片剪裁图是一组垂直于叶轮轴心线的平面（或称割面）于叶片工作面和背面的交线（为一条空间曲线）在平面图上的投影。用轴面截线可以转绘成叶片剪裁图（叶片模型截线），同样也可以将叶片剪裁图转绘成轴面截线。

用轴面截线绘制叶片剪裁图的方法如下，见图7-3。

① 在叶轮叶片的轴面截线图上，作垂直于叶轮轴心线的直线1-1、2-2、3-3…这些直线实质就是一组垂直于叶轮轴心线的平面，通常称为割面或等高面，它们与叶片的交线就是叶片模型截线。直线1-1、2-2……可以是等距离的，也可以不等距离的，距离大小视叶片扭曲程度而定，扭曲较大时，距离取得小些。

② 作平面投影图，以 O 点为圆心，作叶轮的外圆，并作中心角为 $\Delta\varphi$ 的轴面投影线0、Ⅰ、Ⅱ……0′、Ⅰ′、Ⅱ′……等。$\Delta\varphi$ 一般取10°~15°。

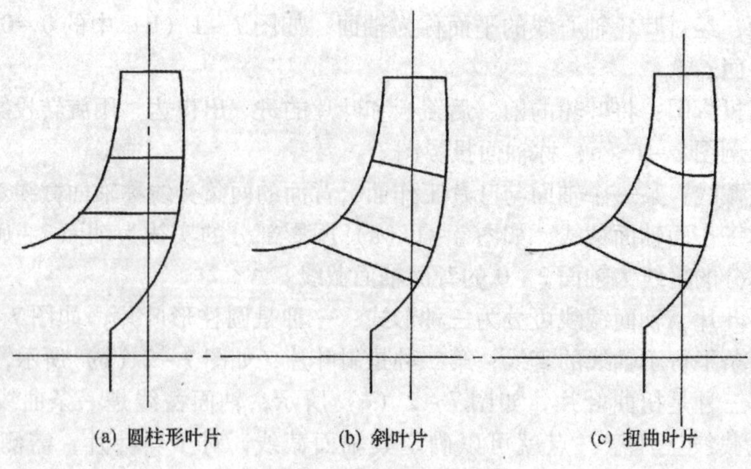

图 7－2　叶轮的轴面截线

③ 将轴面投影图沿后盖板流线与各叶片工作面截线交点投影到平面图上，又将沿前盖板流线与各叶片工作面截线交点投影到平面图上即为叶片工作面的轮廓曲线。作图方法是：以 O 点为圆心，以盖板流线与轴面截线的交点到轴心线的垂直距离为半径划弧，与各轴面线的交点用光滑的曲线连接即成叶片工作面的轮廓线。同样方法，可作出叶片背面的轮廓线，布置在另一边。这里要注意的是叶片工作面轮廓线与叶片背面轮廓线左右布置位置与叶片旋转方向的关系。因为从叶轮入口看叶片时，只能看到叶片背面，因此平面视图中叶片背面轮廓线的进口边为叶轮的旋转方向。例图 7－3 中，从叶轮进口方向看为顺时针旋转。

④ 作模型截线：例图 7－3，1－1 割面的模型截线，1－1 割面与轴面 O、Ⅰ、Ⅱ的轴面截线相交于 c、b、a 点，它们到轴心的距离分别为 R_c、R_b、R_a，在图 7－3（b）平面投影图上，以 O 点为圆心，以 R_a、R_b、R_c 为半径分别划弧交于 O、Ⅰ、Ⅱ轴面于 c、b、a 点，光滑连接 a、b、c，这就是割面 1－1 叶片背面的模型截线。同样方法，可以作出 2－2、3－3、4－4 割面叶片背面的模型截线。

同样方法，又可作出叶片工作面的模型截线画于另一边。这就是叶片截线图或称叶片剪裁图。

叶轮测绘就是要测绘出轴面截线图或叶片截线图。

二、叶片轴面截线测绘工具

图 7－4 所示为叶片轴面截线测绘工具，它是由定位板（或直尺）测头和数块中间板所组成，定位板、测头和中间板之间用铆钉连接，能灵活转动，但也要有一定的阻力，在不受外力情况下能保持原形状。

三、测绘方法和步骤

（1）在被测叶轮的叶片、前后盖板及叶轮进口端面上涂刷紫胆。

（2）分角度，在叶轮上从叶片的进口（或出口）分角度，一般为 10°～15°。分角度的方法可以用分度头上分角度，如果没有分度头，可在纸上用作图的方法进行分角度后贴到被测叶轮上。

（3）画轴面线，如果用分度头，则可每转一个角度用高度尺或划针盘在叶轮的前盖板、叶片的工作面或背面及叶轮进口的端面上画轴面线。如果没有分度头则可将叶轮用 V 形铁架起可转动，用高度尺或划针盘在叶轮的前盖板、叶片的工作面或背面及叶轮进口的端面上

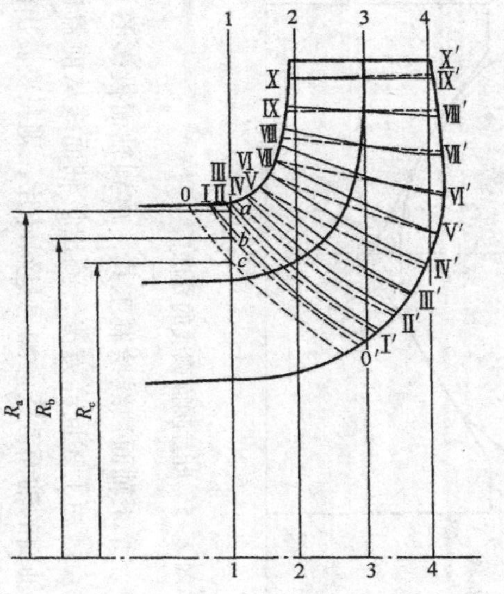

(a) 轴面截线图

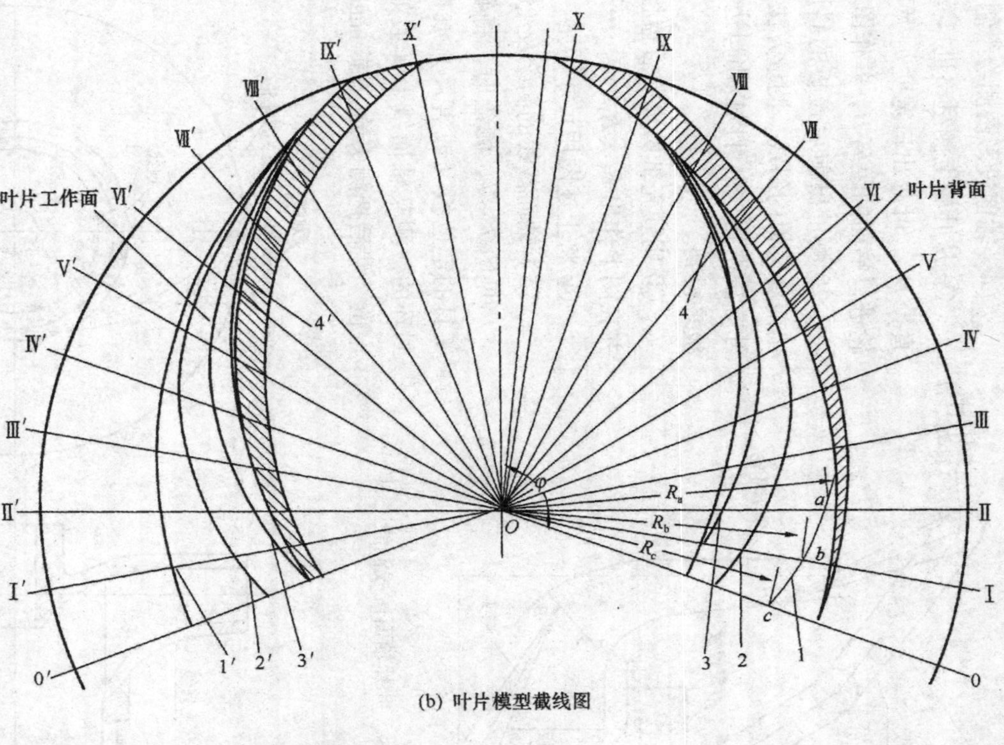

(b) 叶片模型截线图

图 7-3　叶片模型截线图

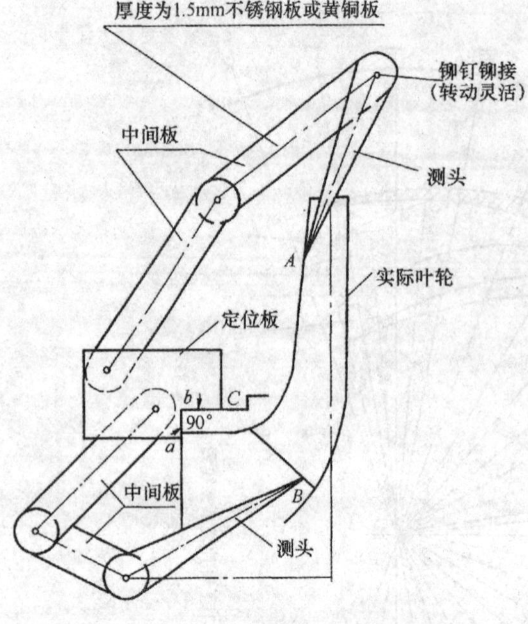

图 7－4　叶片轴面截线测绘工具

画轴面线，如图 7－5 所示。

(4) 轴面投影图测绘绘制：

① 从叶轮上测量出进口直径 D_0，出口直径 D_2，叶片出口宽度 b_2 及叶片中心至叶轮进口端面的距离 H，并作图，见图 7－6。

② 测量出前后盖板的斜度，在图上作出前后盖板的斜线，测量方法可以用测量尺寸方法得到，也可以以出口边定位，制作样板来得到。

③ 用硬壳纸剪出前后盖板圆弧的样板，并在图上作出 R_0、R_1、R_2……等。

④ 将上述图用尺寸标注。

(5) 轴面截线的测绘及绘制：

见图 7－7，测绘时，将轴面截线测绘工具的定位板（或直尺）放在叶轮进口密封环的被测某轴面线上（假如 1－1 轴面）定位，然后把测头的尖端对准叶轮上该轴面

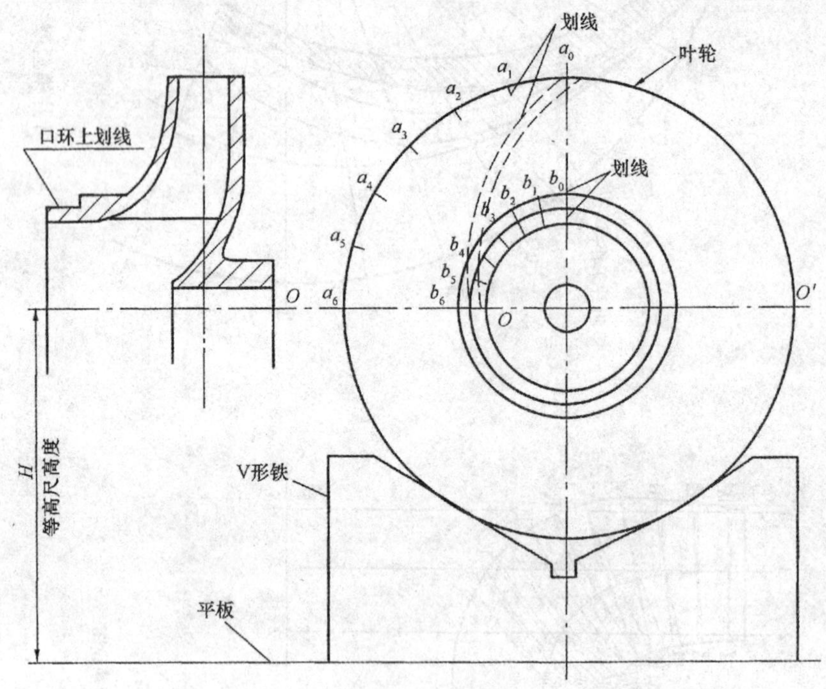

图 7－5　叶片轴面截线的划法

1－1 的轴面线上某一点，例 B 点。拿下轴面截线绘制工具，放到轴面投影图上，仍以密封环处定位，点下测头尖端的点 B 点。用上述同样方法，测出该轴面线从前盖板到后盖之间数点，然后连接这些点，即为该轴面的轴面截线。如果是斜叶片，则只要测出前后盖板两点连接起来就可。对圆柱形叶片则只要测出轴面线上任一点通过该点作平行轴线的平行线就可

以了。然后测量出叶轮厚度，在轴面投影图上画出叶片的工作面或背面的轴截面线。工作面用实线，背面用虚线表示。

测绘绘图时要注意以下几点：

① 轴面投影图必须是1:1的实图；

② 叶轮上画轴面线时，在叶轮出口处只能测画出叶轮工作面的轴面截线，进口只能测画出叶轮背面的轴面截线，通过测量叶片厚度来画出另一面的叶片背面或工作面；

③ 对叶片包角比较大的叶片，可能中间有几个轴面无法测画出轴面截线，可通过作平面图的模型截线，中间测不到的轴面可用圆滑过渡的曲线来确定测不到的轴面的截线，然后画到轴面投影图上画出测不到的几个轴面截线，如图7－7所示。

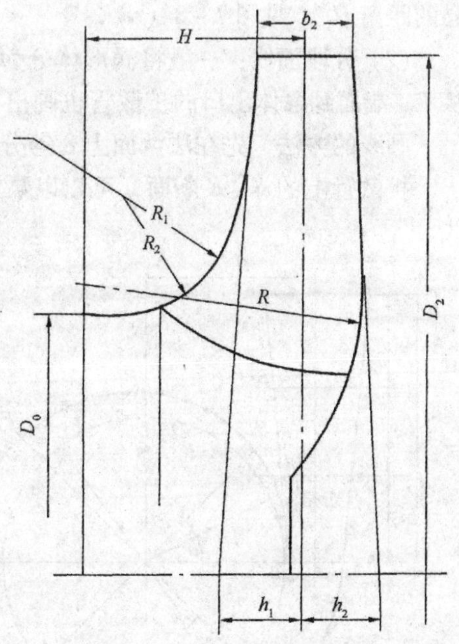

图7－6　轴面投影图

四、泵体测绘绘图

泵体的测绘主要是压水室水力流道部分的测绘，因为它影响泵的性能，同时测绘绘型也比较困难，而其他部分的测绘同一般的机械零件测绘，所以这里只叙述压水室水力流道部分的测绘绘图。

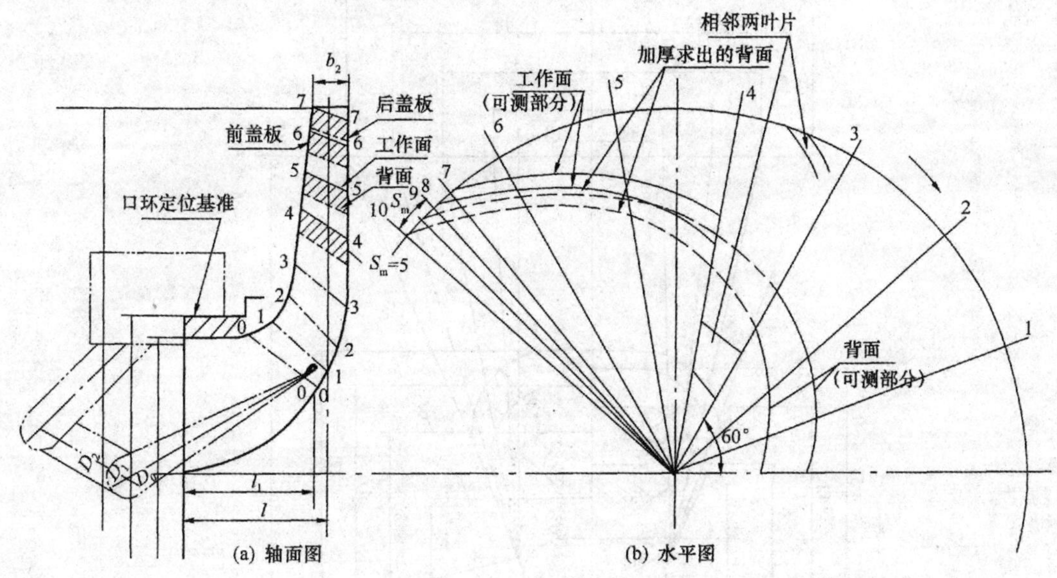

图7－7　轴面截线的测绘绘制

泵压水室的形状有涡形体、径向式导叶、流道式导叶、空间导叶和环状压水室等。涡形体压水室使用尤为普遍，测绘也比较困难，所以下面仅介绍涡形体压水室水力流道部分的测绘方法。

(1) 测量出泵体涡形体的基圆直径D_3，泵体出口到中心的距离H_2，出口中心到泵体中

心的距离 H_1，见图 7-8（a）。

（2）分段面线：一般将涡形体分为 8 个断面，如图 7-8（a）所示中 $F_{\mathrm{I}} \sim F_{\mathrm{VIII}}$。同时，从 F_{VIII} 端面到泵体出口的扩散管也画出 1~3 个断面，如图 7-8（a）中 F、E 断面。

画线的方法，先在法兰面上 8 等分，然后在平板上用划针在流道上画线。

扩散管上的 F、E 断面，可以以泵体出口法兰出口平面为基准，以 h_3、h_2 的距离进行画线。

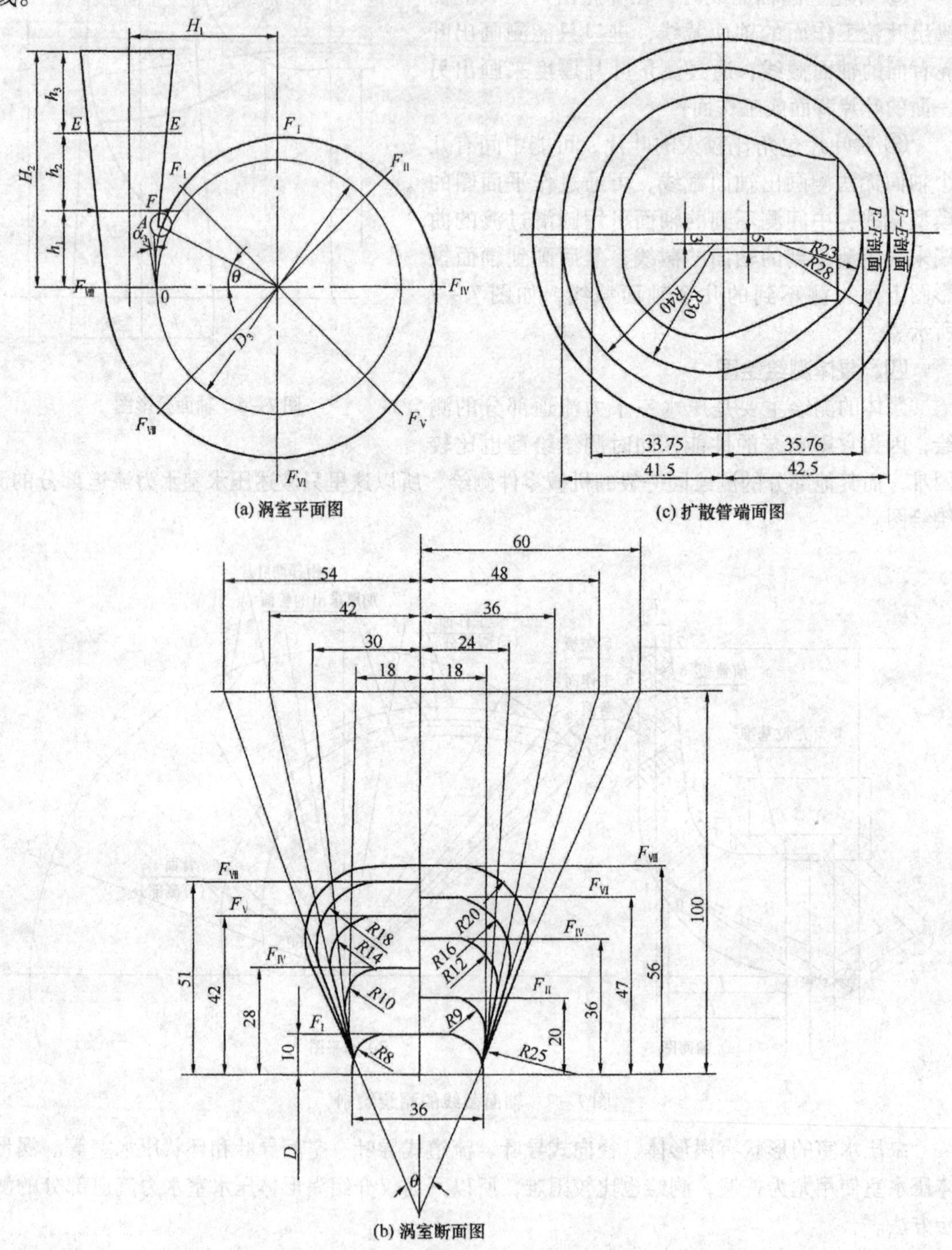

图 7-8 涡形体压水室水力流道图

(3) 剪样板，用硬壳纸对每个断面剪样板，为了保证正确性，可用灯光或手电光照看缝隙来保证样板的正确性。

(4) 作涡室断面图：根据剪得的 $F_{\mathrm{I}} \sim F_{\mathrm{VIII}}$ 8 个断面样板用具体尺寸表示出来，如图 7－8（b）为 T 形断面的尺寸表示方法。

(5) 将 F、E 断面样板，用具体尺寸表示出来，如图 7－8（c）所示。

(6) 作平面图：

① 作基圆 D_3，见图 7－8（a）。

② 决定隔舌的位置，测量出隔舌安放角 θ 及隔舌的半径 R_{θ}，根据 7－8（b）断面尺寸的高度尺寸 10、20、28、……56 等决定出 F_{I}、F_{II}、$F_{\mathrm{III\,I}}$ …… F_{VIII} 等断面的端点及隔舌的位置用几个圆弧 R_1、R_2、R_3 ……光滑地连接起来。

③ 再根据图 7－8（c）中 F、E 断面尺寸及泵体出口中心尺寸 H_1、H_2 画出泵体扩散管。

第八章　泵　试　验

第一节　泵试验的目的和采用的标准

一、试验目的

泵的性能及性能曲线迄今为止还不能用数学方法来精确推算出来，只能通过泵的试验来确定。对于新设计的泵或泵的某项目的科研，通过泵的试验来验证是否达到了预期的要求，得出正确的性能参数，做出性能曲线图，一般都是在实验室内进行，必要时须现场进行测试。而对于老产品通过试验来保证泵的质量（即出厂试验）或验证合同中用户提出的要求（即验收试验），验收试验的内容、方法、精度、地点等由双方签订的合同或协议中明确进行规定，试验地点可在制造厂的实验室内，也可在需方使用现场或在第三方实验室内进行。

二、目前泵试验采用的标准

试验采用的标准是随技术的发展是经常变更的，下面列举出目前离心泵试验所采用的主要试验标准。

（1）《回转动力泵水力性能验收试验 1 级和 2 级》（GB/T 3216—2005）

（2）《水泵流量的测定方法》（GB/T 3214—2007）

（3）《泵的振动测量与评价方法》（JB/T 8097—1999）

（4）《泵的噪声测量与评价方法》（JB/T 8098—1999）

第二节　泵试验种类和方法

泵的试验按试验内容可分为运行试验、性能试验、汽蚀试验、四象限试验、水泵模型及装置模型试验等。

一、泵的运行试验

泵的运行试验一般分为磨合性运行试验和可靠性模拟运行试验。

1. 磨合性运行试验

泵在规定点（设计点）运行工况下，检查泵的振动和噪声是否符合要求；检查泵的轴承及轴封处的温升是否符合要求；检查轴封泄漏量；停泵后检查泵的密封环、轴承、轴套、平衡装置等的磨损情况。磨合运行试验要求有一定持续运行时间后再进行检查，如表 8－1 所示。

表 8－1　磨合运行试验持续时间

规定工况下泵的输入功率/kW	运行试验持续时间/min	规定工况下泵的输入功率/kW	运行试验持续时间/min
<50	30	100～400	90
50～100	60	>400	120

2. 可靠性模拟运行试验

根据用户现场的使用条件，在制造厂的试验台上进行较长时间的运行试验。可靠性模拟运行试验一般是用于使用工况非常特殊；试验内容超出常规的试验要求（可能遇到的危险因素）；试验介质的性质、试验温度及压力有特殊要求的场合下的试验，需在供货合同或协议中进行明确的规定。

二、泵的性能试验

泵的性能试验是通过试验方法测得泵的主要性能参数值，如流量 Q、扬程 H、泵的输入功率 P（轴功率）、转速 n 和通过计算得到的泵的输出功率 P_u（有效功率）和泵的效率 η 等值，以及他们之间的关系曲线 $Q-H$ 曲线、$Q-P$ 曲线、$Q-\eta$ 曲线。

1. 性能试验方法

泵的性能试验前，先要进行泵的磨合性试验，并还要进行稳定性检查。稳定性检查包括读数波动性检查和重复检查，波动幅度应符合表 8-2 所规定的范围，重复性应符合表 8-3 的规定范围。

所谓读数波动是指在一次读数的时间内，读数相对于平均值的变动，波动值的计算公式：

$$\frac{\text{最大读数值}-\text{平均读数值}}{\text{平均读数值}}\times 100\% \tag{8-1}$$

$$\frac{\text{最小读数值}-\text{平均读数值}}{\text{平均读数值}}\times 100\% \tag{8-2}$$

表 8-2　容许波动幅度

测量量	容许波动幅度/%		
	精密级	1 级	2 级
流量、扬程、转矩、输入功率	±3	±3	±6
转速	±1	±1	±2

所谓重复性是同一量（除只有转速和温度允许进行调整外。其余如节流阀、水位、填料函、平衡水等所有调节位置应完全保持不变的情况下的同一量）相邻两次读数间（对每一试验点应以随机的时间间隔不少于 10s 的相邻两次读数）的变化。对每一个试验工况点，最低限度应取 3 组读数，并应记录每一个独立读数的值和由每组读数导出的效率值。每一量的最大值与最小值的百分率差不得大于表 8-3 给出的值。需要注意，如果读数增加，则允许有较大的相差。

重复性值计算公式为：

$$\frac{\text{最大值}-\text{最小值}}{\text{最大值}}\times 100\% \tag{8-3}$$

表 8-3　同一量重复测量结果之间的变化限度

条　件	读数组数	每一量的最大读数和最小读数之间相对平均值的容许差异/%					
		流量、扬程、转矩、输入功率			转　速		
		精密级	1 级	2 级	精密级	1 级	2 级
稳定	1		0.6	1.2		0.2	0.4
	3	0.8	0.8	1.8	0.25	0.3	0.6

续表

条 件	读数组数	每一量的最大读数和最小读数之间相对平均值的容许差异/%					
		流量、扬程、转矩、输入功率			转 速		
		精密级	1级	2级	精密级	1级	2级
	5	1.6	1.6	3.5	0.5	0.5	1.0
	7	2.2	2.2	4.5	0.7	0.7	1.4
	9	2.8	2.8	5.8	0.8	0.8	1.6
	13		2.9	5.9		0.9	1.8
	>20		3.0	6.0		1.0	2.0

上述检查完后，可以进行性能试验，试验时，可以通过调节出口调节阀来得到不同的流量点，一般要求从关死点（$Q=0$）到最大流量点（$Q=1.4Q_c$）之间包括规定点（设计点）在内的13个以上的流量点进行测试，每一个流量点记录下相关的数值，例如流量、压力、真空度、转速、功率等数值，然后计算出泵的流量、扬程、转速、输出功率、输入功率、效率等。最后按式（2-39）、式（2-40）、式（2-41）比例定律换算到规定转速下的性能参数，并将性能参数绘成泵的性能曲线。

2. 试验液体

对输送非清洁冷水液体的泵，可以用清洁冷水来进行泵的性能试验，然后换算到相应液体的性能。

3. 试验转速

因受试验条件限制，试验转速可能与规定转速不一致，可以通过比例定律，将试验性能换算到规定转速的性能。但不能相差太大，否则会带来较大的误差。标准规定，在流量和扬程的测量时，对试验精度为1级和2级时，试验转速在规定转速的50%到120%的范围内进行，对试验精度为精密级时，试验转速在规定转速的80%～120%的范围内进行。在泵的输入功率测量时，不论是1级、2级还是精密级，都规定试验转速在规定转速的80%～120%的范围内进行。

4. 试验精度

泵的试验精度分为精密级（A级）、1级（B级）、2级（C级）三种。不同的精度要求，泵各性能参数测量的不确定度容许值是不同的。表8-4表示了泵各个性能参数总的测量不确定度容许值，表8-5表示了泵的效率总的不确定度导出值的容许值。

表8-4　泵各性能参数总的测量不确定度容许值　　%

测 量 参 数	2级	1级	精密级
流量	±3.5	±2.0	±1.5
转速	±2.0	±0.5	±2.0
扬程	±3.5	±1.5	±1.0
转矩	±3.0	±1.4	±1.0
驱动机输入功率	±3.5	±1.5	±1.0
泵输入功率（由转矩和转速计算得出）	±3.5	±1.5	±1.0
泵输入功率（由驱动机输入功率和驱动机效率计算得出）	±4.0	±2.0	±1.3

表 8-5 泵的效率总的不确定度导出值的容许值 %

	2 级	1 级	精密级
总效率（由 Q、H 和 P_{gr} 计算得出）	±6.1	±2.9	±2.0
泵效率（由 Q、H、T 和 n 计算得出）	±6.1	±2.9	±2.25
泵效率（由 Q、H 和 P_{gr} 和 η_{mot} 计算得出）	±6.4	±3.2	±2.25

注：P_{gr}——原动机输入功率；
T——转矩；
η_{mot}——原动机效率。

从表 8-5 中可以看出，精密级精度最高，测量仪表常需要原位标定，试验较难达到，所以只有在特殊要求下采用。1 级精度较高，可用于检测中心、重要新产品、重大科研项目测试鉴定等的试验。2 级精度较低，可用于泵生产厂常规的出厂试验。

5. 容差系数

由于泵在制造过程中，必定会产生偏差，所以每台泵产品都可能会发生几何形状和尺寸不符合图样的可能，故在对试验结果与保证值（工作点）进行比较时，应允许有一定的容差值存在，泵的这些容差，只与实际的泵有关，并不涉及试验条件和测量不确定度。

容差系数 $\pm t_Q$，$\pm t_H$，$\pm t_\eta$ 分别为流量、扬程和效率的容差系数值，如表 8-6 所示，用于保证点 Q_G、H_G，保证点 Q_G、H_G 由合同或协议中规定，如无规定，通常情况下即为泵的规定点（设计点）。

表 8-6 容差系数值

量	符 号	1 级/%	2 级/%
流量	t_Q	±4.5	±8.0
扬程	t_H	±3.0	±5.0
泵效率	t_η	±3.0	±5.0

对泵产品样本公布的典型性能批量生产的泵，容差系数有所放宽如下：

流量：$t_Q = \pm 9\%$

扬程：$t_H = \pm 7\%$

泵的输入功率：$t_p = \pm 9\%$

驱动机输入功率：$t_{P_{gr}} = \pm 9\%$

泵的效率：$t_\eta = -7\%$

对驱动机输入功率小于 10kW，但大于 1kW 的泵的容差系数为：

流量 $t_Q = \pm 10\%$

扬程 $t_H = \pm 8\%$

泵的效率
$$t_\eta = -\left[10 \times \left(1 - \frac{p_{gr}}{10}\right) + 7\right]\% \tag{8-4}$$

6. 保证的证实

试验所得到的结果是否达到了供货合同或协议书中规定的保证值（包括它们的容差），也即判别泵是否达到了性能的要求，这就是保证的证实。

（1）泵流量、扬程保证的证实：

将测量得到的结果换算到规定转速，然后绘制出 $Q-H$ 的关系曲线（与各测量点拟合成最佳的曲线代表泵的性能曲线），如图 8-1 所示。

通过保证点（Q_G、H_G）作水平线段 $\pm t_Q \cdot Q_G$ 和作垂直线段 $\pm t_H \cdot H_G$ 的容差“+”字线。

如果 $Q-H$ 曲线与“+”字线相交或至少相切，则认为泵的流量和扬程已得到了保证，泵的流量和扬程判别为合格。

（2）泵效率保证的证实：

泵试验的效率值是由通过规定的保证点 Q_G、H_G 和坐标轴原点所作的连线，与实际试验测得的 $Q-H$ 曲线相交的交点，作的一条垂线与实际测得的 $Q-\eta$ 曲线相交的交点的效率值为此泵的效率值。如果该效率值高于或至少等于 $\eta_G \cdot (1-t_\eta)$ 的值，则认为泵的效率是在容差范围内，认为泵的效率合格。如图 8－1 所示。

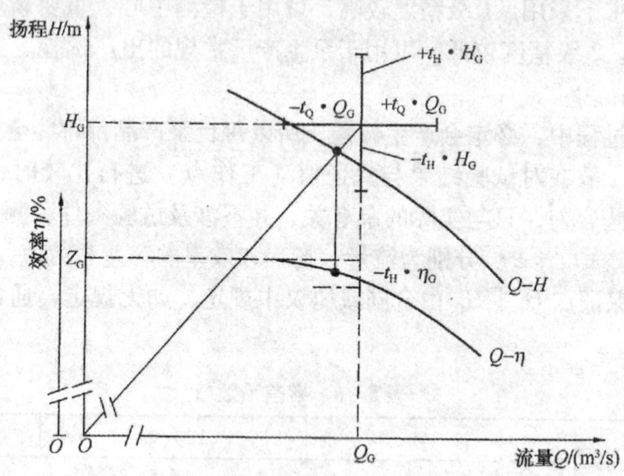

图 8－1　泵流量、扬程和效率保证的证实

如果测得的流量 Q、扬程 H 值大于保证值 Q_G，H_G，但仍在容差范围内，且效率也在容差范围内，泵虽然是合格的，但要注意此时实际的输入功率可能要大些，要注意原动机功率的配备情况是否够大。

如果泵的流量、扬程测得的比规定的高，已超出了上容差范围时，可通过车削叶轮直径来进行修正，对型式数 $K \leqslant 1.5$ 的泵，直径车削不超过 5%，车削后的性能可用下式来计算（车削后不需要重新做实验）：

$$R = \left[\frac{D_r^2 - D_1^2}{D_t^2 - D_1^2}\right]^{\frac{1}{2}} \tag{8-5}$$

$$Q_r = RQ_t \tag{8-6}$$

$$H_r = R^2 H_t \tag{8-7}$$

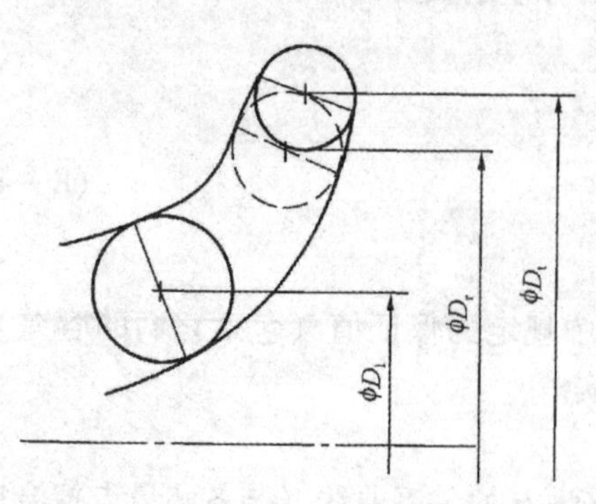

图 8－2　D_t、D_r、D_1 示意图

式中下标 r 代表切削后的，t 代表试验的，D_t、D_r、D_1 如图 8－2 所示。型式数 K：

$$K = \frac{2\pi n Q^{\frac{1}{2}}}{(gH)^{3/4}} \tag{8-8}$$

对型式数 $K \leqslant 1.0$ 的泵，叶轮直径车削不大于 3% 时，可认为车削后工作点的效率不变。

三、泵的汽蚀试验

泵的汽蚀试验是通过试验方法，得到被试验泵将要发生汽蚀现象时的汽蚀余量 *NPSH* 值，此汽蚀余量被称为临界汽蚀余量 *NPSH*3（或称试验汽蚀余量）。

1. 汽蚀试验方法

试验时，采用逐渐降低 *NPSH* 值，直至在恒定流量下泵的扬程（第一级）下降达到3%，此时的 *NPSH* 值即为临界汽蚀余量 *NPSH*3，对扬程非常低的泵，扬程下降 3% 的量很小，试验有困难，可以商定一个大一些的扬程下降量，建议可用下降量为 $\left(3+\frac{K}{2}\right)\%$，式中 K 为型式数，见式（8-8）。

NPSH 值下降方法，从式（3-5）$NPSHA=\frac{p_0}{\rho g}-\frac{p_v}{\rho g}-H_g-h_{w_1}$ 知道：可以是①减低液面的压力 p_0；②提高安装高度 H_g；③增加进口管路的阻力损失 h_{w_1}；④提高试验液体的温度，增加汽化压力。表 8-7 及图 8-3～图 8-5 表示了各种 *NPSH* 值下降方法的确定临界汽蚀余量 *NPSH*3 的方法。

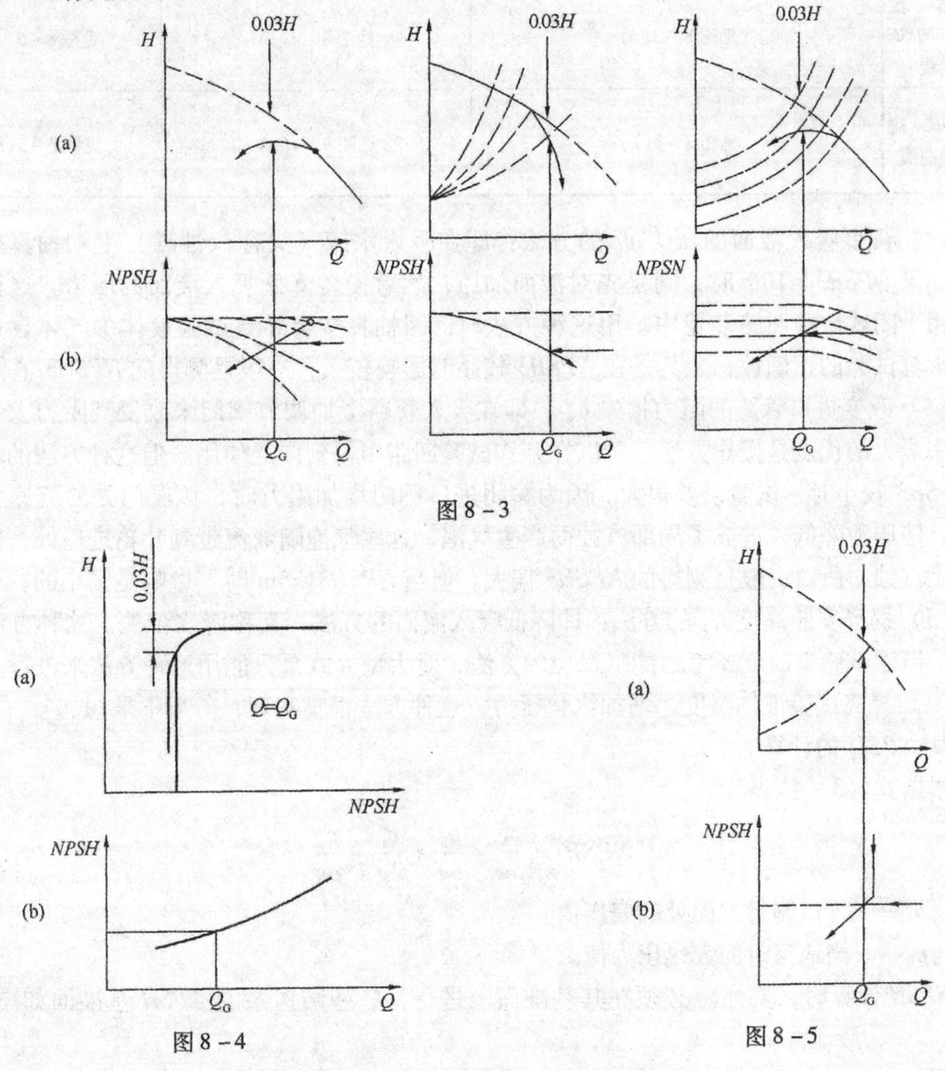

图 8-3

图 8-4

图 8-5

表 8－7　确定 *NPSH*3 的方法

装置类型	开式池	开式池	开式池	开式池	开式池	闭式回路	闭式回路	闭式回路	闭式槽或闭或回路
独立变化的量	入口节流阀	出口节流阀	水位	入口节流阀	水位	罐中压力	温度（汽化压力）	罐中压力	温度（汽化压力）
恒定的量	出口节流阀	入口节流阀	入口和出口节流阀	流量	流量	流量	流量	入口和出口节流阀	
随调节而变的量	扬程、流量、*NPSHA* 水位	扬程、流量、*NPSHA* 水位	扬程、流量、*NPSHA*	*NPSHA* 扬程、出口节流阀（为使流量恒定）	*NPSHA* 扬程、出口节流阀	扬程、*NPSHA* 出口节流阀（当扬程开始下降时为使流量恒定）	*NPSHA* 扬程、出口节流阀（当扬程开始下降时为使流量恒定）	*NPSHA*；汽蚀达到一定程度时扬程和流量	
扬程－流量和 *NPSH* 特性曲线	见图 8－3(a)				见图 8－4(a)			见图 8－5(a)	
NPSH－流量特性曲线	见图 8－3(b)				见图 8－4(b)			见图 8－5(b)	

（1）降低吸入液面的压力 p_0 的方法：即在吸入水罐（又称汽蚀罐）上端抽真空的方法。如果 *NPSH*3 > 10m 时，则是先对液面加压，然后慢慢降低吸入液面的压力。这种方法只能用于闭式试验回路装置中。用这种方法时，因抽真空会导致试验液体中气体含量的改变，影响试验的正确性，尤其是在 *NPSH*3 较小时影响较大，一般是测得的 *NPSH*3 值偏小。

（2）改变进口管路的阻力损失 h_{w_1}：即在吸入管路上加调节阀门来改变其阻力大小。这种方法最大的优点是操作方便，所以在开式试验回路中得到广泛使用。但这种方法的缺点是当 *NPSH*3 较小时，试验误差很大。因为关闭进口阀门增加阻力时，该阀门处的流速会增加很大，使压力降低，造成了局部汽蚀而产生气泡，这些气泡随液流带到叶轮进口处，使泵提前发生汽蚀，所以一般是测得的 *NPSH*3 偏大。但当 *NPSH*3 ≥ 5m 时，影响是很小的。

（3）提高安装高度 H_g 的方法：即降低吸入液面的方法，又称降水位法。这种方法误差最小，但建试验室时就要考虑能降水位的方法，对大型立式泵只能用这种方法来进行。

（4）提高试验液体温度，增加汽化压力，这种方法很难实现，一般不采用。

2. *NPSH* 的计算

根据式（3－4）：

$$NPSH = \frac{p_1}{\rho g} + \frac{p_b}{\rho g} + \frac{v_1^2}{2g} - \frac{p_v}{\rho g}$$

式中　p_1——入口测量截面处的表压值；

p_b——当地当时的大气压力值。

NPSH 计算时，要注意必须在其基准面上进行，各种结构泵的 *NPSH* 基准面如图 8－6 所示。

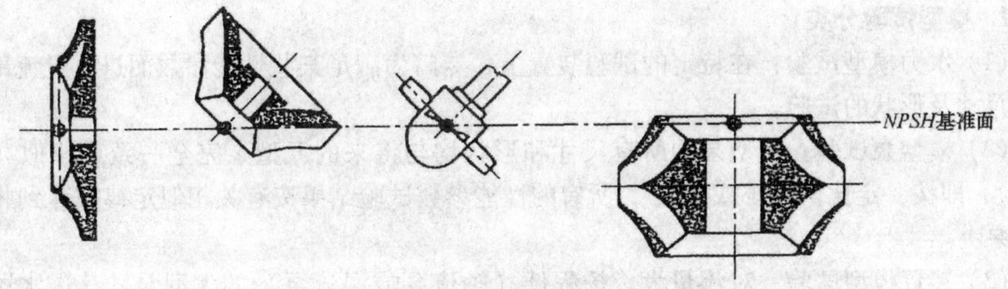

图 8-6 NPSH 基准面

如果进口压力测量仪表的基准不在 *NPSH* 的基准上测量，则应加上位差 Z。

$$NPSH = Z_{\frac{p_1}{\rho g}} + \frac{p_b}{\rho g} + \frac{v_1^2}{2g} - \frac{p_v}{\rho g} \qquad (8-9)$$

3. 试验液体

试验液体同性能试验的液体，为试验正确起见，自由气体应尽可能在试验前被除去。

4. 试验精度

同性能试验。

5. 试验转速和转速换算

试验转速宜在规定转速的80% ~120%的范围内进行，然后将试验得到的 *NPSH*3 值换算到规定转速下的 $(NPSH3)_T$ 值，换算方法如下：

$$(NPSH3)_T = (NPSH3)\left(\frac{n_{sp}}{n}\right)^2 \qquad (8-10)$$

式中 $(NPSH3)_T$——换算到规定转速下的临界汽蚀余量，m；

*NPSH*3——试验实测转速下的临界汽蚀余量，m；

n_{sp}——泵规定的转速，r/min；

n——试验实测到的转速，r/min。

6. *NPSH* 的容差系数及保证值

(1) 容差系数：

对 1 级精度和精密级 $t_{NPSHR} = +3\%$ 或 $t_{NPSHR} = +0.15m$

对 2 级精度 $t_{NPSHR} = +6\%$ 或 $t_{NPSHR} = +0.30m$

(2) 保证证实：

$$(NPSHR)_G + t_{NPSHR} \cdot (NPSHR)_G \geqslant (NPSH3)_T \qquad (8-11)$$

或

$$(NPSHR)_G + (0.15m 或 0.30m) \geqslant (NPSH3)_T \qquad (8-12)$$

式中 $(NPSHR)_G$——保证的（安全的）汽蚀余量。

$(NPSHR3)_T$——实测的临界汽蚀余量。

上述两式取较大值。

四、泵的模型试验

由于大型泵（大流量或大功率）无法进行原型泵的试验，只有将原型泵按一定比例缩小成模型泵或模型装置才能进行试验，然后再将模型泵或模型装置的试验结果，通过一定公式换算成原型泵的有关数据这就是模型试验。

1. 模型试验分类

（1）水力模型试验：在特定的试验装置上，专门为满足某些性能参数而进行过流部件的有关尺寸及形状的试验。

（2）模型泵试验：模型泵的所有尺寸和形状均与将来的原型泵完全一致或相似（几何相似），即按一定比例缩小或放大，所有的性能参数试验结果按有关相似定律换算到将来的原型泵上。

（3）装置模型试验：对流量大、扬程低（轴流泵或混流泵）的大型泵，其进水段、出水段是泵站水工建筑的一部分，但进水段和出水段与原匹配是否合理将直接影响整个机组效率，所以有必要将进水段、出水段也按几何相似要求做成模型与模型泵一起进行试验。

2. 模型试验要求

对模型泵及模型装置的设计制造要符合有关要求进行，对试验台的设计，测试仪表应符合 GB/T 18149 的要求，不确定度的容许值要符合模型试验的要求，它比通常的试验要求高一些。

五、泵的四象限试验

泵正常运行工况下，流量、扬程、转速、功率都为正值，其特性曲线均在第Ⅰ象限内。但如果几台泵联合使用时，即并联或串联运行时，由于泵相互间匹配或发生故障时，某台泵有可能偏离正常工况下运行。另外，或由于节能的需求，在系统中有部分能量需要回收将泵当水轮机使用，或通过泵将这部分能量消耗掉，这就有可能出现了泵的流量、扬程、转速、功率为负值，超出了第Ⅰ象限的工作。这就需要做泵的四象限的试验，这种情况是在特殊情况下进行的，泵生产厂或使用单位很少碰到，这里不予详细介绍。

第三节　泵的试验装置

一、试验装置类型

1. 开式试验回路

开式试验回路在系统中水池部分与大气相通，所以称作为开式试验回路或称开式池试验回路。它又可分为：卧式泵开式池试验回路（Ⅰ）、卧式泵开式池试验回路（Ⅱ）、立式泵开式池试验回路、沉设式泵开式池试验回路。

（1）卧式泵开式池试验回路（Ⅰ）

卧式泵开式池试验回路如图 8－7 所示，图中：

① 水池 13 的容量应足够大，一般根据试验时水的温升，水中气体的溢出及吐出对吸入流动的干扰来决定其容量。根据经验认为：1kW 功率应配备 $0.5\sim1.0m^3$ 的水池容量或以泵的流量 $1m^3/h$ 配备 $0.2\sim0.25m^3$ 的水池容量，最小不得小于 $0.1m^3$。

② 流量调节阀 5，图中标有两个，对泵的扬程不是很高的情况下，可以只要流量计后面的一个就可以了，如果泵的扬程很高，泵扬程大于流量计的承压时，则流量计前后两个都需要，流量计前的阀门不光是用来调节流量，更主要的是用来增加阻力降低压力，减少流量计的承压。

③ 入口节流阀 7 和水封节流阀 8 是吸入管路节流的两种方案，一种是将入口节流阀置于液下，另一种是水封节流阀 8 置于液面上，两种方法可以任选一种。置于液下的可增加节流阀处的压力，防止阀处因节流过大时产生气泡，影响试验准确性。置于液面之上的水封节

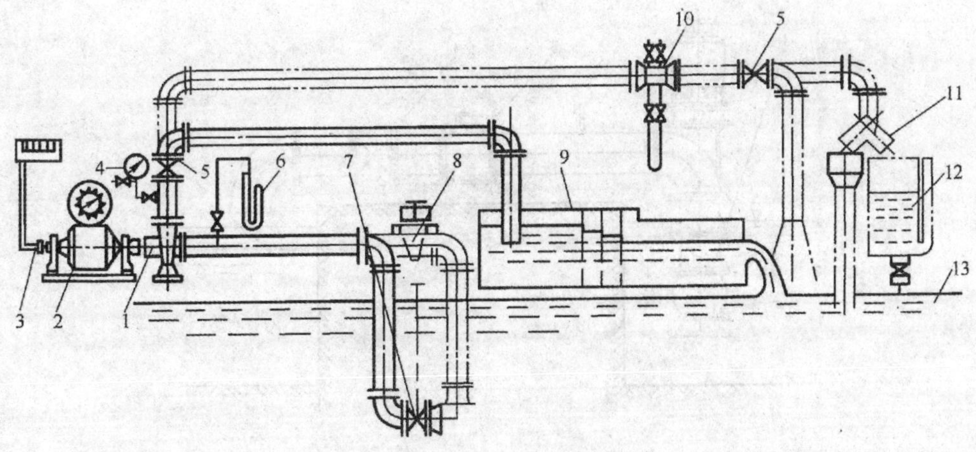

图 8－7　卧式泵开式池试验回路（Ⅰ）

1—试验泵；2—测功计；3—测速仪；4—压力表；5—流量调节阀；6—真空计；7—入口节流阀；8—水封节流阀；9—水堰；10—流量计；11—换向器；12—量桶；13—水池

流阀的填料处必须要加水封装置，以防空气从填料处吸入进口管路内，影响试验正确性。吸入管路插入液中的深度要足够大：口径 $\phi<300\text{mm}$ 时，应大于 1.5m，口径 $\phi>300\text{mm}$ 时，应大于 2～5m。距池底应有 1.0～1.5m 的距离，离池壁也应有 0.5～1.0m 左右的距离。

④ 水堰 9、流量计 10 都是用来流量测量之用，可任选一种。一般低扬程大流量泵选用堰，较小流量、较高扬程的泵可选用流量计，详见第四节“测量仪表”。

⑤ 换向器 11、量桶 12 是用于流量计标定之用，如果不作原位标定可以不用。

⑥ 测功计 2、测速仪 3、压力表 4、真空计 6 等见第四节“测量仪表”。

对低扬程泵试验时，泵的扬程不足克服试验系统的阻力时，可在泵的管路中串联一台流量相近的增压泵进行试验。

（2）卧式泵开式池试验回路（Ⅱ）

如图 8－8 所示，这种试验装置一般用于低扬程大流量的轴流泵、混流泵的试验。

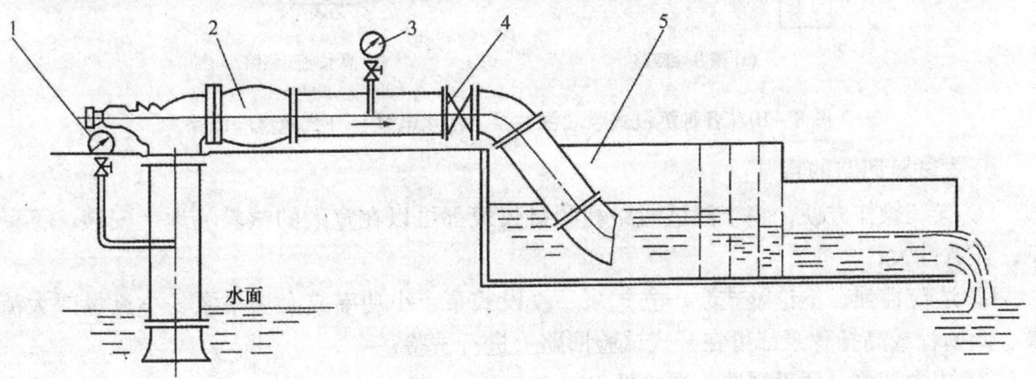

图 8－8　卧式泵开式池试验回路（Ⅱ）

1—真空表；2—试验泵；3—压力表；4—流量调节阀；5—水堰

（3）立式泵开式池试验回路

如图 8－9 所示，这种试验装置适用于立式泵的试验。

（4）沉没式泵开式池试验回路

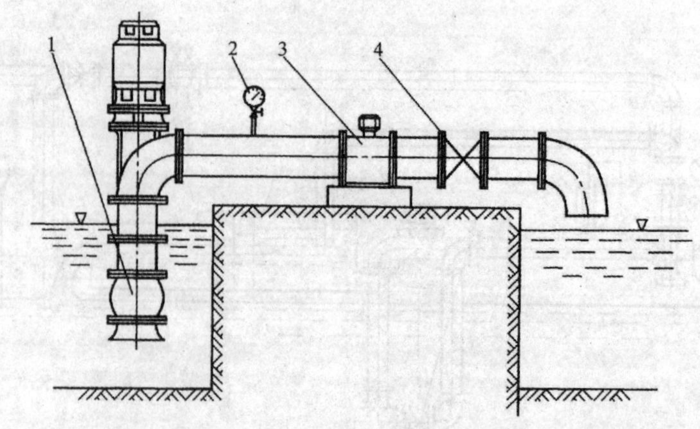

图 8－9　立式泵开式池试验回路

1—被试验泵；2—压力表；3—流量计；4—流量调节阀门

如图 8－10 所示，它适用于各种沉没式泵，例深井泵、潜水电泵等的试验。

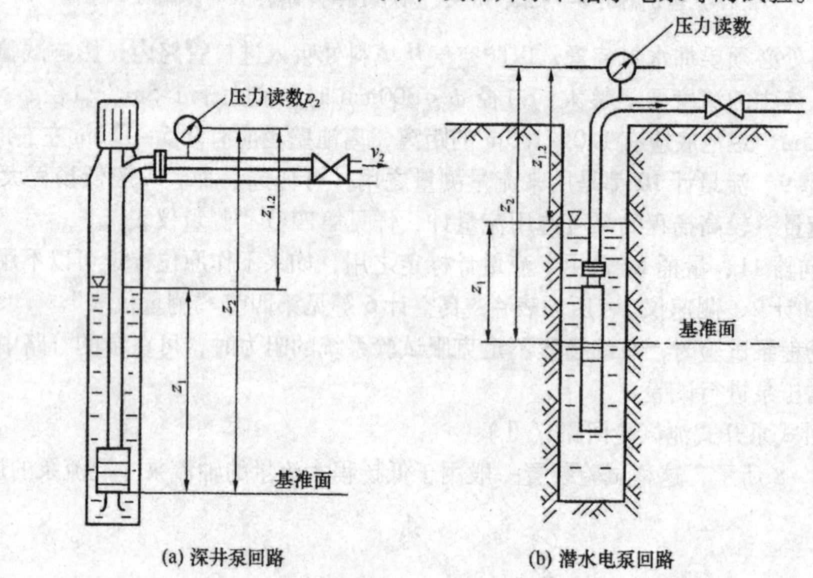

(a) 深井泵回路　　(b) 潜水电泵回路

图 8－10　各种沉没式泵（深井泵、潜水电泵）开式池试验回路

开式试验回路的特点：

① 安装操作方便，整个测试回路和测量仪表都可以在宽敞的试验场地上安装，不受限制，任意性大；

② 适应性强，不论卧式泵、立式泵、浸没式泵、小功率或大功率泵、小流量或大流量泵、低扬程或高扬程泵都可在开式试验回路上进行试验；

③ 结构简单，便于制造，造价低；

④ 它的缺点是汽蚀试验时，误差较大。因为开式试验回路作汽蚀实验时，一般采用关小进口调节阀改变进口管路的阻力损失的方法，当 *NPSH*3 <5m 时，试验会有一定的误差。当 *NPSH*3 <2m 时，误差会较大，一般不宜采用开式试验回路来进行试验。

2. 闭式试验回路

闭式试验回路在整个试验系统中，是一个与外界大气隔绝的封闭回路系统，所以称闭式试验回路。如图 8－11 所示为常温闭式试验回路。对高温高压闭式试验回路只有在特殊要求下采用，这里不作介绍。

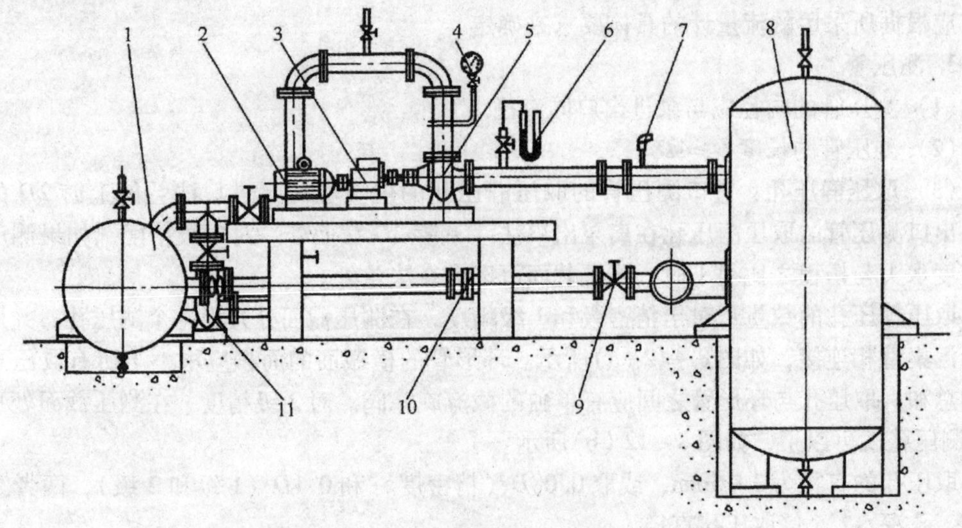

图 8－11　常温闭式试验回路

1—稳流罐；2—电动机；3—扭矩传感器；4—压力表；5—被试泵；6—真空计；7—温度传感器；8—汽蚀罐；9—流量调节阀；10—流量计；11—辅助泵

闭式试验回路要注意总容量的确定及汽蚀罐的设计。闭式试验回路的容量主要考虑水温上升的影响，根据经验估算，每 1kW 功率配备 $0.5m^3$ 的容积。如果发现回路水温上升过快，可在回路中串接冷却器，或在汽蚀罐中加装冷却管。

汽蚀罐的设计要注意通过整个系统的液流所夹带的气体能有充分溢出，所以要在冷却罐中装有回水隔套，并在隔套中焊有导流板，流过的时间应在 1min 以上（罐中流速应小于 0.25m/s），吸入管采用中心插入，以便液体吸入均匀。

当用抽真空方法作汽蚀试验时，要求液体中的含气量保持一个规定值，所以需要加除气或充气装置。

闭式试验回路的特点：

（1）闭式试验回路在做汽蚀试验时，是用改变汽蚀罐中的压力（真空度）来改变泵入口的压力（真空度），所以泵入口流动状况较好，无干扰，故试验的重复性好，误差小，特别适合于 *NPSH*3 较小的泵的试验。

（2）缺点是安装困难、噪声大、结构复杂、造价高。

二、试验回路设计中的一般要求和规定

1. 泵入口吸入管

（1）泵吸入管水平直管的口径应与泵进口同直径。

（2）泵入口水平直管段长度 L：

精密级：　　$L \geqslant (1.5K + 5.5)D$

1 级和 2 级：　　$L \geqslant (K + 5)D$

对汽蚀试验，若是采用改变入口管道阻力（调节入口阀门）的方法时

$$L \geqslant 12D$$

式中　D——管道内径；

K——泵的型式数。

2. 泵出口流量测量段的直径和长度

应根据所采用的流量计的具体要求来确定。

3. 测压管

（1）测压管的内径应与泵进出口同直径。

（2）测压管的长度 $L \geqslant 4D$。

（3）取压静压孔：进口测压管的取压静压孔的位置在离泵进口法兰的上游 $2D$ 的截面处。出口测压管的取压静压孔在离泵出口法兰下游 $2D$ 截面处。对 2 级精度，如果测压管内的速度水头与扬程之比很小时，测压截面可以设在法兰处。

取压静压孔的数量：对于精密级和 1 级精度，在测压截面处开设 4 个测压孔，并用一个环形汇集管相连接，如图 8－12（a）所示。环形管的横截面的面积应不小于所有取压孔截面积的总和。取压孔与环形管之间应有单独的截流旋塞阀。对 2 级精度，在测压截面处只开设 1 个测压孔就可以了，如图 8－12（b）所示。

取压孔的直径为 3～6mm，或取 $0.08D$（精密度）和 $0.1D$（1 级和 2 级），两者之间取小值，孔深 >2.5 倍取压孔直径。

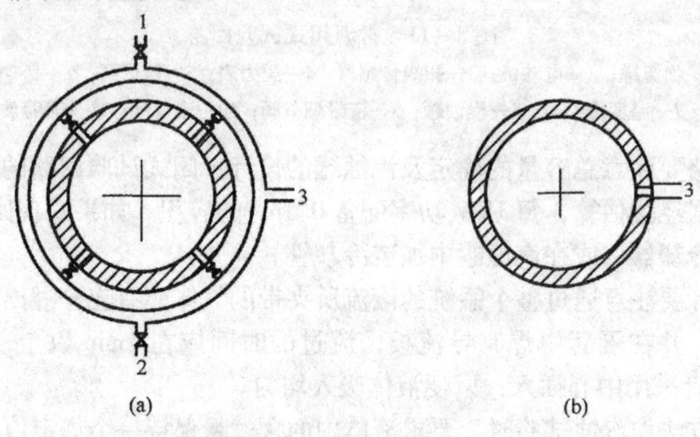

图 8－12　取压静压孔布置

1—放气；2—排液；3—通至压力测量仪表的连接管

（4）测压连接管的最高点处，应设置放气阀，试验时应放尽空气，连接管最好用半透明的导管，以便观察管内是否存有空气。

第四节　测　量　仪　表

测量仪表是泵测试中获得测试数据的设备，它将直接影响整个测试数据值的正确、真实、可信。测量仪表的选择原则是：要符合国家有关计量的标准和要求，要达到试验精度的要求。泵的测量仪表包括：流量测量仪表；压力或压差测量仪表；转速测量仪表；功率（转矩）测量仪表及噪声、振动、温升等测量仪表。

一、流量测量仪表或方法

流量测量仪表或方法可分为实验室的测量仪表和现场测量仪表两类。

实验室的测量仪表和方法有：

（1）原始方法：称重法、容积法；

（2）差压装置（或称节流装置）：标准孔板、标准喷嘴、经典文丘里管；

（3）水堰。

（4）电磁流量计。

（5）涡轮流量计。

现场测量仪表和方法有：

（1）超声波流量计。

（2）速度面积法。

（3）稀释法。

1. 称重法、容积法

（1）测量原理：是在一定时间内，由一个容器收集排出的流体，然后用称重法得到流体的重量或用量桶测得流体的体积除以时间，便得到其流量值。

（2）测量方法：称重法如图 8－13 所示。称重容器的容量要足够大，注水时间应不小于30s，衡器（称）的精度要求高于0.01%，如果为容器法，即将称重容器和衡器换成量筒便是。

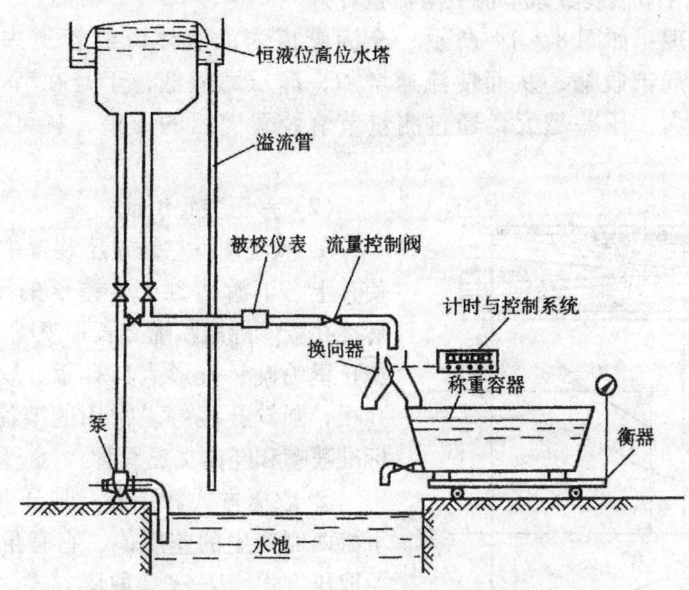

图 8－13　称重法流量测量或校正流量计

换向器用来向容器注水的切换装置，换向器的动作应足够快（应小于0.1s），以减少测量误差。

时间测量与控制系统的分辨率应小于0.01s，并要与换向器同步。

（3）流量计算：

① 称重法：

$$Q_G = \frac{G}{T} = \frac{G_1 - G_0}{t}(1 - \varepsilon) \tag{8-13}$$

式中　Q_G——重量流量；

G_1——容器内最终重量；

G_0——容器内初始重量；

t——注入时间；

ε——浮力修正系数，取 $\varepsilon = 1.06 \times 10^{-3}$。

如果换算成平均体积流量

$$Q_v = \frac{Q_G}{\gamma}$$

② 容积法：

$$Q_v = \frac{V}{t} \tag{8-14}$$

式中 Q_v——体积流量；

V——被测液体容积。

（4）称重法、容积法的特点：

① 称重法、容积法虽为最原始的测量方法，但其测量精确度很高，一般可达 0.1% ~ 0.3%，所以常被用来校准其他形式的流量计。

② 测量较繁复，测量时间长，不能测量瞬时流量，只能用来测量平均流量。

2. 差压装置（节流装置或节流装置流量计）

（1）测量原理：如图 8－14 所示，充满管道内的流体流经管道内的节流装置时，流束将在此形成局部收缩，从而使流速增加，静压力降低，于是在节流装置前后产生了压差，流量越大，压差越大，通过测量节流装置前后的压差，就可以计算出流体流量的大小。

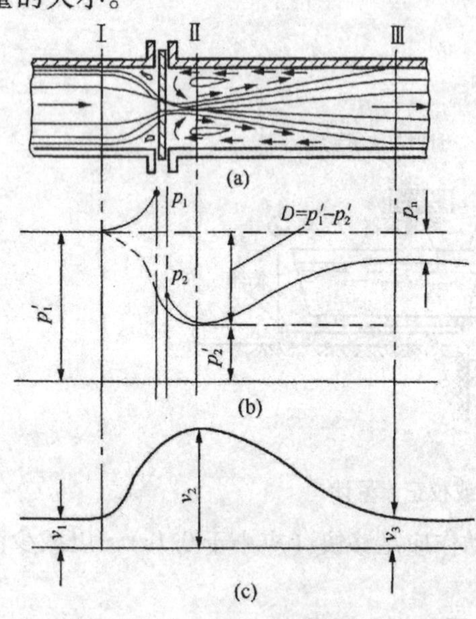

图 8－14 节流装置流量测量原理图

（2）差压装置组成：

① 节流件：它是差压装置中造成流体收缩而使其上、下游两侧产生差压的元件。节流件有：标准孔板、标准喷嘴、长径喷嘴、经典文丘里管、文丘里喷嘴、锥形入口孔板、1/4 圆孔板、偏心孔板，圆缺孔板等。常用的节流件是标准孔板、标准喷嘴和经典文丘里管。

② 取压方式和装置：取压是提取节流件上、下游两侧产生的差压值，它有角接取压方式、法兰取压方式、D—$d/2$ 取压方式。差压的测定可用液柱式差压计或差压传感器来测量。连接导压管内必须完全充满液体，排尽空气。

③ 节流件前后稳流直管段：节流件前后稳流直管段的长度 L_1、L_2 必须足够长，以便保证流经节流件时流速均匀，L_1、L_2 的长度与节流件的直径比 $\beta = d/D$，节流件型式及安装等有关。具体尺寸可参阅有关资求得（郑梦海：泵测试实用技术或流量测量节流装置）。

（3）流量计算方法：

$$Q = \alpha\varepsilon \frac{\pi}{4} d^2 \sqrt{\frac{2\Delta p}{\rho}} \tag{8-15}$$

式中 Q——体积流量，m^3/s；

α——流量系数（参阅郑梦海：泵测试实用技术或流量测量节流装置）；

ε——膨胀系数（水 $\varepsilon=1$）；

d——节流件的节流孔（或喉部）的直径，m；

Δp——压差值，Pa；

ρ——流体密度，kg/m^3。

当节流装置和被测液体确定后，α、ε、d、ρ 都为定值，可以总括为系数 k，则

$$Q = k\sqrt{\Delta p} \tag{8-16}$$

式中 k——该流量计流量系数；

Δp——差压值，Pa。

如果差压测量用水银差压计 $\Delta p=\gamma h$，γ 已确定，归纳到流量计流量系数中去，流量计流量系数为 k'，则

$$Q = k'\sqrt{h} \tag{8-17}$$

式中 h——水银差压计差压读数

所以，平时使用时，常将 k 或 k' 事先计算出，只要测得差压值 Δp 或水银差压计读数 h 代入到式（8-16）或式（8-17）中去计算就很方便。为精确起见，可以用重量法或容积法标定出 k 或 k' 值。

（4）差压装置流量测量的特点：

① 差压装置流量测量可有较高的精度，并可不经标定使用，精度可达 ±1.0% ~ ±1.5%，如经标定，可达 ±0.35% ~ ±0.5%，如用原位标定可达 ±0.1% ~ ±0.3%，并且在使用中可不需要按标定周期进行标定；

② 操作方便，测量快，可测得瞬时流量；

③ 结构简单，制造方便（可自行制造），使用可靠，价格便宜；

④ 节流件前后要求的直管段要求较长，试验室面积大；

⑤ 流量测量范围小，一般为 1∶3；

⑥ 阻力损失大，不适宜低扬程泵的流量测量。

3. 堰

（1）工作原理

如图 8-15 所示，堰的流量测量的工作原理是基于水力学孔口出流，当液体流经“堰口”时受阻，液面在堰口前升高，液体经堰口顶部溢出，堰的水头 h 越高，溢出的流量就越大，所以通过测量堰的水头高 h，就可以计算出流量的大小。

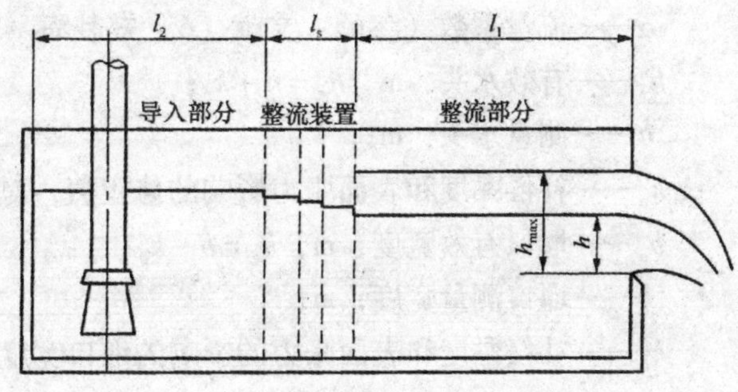

图 8-15 堰

堰按其堰口的形状可分为直角三角堰、矩形堰和全宽堰，如图 8-16 所示。三角堰适用于较小流量的测量，矩形堰用于较大流量的测量，全宽堰用于大流量的测量。

（2）流量计算公式

① 直角三角堰：

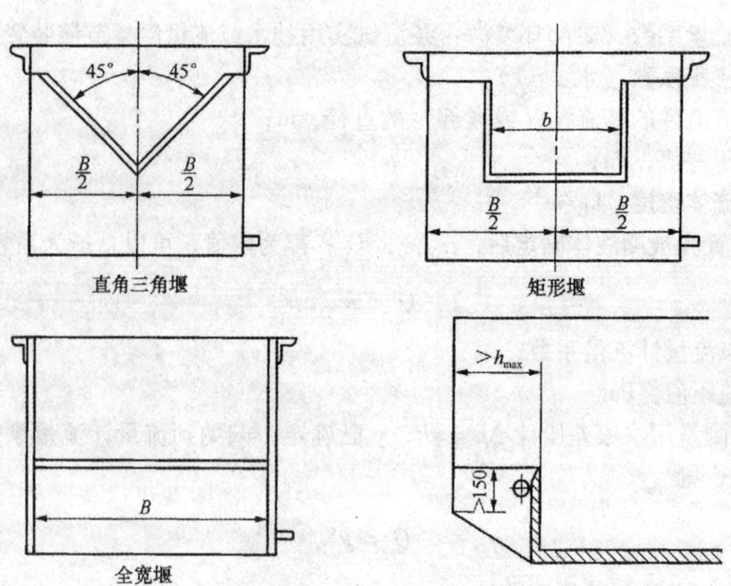

图 8－16　几种水堰的堰口形状

$$Q = \alpha \frac{8}{15}\sqrt{2g}h_e^{5/2} \qquad (8-18)$$

式中　Q——体积流量，m^3/s

α——流量系数（参阅郑梦海：《泵试验实用技术》）；

h_e——有效水头，m，$h_e = h + k_n$；

h——测量水头，m；

k_n——补偿黏度和表面张力影响的修正值，对直角三角堰 $k_n = 0.00085$m。

② 矩形堰和全宽堰：

$$Q = \alpha \frac{2}{3}\sqrt{2g}b_e h_e^{3/2} \qquad (8-19)$$

式中　Q——体积流量，m^3/s；

α——流量系数（参阅：文献［6］郑梦海《泵测试实用技术》）；

h_e——有效水头，m，$h_e = h + k_n$；

h——测量水头，m；

k_n——补偿黏度和表面张力影响的修正值，对矩形堰和全宽堰 $k_n = 0.0001$m；

b_e——堰口有效宽度，m，$b_e = b + k_b$；

b——堰口测量宽度，m；

k_b——补偿黏度和表面张力的影响的堰口宽度修正值，查表 8－8。

表 8－8　堰口宽度修正值

b/B	0.1	0.2	0.3	0.4	0.5	0.6	0.7	0.8	0.9	1.0
k_b/mm	2.4	2.4	2.5	2.7	3.2	3.6	4.1	4.2	3.2	-0.9

从上述公式中可以看出，堰的流量计算是很繁复的，所以当堰建成后，堰的结构、堰口形状和尺寸都已确定，可以事先将水头高 h 对应的流量值计算成表格，使用时查表即可。

（3）堰测量流量的特点

① 有较好的精度，直角三角堰为 ±1% ~ ±2% 左右，矩形堰和全宽堰为 ±1% ~ ±3%，如果经标定精度可达 ±0.5% ~ ±1.5%。

② 阻力损失小，可用于低扬程大流量泵的流量测量。

③ 测量流量大，可用于特大流量的测量。

④ 测量时需要较长的稳定时间，测量时间长。

⑤ 不能测量瞬时流量，只能测量一段时间内的平均流量。

⑥ 堰的体积较大，占地面积大。

⑦ 只能用在开式试验回路中。

4. 电磁流量计

（1）工作原理

是基于法拉第电磁感应定律，当导电流体流过两磁极之间的管道时，切割了磁场，在电极上产生了与流体流速 v 成正比的感应电动势 E，如图 8－17 所示。

$$E = KBD\bar{v} \qquad (8-20)$$

式中 E——感应电动势；

K——仪表常数；

B——磁感强度；

$\bar{v}$——平均流速；

D——测量管内径。

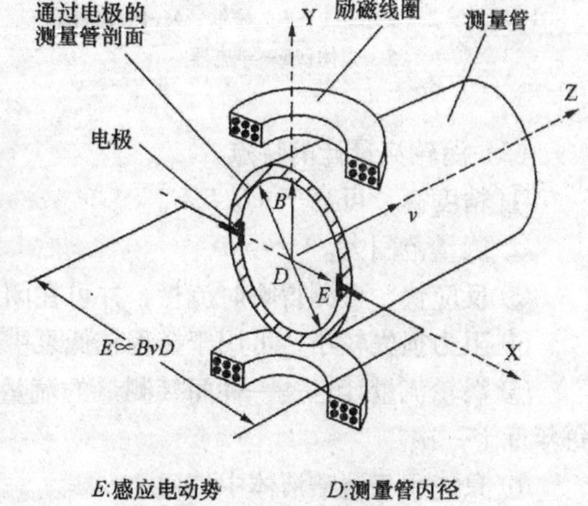

图 8－17 电磁流量计测量原理

当磁感应强度为常数时，感应电动势 E 正比于平均流速 $\bar{v}$，感应电动势 E 由电极检出，传送给二次转换器，就可直接转换成被测量的流量值。所以在实际使用中，都需要配备二次转换器，直接就能显示出流量值。

（2）电磁流量计流量测量特点

① 精度较高，可高于 ±0.5%。

② 它不受流体的压力、湿度、黏度、密度等的影响，可以用于污浊液体的测量。

③ 测量范围大。

④ 变送器上、下游直管长度较短，上游≥5D，下游≥3D。

④ 阻力损失小，可用于扬程较低的泵的流量的测量。

⑥ 反应快，可测得瞬时流量，并可用于闭式测试回路中的流量测量。

⑦ 电磁流量计为间接测量的流量计，所以必须经过标定才能使用，并且在使用过程中，还需定期标定，对精度高于 ±0.5% 的流量计，每年标定一次，对精度低于 ±0.5% 的流量计，每二年标定一次。

⑧ 价格较高。

⑨ 不能在有强磁场的环境下使用。

5. 涡轮流量计

（1）工作原理

涡轮流量传感器的结构如图 8－18 所示。当流体流经传感器时，冲动涡轮旋转使导磁的叶片周期性地改变检测器中磁路的磁阻值，使通过感应线圈的磁通量随之变化，在感应线圈

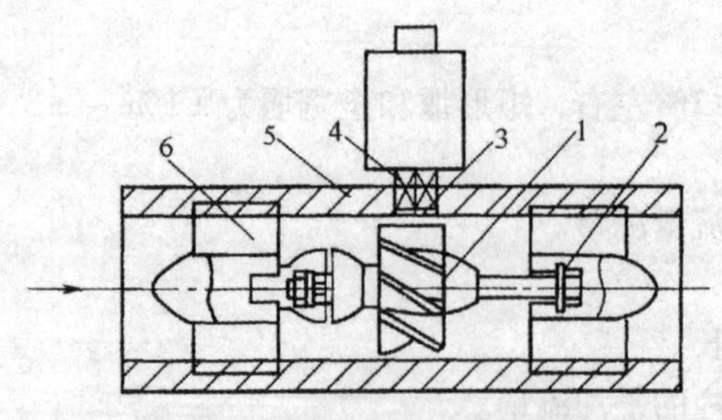

图 8－18　涡轮流量传感器

1—涡轮；2—支承；3—永久磁铁；4—感应线圈；5—壳体；6—导流器

的两端感生出电脉冲信号，该电脉冲(频率 f)与流经传感器的体积流量成正比：

$$f = KQ$$

$$Q = \frac{f}{K} \tag{8-21}$$

式中　f——电脉冲频率，Hz；

K——比例常数，次/m^3；

Q——体积流量，m^3/s。

在实际使用中，通常配备有二次显示仪表，调整好比例常数 K 后，就能直接显示出被测的流量值。

(2) 涡轮流量计的特点

① 精度高，可高于 ±0.5%。

② 测量范围大。

③ 反应快，可测得瞬时流量，并可在闭式测试回路中流量测量。

④ 阻力损失较小，可用于扬程较低泵中流量测量。

⑤ 涡轮流量计也是一种间接测量的流量计，必须经标定后才能使用，并在使用中要求每年标定一次。

⑥ 只能用于清洁液体中使用。

⑦ 涡轮流量计在使用中，传感器必须充满液体，并有足够的背压下使用。

⑧ 避开强磁场下使用。

6. 超声波流量计

(1) 测量原理

① 速度差法：利用超声波在流动液体中顺流向与逆流向的传播速度差值与流体的流速成比例的关系来测量流量，故此，当测得超声波在流动液体中的传播速度差值，即可求得流体的流速，再根据管道的横截面积，即可求得流量值。

② 多普勒法：利用声学的多普勒原理来确定流体中微粒的流动速度，进而获得流体流速，再根据管道的横截面积，即可求得流量值。

(2) 超声波流量计测量流量的方法和特点

① 超声波流量计是利用超声在被测流体中的传播特性来测量流量的仪器，所以只要将流量的触头安装在管道的外壁上，无需安装到管道中去，所以安装测量很是方便，特别适合于现场流量的测量。但在安装中要注意，触头应安装在管道的中心轴线轴对称平行的两侧(两点连成应交于轴中心线)，在触点处的管道的外表面打磨出金属本色。流量计的上下游应有一定的直管长度(按说明书)。

② 超声波流量计的精度可达 ±0.5% ~ ±1.5%，它的精度不及电磁流量计和涡轮流量计，但已满足现场测试的要求。

③ 测量流速在 0.3 ~6m/s，所以一台超声波流量计可以测量不同管道直径，不同流量的测量，测量的流量范围很大。

④ 被测流体的浊度应小于 10000mg/L，悬浮物应小于 1000mg/L 的液体。

⑤ 超声波流量计也是一种间接式的流量测量仪表，故必须经过标定方可使用，在使用

中需要定期进行标定，推荐间隔周期为6个月。

7. 速度面积法

速度面积法流量测量就是分别测量出流体通过的过流截面的面积和速度，然后计算出流量。流速的测量常用激光测速仪，皮托管等。这种方法特别适用于现场流量的测量，不论是明渠还是暗渠，管道都可使用。

$$Q = Av \tag{8-22}$$

式中 A——过流截面的面积；

v——通过过流截面的平均流速。

8. 稀释法

在测量段的上游侧的测点处投放已知浓度的高浓度盐水，然后在下游侧提取被测流体的含盐浓度，推算出流体的流量，此方法适宜于现场特别巨大的流量测量。

二、压力、差压(扬程)测量方法

根据式(2-2)、式(2-3)扬程的计算方法，式中 Z_1、Z_2 可用米尺测量出，v_1、v_2可根据流量和管道直径计算出，所以泵的扬程测量主要是压力或差压 p_2、p_1的测量。目前泵行业在泵的试验中，压力(或差压)的测量仪表常有液柱式压力计、弹簧式压力计、压力(差压)传感器和静重压力计(即活塞式压力计)。

1. 液柱式压力计

液柱式压力计是根据静止液体内部水静压强的原理来测量的，根据式(1-6)$p=\rho gh=\gamma h$，来计算其压力(差压)的大小。

液柱式压力计内的工作液体可以是水银(汞)或水，对测量微压时，可用四氯化碳(CCl_4)、乙基四溴化物($C_2H_2Br_4$)、二碘甲烷(CH_2I_2)等。

液柱式压力计的结构常用的有U形管压力计和单管压力计。

(1) U形管液柱压力计

① U形管液柱压力计的结构：U形管液柱压力计又称双管差压计，如图8-19所示。

它是一根内径为6~12mm的U形玻璃管，管内充工作液体，用橡皮管或塑料管与被测介质连通起来，上方装有放气阀、截止阀，两管之间应有刻度尺。充工作液体时，液面应与零点相一致，然后将U形管液柱计垂直固定在架上或墙上。

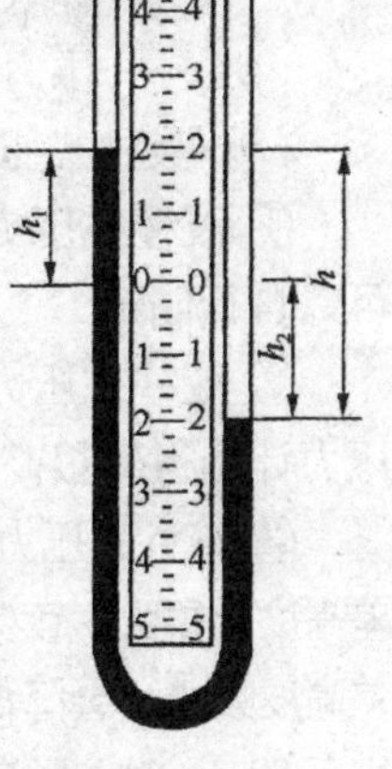

图8-19 U型管压力计

② U管液柱压力计的压力计算：

U形管液柱压力计压力的计算与是充气还是充液的不同，计算不同。

a. 两端充气(常是测量泵进口真空度)

$$p = \rho_I gh \tag{8-23}$$

式中 p——被测介质压力(表压)，Pa；

ρ_I——压力计工作液体的密度，kg/m^3(水银的密度13600kg/m^3，重度133375N/m^3)；

h——液柱差高度，m；

g——重力加速度，m/s^2。

若通大气端的液面高于测量端，则为正压，若通大气端液面低于测量端，则为负压(真空度）。

b. 一端通大气，测量端充被测液体

$$p = \rho_{\text{I}} gh \pm 1/2\rho_{测}gh \tag{8-24}$$

式中 p——以测量仪表 0-0 为基准的表压，Pa；

ρ_{I}——压力计工作液体的密度，kg/m³；

$\rho_{测}$——被测液体的密度，kg/m³（水的密度 1000kg/m³，重度 9807N/m³）；

若通大气端的液面高于测量端，则为正压，公式中取“-”号，若通大气端液面低于测量端，则为负压，公式中取“+”号。

c. 二端都充被测液体（一般为测差压）

$$\Delta p = \rho_{\text{I}} gh - \rho_{测}gh \tag{8-25}$$

（2）单管压力计

单管压力计实质上是把 U 形管的一根管子变成一个直径远大于另一根管子直径的杯状容器，如图 8-20 所示。在管子和杯状容器内充灌工作液体（例水银），一般情况下，这种单管压力计以测量负压（真空度）为多，所以又称单管真空计。测量时，杯状容器上方小孔与大气相通，管子与被测负压相通，其测得的负压力（真空度）p 可用下式计算。

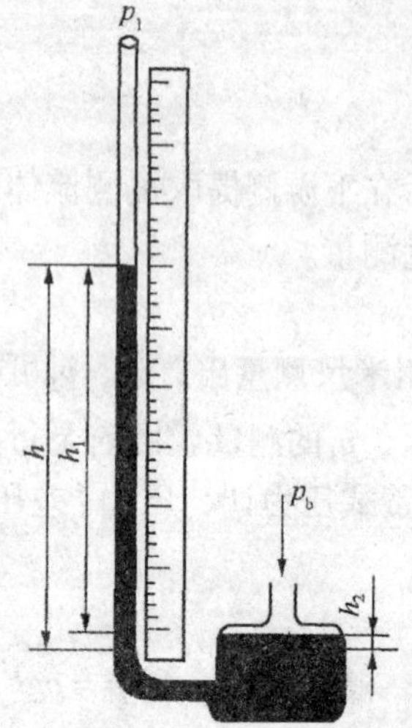

图 8-20 单管压力计

$$p = h\rho_{工} g = (h_1 + h_2)\rho_{工} gh = h_1\left(1 + \frac{B}{A}\right)\rho_{工} g \tag{8-26}$$

式中 h_1——玻璃管内工作液面上升高度，m；

h_2——杯状容器内工作液面下降高度，m；

B——玻璃管内径的截面积，m²；

A——杯状容器内径的截面积，m²；

$\rho_{工}$——压力计内工作液体的密度，kg/m³。

（3）液柱式压力计的使用和特点

① 液柱式压力计结构简单，使用方便，价格低，不必定期标定，现已有定型产品，也可以自行制造。

② 液柱式压力计的精度很大程度上取决于标尺分度的精度，如果分度精度高，液柱式压力计能得到很高的精度。所以要求分度值为 1mm，分度精度 1m 长的分度误差为 ±1mm。

③ 液柱式压力计主要用来测量比较低的压力（$p < 0.15$MPa），如果测量的压力较高时，液柱差高度会很大，读数就有困难，不宜使用液柱式压力计来测量。但如果测量的压力过低时，液柱差高度太小，会降低测量精度，所以应避免液柱差高度小于 50mm 情况下使用。如果液柱差高度小于 50mm 时，可考虑采用较小密度的工作液体来测量或使用斜管式液柱式压力计。

④ 为使玻璃管内的毛细现象的影响减到最小，玻璃管径应足够大，对工作液体为水银时，玻璃管的内径应大于 6mm。对水和其他工作液体，玻璃管内径应大于 10mm。

⑤ 液柱式压力计测量时，如果是充液，则应放尽液体内的空气。如果是充气，若进了液体，计算时应修正管内残留液体对测量值的影响。

⑥ 如果工作液体是水银时，水银升华后的水银蒸汽对人体有害，所以要注意不要外泄

或玻璃管破碎后水银外泄。

2. 弹簧式压力计

(1) 弹簧式压力计的工作原理

通常所用的弹簧式压力计为单圈弹簧的压力计，其工作原理如图 8－21 所示，弹簧管的截面为扁圆形或椭圆形，其长轴与图面垂直，弹簧管被弯成包角约 270°的圆弧形，管口封闭的一端为自由端，管子开口端为固定端。在引入压力的作用下，圆弧形弹簧管发生变形，使得圆弧形的弹簧管产生向外扩张变形，故而自由端产生由 B 到 B' 的位移，包角减少了 $\Delta\varphi$，根据弹性变形原理可知，包角的相对变化值 $\Delta\varphi/\varphi$，与被测压力 p 成正比。如果带上齿轮，指计和表盘，就可指示出压力值 p。

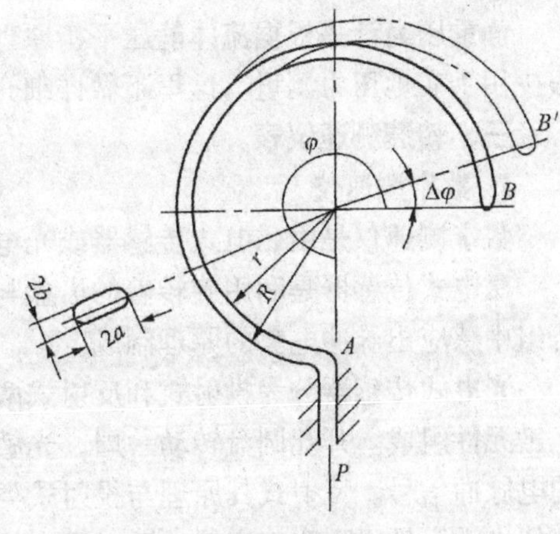

图 8－21　单圈弹簧管压力计工作原理图

(2) 弹簧式压力计的使用和特点

① 弹簧式压力计有不同的量程和精度，应根据测量的需要进行选取。弹簧式压力计的量程选取应最好在 2/3 量程下使用最为合理。弹簧式压力计的精度一般有 ±0.2%，±0.4%，±1.0%，±1.5%和±2.5%五级，在实验室内测量时，应选用精度 ±0.4% 以上的压力计。

② 弹簧式压力计结构简单，测量范围广，使用方便，价格低，满足使用精度，使用很是广泛。

③ 弹簧式压力计需定期标定，以保证其精度。

3. 压力(差压)传感器

(1) 压力(差压)传感器的工作原理

压力(差压)传感器一般为电容式，它有一个可变电容的传感组件“δ”室，如图 8－22 所示，当流程压力通过两侧隔离膜片时，由灌充液传递到“δ”室中心的测量膜片上，中心膜片是一个张紧的弹性元件，它对于作用在其上的两侧压力差产生相应的变形位移，转变为电容极板上形成的差动电容，传感膜片和任一电容极板间的电容量大约是 150pF。传感器内振荡器输出的电压所驱动，然后经过解调器、电流检测器、电压调节器、放大器等电路，输出随压力值改变的两线制 4～20mA 信号。

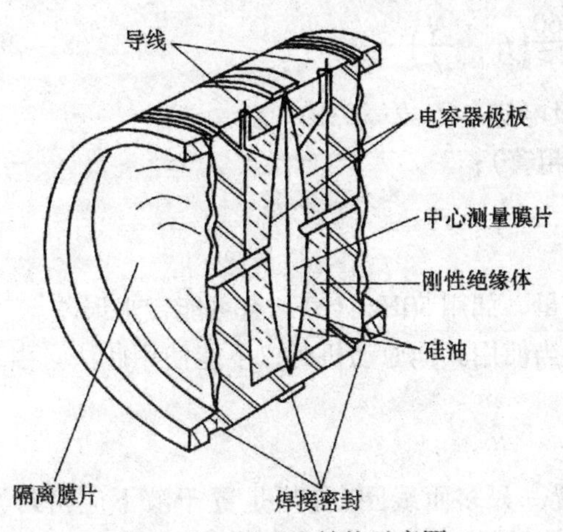

图 8－22　“δ”室结构示意图

(2) 压力(差压)传感器的使用和特点

① 量程范围大，一般压力传感器可在最大量程到 1/10 范围内连续调整测量。

② 压力传感器的精度很高，可达 ±0.1%，目前市场上有 ±0.1%、±0.25%、±0.5%几种。

③ 可输入到电脑中进行自动采集测量。

④ 压力传感器在首次使用及日常使用中，须按规定周期进行标定。

4. 静重压力计

静重压力计是根据流体静压平衡原理制成的，测量精度较高，常用来标定压力计之用，很少用于实地压力测量，这里不做详细介绍。

三、转速测速仪表

1. 数字测速仪

数字测速仪是由磁电式传感器或光电式传感器与数字频率计一起使用。

磁电式传感器是利用旋转着的齿盘与磁极之间气隙磁阻的变化引起磁通的变化，从而在绕组中感应出脉冲电势的原理制成。

光电式传感器分为投射式和反射式两种。投射式是由装在旋转轴上的开孔圆盘、光源及光敏元件组成。开孔圆盘转动一周，光敏元件感应的次数与圆盘孔数相同，从而产生相应量的电脉冲信号。反射式其原理与投射式类似，不同的是通过旋转轴上的不反光标记和透镜系统使光敏元件得到明暗交替的反射光，从而输出电脉冲信号。

脉冲频率和机组转速的关系可用下式表示：

$$f = Z\frac{n}{60} \tag{8-27}$$

式中 f——传感器变换的脉冲频率，Hz；

Z——传感器孔盘数或反光标记数或齿盘齿数；

n——机组转速，r/min。

当 $Z=60$ 时，$f=n$，此时数字显示的脉冲频率即为转速。

数字频率计即为数字测速仪的二次仪表，它由计数器和时基系统控制组成。由传感器输入的脉冲信号，经放大、整形、系数换算后，由十进计数器计数。在此同时，由时基系统定时，控制门控制主门开放的时间，这样就可在一定时间内计数器记下脉冲信号数。然后经显示器显示，达到了测速的目的。

2. 闪光测频法

在电动机轴头上标出适当数量的扇形，扇形的对数与电机极对数相同，并用交流电的荧光灯来照亮，由于异步电机存在有转差，因此扇形会徐徐逆向转动，在单位时间再记下反转次数，换算成每分钟滞后的转数 Δn，则实际转数 n 就为同步转数 n_0 减去滞后的转数 Δn，即

$$n = n_0 - \Delta n = \frac{60}{P}\left(f_1 - \frac{N}{t}\right) \tag{8-28}$$

式中 P——电机极对数（二级电机：$P=1$，四级电机：$P=2$……）；

f_1——电网频率（如无测量时，可用50Hz 粗算）；

N——在 t 秒时间内扇形逆向转动的个数；

t——扇形旋转 N 个的时间，s。

用此测量方法测量时，电网频率最好实地测量，如用50Hz 计算，有可能带来误差。

此方法只适用于异步电动机中的转速测量，当使用其他原动机时，不能使用此法。由于数字测速仪的普及，此方法已很少使用。

3. 感应线圈法

在电机外壳靠近电机定子绕组端伸部位放置一只多匝线圈（如果是置于液下应密封），线圈与灵敏的直流复射式检流计连接，这时转子绕组的漏磁通在线圈中感应出电动势，致使

检流计上的光点发生摆动，用秒表测取一段时间 t(s)内，光点摆动次数 N，则

$$n = \frac{60}{P}\left(f_1 - \frac{N}{t}\right) \tag{8-29}$$

式中　N——检流计指针摆动次数；

t——测量时间，s。

目前国内已有能直接显示出转速的感应线圈式 SFT－B 型智能转速测量仪。它特别适用于轴头不外露的屏蔽泵或液下使用的潜水电泵的转速测量。

四、功率测量方法

泵的功率测量是指泵的输入功率(轴功率)或是原动机的输入功率测量。泵的效率必须通过泵的输入功率才能计算。功率测量的方法很多，归纳起来有如下：

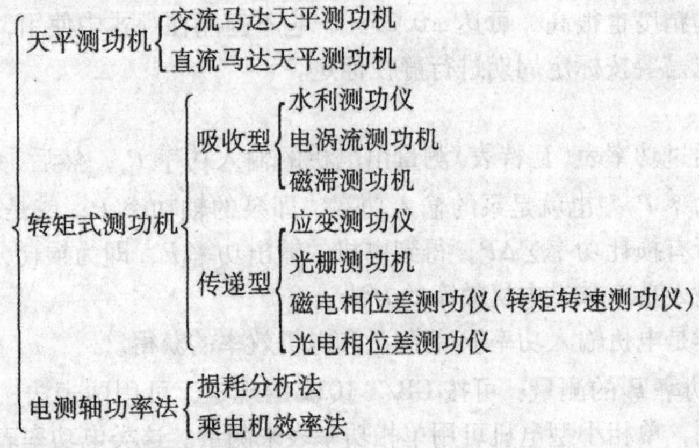

目前泵行业泵试验中用得较多的是磁电相位差测功仪(即转矩转速测功仪)，应变测功仪和电测轴功率法，马达天平测功机是最原始，并且如果制作得好，有较高的精度，但因为使用比较麻烦，需要自己制作，精度随制作水平，安装调试情况而改变，现已较少使用。

1. 磁电相位差测功仪(转矩转速测功仪)

磁电相位差测功仪常称转矩转速测功仪，它是由安装在原动机与泵之间的转矩传感器和数字显示仪所组成。

转矩传感器有磁电式和光电式两种。转矩传感器的工作原理是利用转轴受扭矩后，产生的弹性变形来测量转矩的大小，图 8－23 为磁电传感器。它是由一根标准转轴，两个齿轮和两个磁电式检测器所组成。

特制的内外齿轮齿数和模数相同，但不啮合，两个齿顶圆之间有一个很小的气隙，当转轴旋转时，因磁力变化，在两个线圈中感应出一个近似的正弦波的交变电势 U_1 和 U_2，在外加转矩为零时，这两个电势有一个恒定的初始相位差。这个初始相位差只与两只齿轮在轴上安装的相对位置和两磁钢的相对位置有关。在外加转矩后，标准弹性转轴产生扭转变形，在弹性变形范围内，其扭转角与外加转矩成正比，在扭转角变化同时，两个交变电势的相位差发生了相应的变化。通过显示仪表的正当电路，对相位差的测量和初

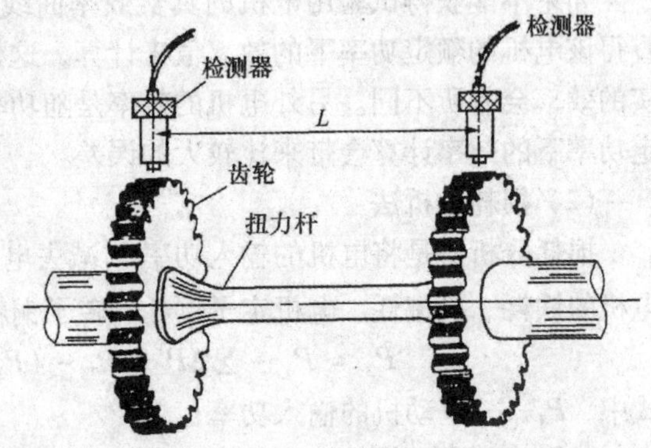

图 8－23　磁电式转矩传感器原理图

始相位差的补偿，将标准时基脉冲填入相位差，即可计算并显示出转矩(或功率)值。

转矩转速测功仪有较高的精度，可达 ±0.1%，但需按标定周期进行静校标定。这种磁电相位差测功仪只能在卧式中使用。

2. 应变测功仪

应变测功仪的工作原理也是利用转轴受扭矩后，产生的弹性变形来测量转矩的大小。与转矩转速测功仪不同的是弹性变形是利用刻蚀在转轴上的应变电桥来测量，当转轴受扭矩后表面产生的微小变形导致敏感栅电阻发生变化，电阻值的相对变化量 $\Delta R/R$ 与电阻丝相对变形量成正比，也即与外加转矩成正比。为了解决微小电阻的变化的测量问题，通常运用电桥的方法，将电阻的变化转化为电压或电流的变化，经高倍数放大，转换、无线发射，然后通过二次仪表进行无线接收，经适当的电路转换，显示转矩(功率)值。

应变测功仪的精度也很高，可达 ±0.25%，它不但能在卧式中使用，也可以在立式中使用。应变测功仪也需要按标定周期进行静校标定。

3. 电测功法

电测功法是通过功率表(瓦特表)测量出电机的输入功率 P_1，然后乘上电机的效率 $\eta_{电机}$ 得到电机的输出功率 P_2，也就是泵的输入功率，即泵的轴功率 P；或是电机的输入功率 P_1 减去电机自身的所有损耗功率 $\sum\Delta P$，得到电机的输出功率 P，即为损耗分析法。

(1) 电机的输入功率乘上电机效率的方法

这种方法关键是电机输入功率 P_1 的测量和电机效率的获得。

① 电机输入功率 P_1 的测量：可按 GB/T 1032 的规定，可用两表法、三表法或单块三相功率表来测量得到，单相小型电机可用单相功率表来测量。这类电功率表的电压值为 400V，电流值为 2.5A 和 5A，最大测量功率值为 4kW，3.2kW。所以当试验时，电压超过 400V 或功率(电流)较大时，需安装配备电压互感器和电流互感器，此时电机的输入功率 P_1：

$$P_1 = P_{1表} \cdot K_2 \cdot K_3 \tag{8-30}$$

式中 P_1——实际电机输入功率；

$P_{1表}$——功率表所测得的功率；

K_2——电流互感器电流比数；

K_3——电压互感器电压比数。

② 电机效率：最好能得到该试验电机的真实效率曲线 $P_1 - \eta_{电机}$ 曲线(或电机的 $P_2 - P_1$ 曲线)，这样能获得该电机在不同功率下的效率值，一般可由电机厂提供。

如果不能获得试验用电机的真实效率曲线 $P_1 - \eta_{电机}$ 曲线，只能从电机铭牌上或样本中查得该电机的额定功率下的效率值来计算，这样误差会比较大些，因为同一型号的电机，真实的效率会有所不同。另外电机的效率是随功率的变化而变化的，当偏离额定功率时，用额定功率下的效率计算会带来比较大的误差。

(2) 损耗分析法

损耗分析法是将电机的输入功率 P_1 减去电机自身的各项损耗功率 $\sum\Delta P$。损耗功率包括电机的铁耗、机械耗、电机定子铜耗、转子铜耗及电机杂损等。即

$$P_2 = P_1 - \sum\Delta P = P_1 - (P_{Fe} + P_{fw} + P_{cu_1} + P_{cu_2} + P_s) \tag{8-31}$$

式中 P_1——电动机的输入功率；

P_2——电动机的输出功率；

P_{Fe}——电动机铁损耗功率(铁耗);

P_{fw}——电动机机械损耗功率(机械耗);

P_{cu_1}——电动机定子绕组损耗的功率(定子铜耗);

P_{cu_2}——电动机转子绕组损耗的功率(转子铜损);

P_s——电动机杂散损耗的功率(杂损)。

电机输入功率 P_1 的测量同前面介绍的方法。

电机的铁耗 P_{Fe} 和机械耗可通过电动机的空载试验得到，一般采用调压分离法，分离出定子的铁耗和机械损耗，机械损耗是一个衡值，不随电压变化而变化，而铁耗是随电压的变化而变化的一条曲线。

通过电机的负载试验，可以求得电机定子铜损耗和转子铜损耗。定子铜损耗可以在负载试验时测得的三相平均电流值和定子绕组的相电阻求得；转子铜损耗可通过电磁功率和转差率计算而得到。

电机的杂损，因试验比较麻烦，一般情况是取标准规定的数值:

$$P_s = (0.5\% \sim 2.0\%) P_2 \tag{8-32}$$

损耗分析法比电机输入功率乘上电机的效率的方法精确度高，实际上电机的效率也是由损耗分析法来测定的。但试验时，需要有自耦调压器，在大功率试验时，需大型的自耦调压器，试验计算也很繁复，自己做条件不易达到，所以常由电机厂测试提供。将电机厂测试出电机曲线的电机留作测试电机。即电机输入功率乘上电机效率的方法，或制作成电机的输入功率与输出功率之间的关系曲线。

(3) 电测功法的特点

① 电测功法测量简单方便，不需要在泵与原动机之间安装传感器，只需要在电机的输入电路上安装测量仪表即可，所以它可以适用于各种型式泵的测试，特别适用于潜水电泵和屏蔽泵的测量。

② 测量范围大，它可以用改变不同的电流互感器和电压互感器来测量不同功率的泵的测量，可用于极大功率的测量。

③ 电测功法的精度因需要多块测量仪表，多次测量，经过计算的合成精度，所以其精度远远低于转矩转速测功仪和应变测功仪的精度，它的精度不会超过 ±0.5%，一般为 ±0.8% ~ ±1.5%，所以要求测量精度高时能用转矩测功仪测量的场合尽量不用电测功法。

④ 电测功法所用测量仪表应有一定的精度并应按标定周期进行标定，标定周期一般为一年。

第五节　泵的振动测量与评价

一、振动量的表征

1. 位移幅值

用简谐振动的运动方程式表示。

$$S = \bar{S}\cos(\omega t + \varphi_s) \tag{8-33}$$

式中　S——位移瞬时值，μm;

$\bar{S}$——位移幅值，mm;

ω——角速度，rad/s;

t——时间，s。

φ_s——初始角，rad。

2. 速度幅值

用简谐振动的运动方程式表示。

$$v = \bar{v}\cos(\omega t + \varphi_v) \tag{8-34}$$

式中 v——速度瞬时值，mm/s；

$\bar{v}$——速度幅值，mm/s；

φ_v——初始角，rad。

3. 加速度幅值

用简谐振动的运动方程式表示。

$$a = \bar{a}\cos(\omega t + \varphi_a) \tag{8-35}$$

式中 a——加速度瞬时值，m/s^2；

$\bar{a}$——加速度幅值，mm/s^2；

φ_a——初始角，rad。

4. 振动烈度

规定为振动速度的方均根值(有效值)为振动烈度。

$$\begin{aligned} v_{ms} &= \sqrt{\frac{1}{2}(\bar{v}_1^2 + \bar{v}_2^2 + \bar{v}_3^2 + \cdots\cdots + \bar{v}_n^2)} \\ &= \sqrt{\frac{1}{2}\left[\left(\frac{a_1}{\omega_1}\right)^2 + \left(\frac{a_2}{\omega_2}\right)^2 + \cdots\cdots + \left(\frac{a_n}{\omega_n}\right)^2\right]} \\ &= \sqrt{\frac{1}{2}[(\bar{S}_1\omega_1)^2 + (\bar{S}_2\omega_2)^2 + \cdots\cdots + (\bar{S}_n\omega_n)^2]} \end{aligned} \tag{8-36}$$

在以前的资料、标准中，常用位移幅值来表征，在 JB/T 8097 中是用振动烈度来表征的。

二、测量仪表

目前测振仪器型号很多，只要将拾振头直接吸附到被测振的部位即可。

测量前应正确选用振动测量仪，以确保测量仪器在所要求的频率范围和速度范围内，应知道在整个测量范围内仪器的精度。

所用的振动烈度测量仪应经过计量部门标定，在使用前对整个测量系统进行校准，保证符合精度要求。对测量用传感器(拾振头)应当细心合理地进行安装。

三、测量方法

1. 泵的运行工况

泵在不同流量和转速下振动是不同的，当泵在大流量或极小流量下，泵振动比较大，所以在测量评价泵的振动时，常是指在规定转速下(允许偏差不超过 ±5%)，及规定流量和允许使用的小流量、大流量三个工况点的流量上进行测量。

2. 测点与测量方向

每台泵的振动至少存在一处或几处关键部位，应把这些部位选为测点，这些测点应选在振动能量向弹性基础或系统其他部件进行传递的地方，泵通常选在轴承座、底座和出口法兰等处，而把轴承座处和靠近轴承处的测点作为主要测点，把底座和出口法兰处的测点作为辅助测点。

每个测点都要在三个互相垂直的方向（即水平、垂直和轴向）进行测量。

图8－24为单级或两级悬臂泵的测点，1、2为主要测点（悬架轴承部位），3为辅助测点。

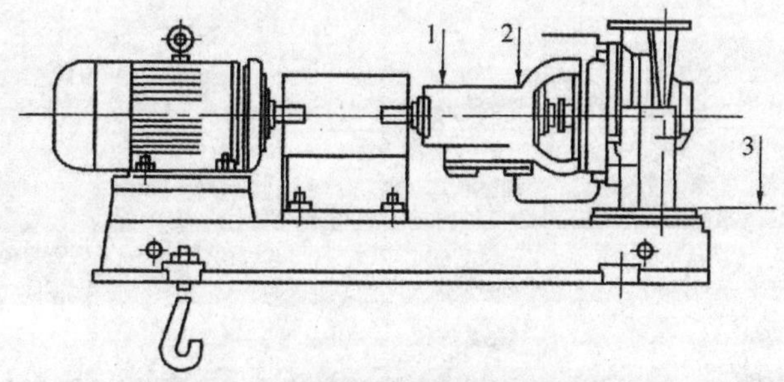

图8－24　单级或双级悬臂泵测点

图8－25为双吸离心泵（包括各种单级、两级两端支承式离心泵）的测点，1、2为主要测点（两端轴承处），3为辅助测点。

图8－26为多级离心泵的测点，1、2为主要测点（两端轴承处），3为辅助测点。

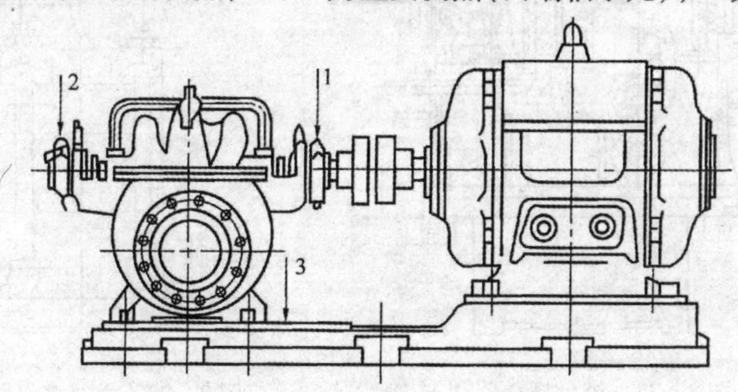

图8－25　双吸泵及两端支承式泵测点

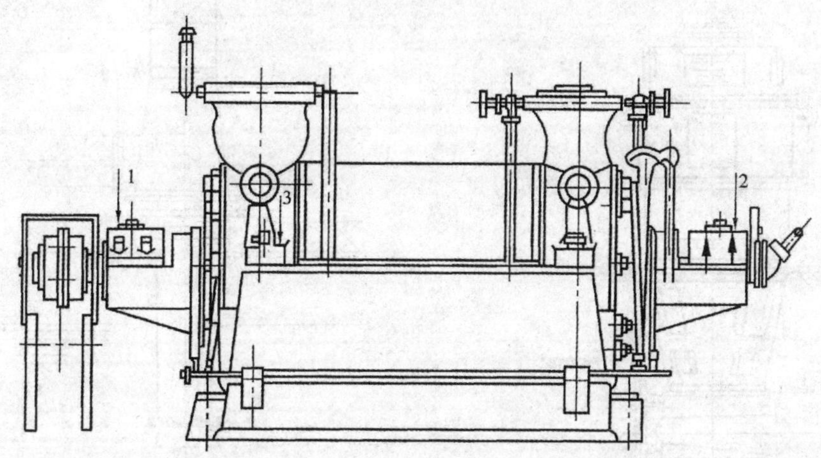

图8－26　多级离心泵测点

图8－27为液力偶合器的测点，1、2为主要测点（输入或输出轴承座上），3为辅助测点。

图8－28为立式多级泵的测点，1为主要测点，即泵与支架连接处圆周上试测，将测得的振动值最大处定为其测点，2、3为辅助测点。

图8－29为立式船用离心泵、立式管道泵的测点，1为主要测点，即泵与支架连接处圆周上试测，振动值最大处为其测点，2、3为辅助测点。

图8－30为单层基础的立式混流泵、轴流泵的测点，1为主要测点，即泵座与电机连接处圆周上试测，振动值最大处为其测点，2、3为辅助测点。

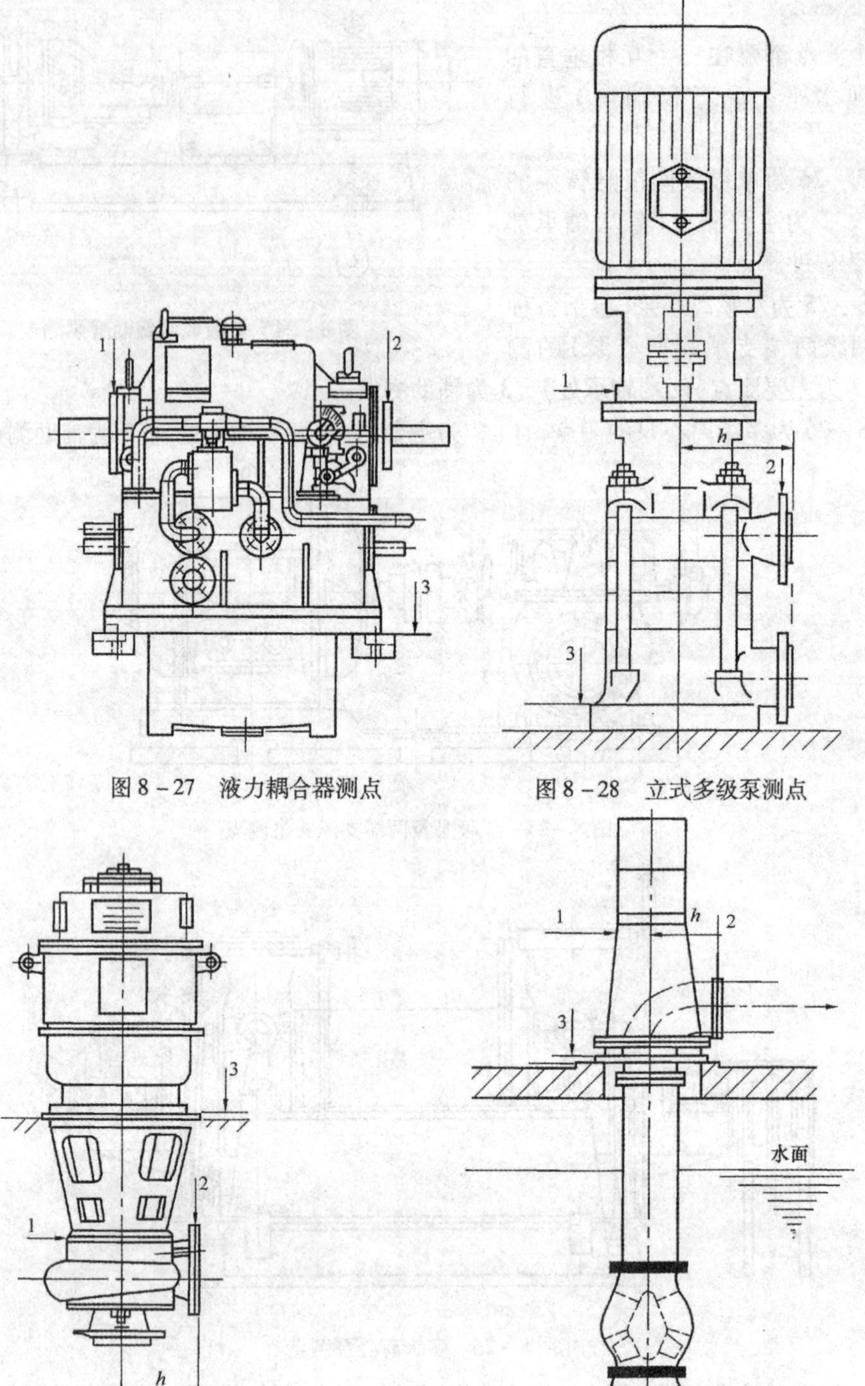

图 8－27　液力耦合器测点

图 8－28　立式多级泵测点

图 8－29　立式船用立式管道泵测点

图 8－30　单层基础立式混流泵轴流泵测点

图 8－31 为双层立式混流泵、轴流泵的测点，1 为主要测点，即泵座最高处圆周上试测，振动值最大处为其测点，2、3 为辅助测点。

图 8－32 为长轴深井泵的测点，1 为主要测点，即泵座圆周上试测，振动值最大处为其测点，2、3 为辅助测点。

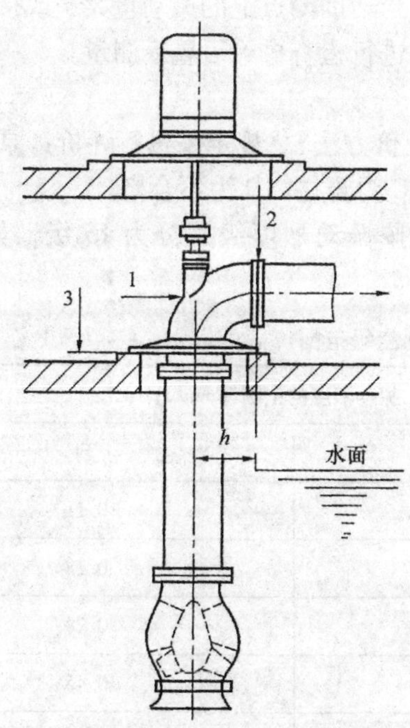

图 8－31　双层立式混流泵轴流泵测点

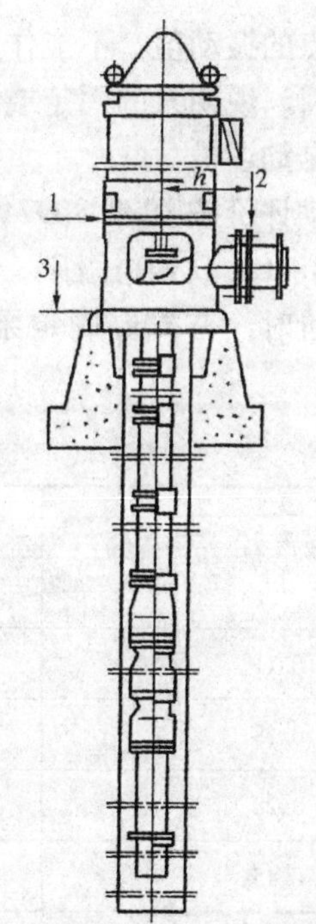

图 8－32　长轴深井泵的测点泵轴流泵测点

图 8－33 为泵座与电动机间有联接支架的立式泵的测点，1 为主要测点，即支架与泵座连接处水平圆周上试测，振动值最大处为其测点，2、3 为辅助测点。

图 8－34 为立式双吸泵的测点。1、2 为主要测点，即两端轴承处，3 为辅助测点。

测得后比较主要测点上的三个方向（水平 X，垂直 Y，轴向 Z）及三个工况（规定流量、使用的最大和最小流量）上测得的振动速度有效值，取其中最大的一个值为该泵的振动烈度。

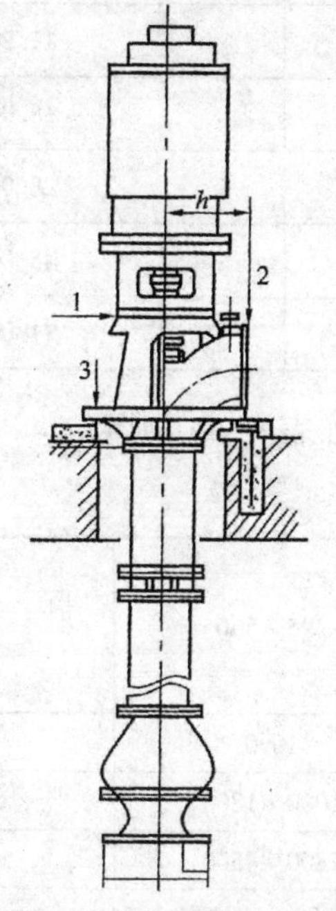

图 8－33　泵座与电动机间有连接支架的立式泵测点

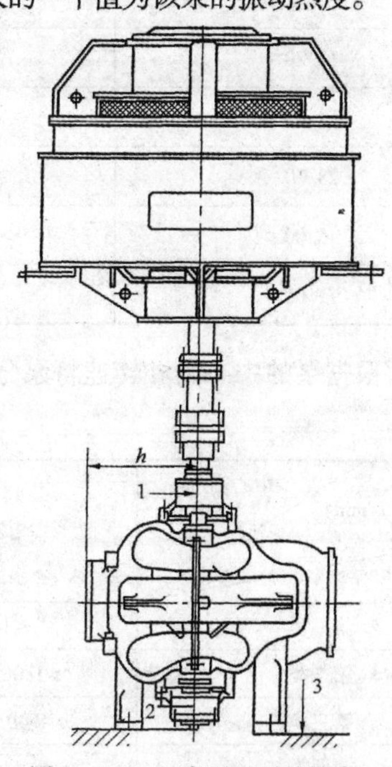

图 8－34　立式双吸泵的测点

辅助测点的振动值，不能作为评价的依据，但当辅助测点上的振动量大于或接近主要测点的振动值时，说明泵的固定或装配存在问题，需进行检查排除后重新测量。

四、泵振动评价

泵的振动评价按 JB/T 8097《泵的振动测量及评价方法》之规定来进行评价：泵的振动级别分为 A、B、C、D 四个级别，A 为优，B 为良，C 为合格，D 为不合格。

并在评价时，首先要确定泵的振动烈度级，按振动烈度级共分为 15 级，如表 8－9 所示。

表 8－9　泵的振动烈度级范围

烈度级	振动烈度的范围/（mm/s）	
	大　于	到
0.11	0.07	0.11
0.18	0.11	0.18
0.28	0.18	0.28
0.45	0.28	0.45
0.71	0.45	0.71
1.12	0.71	1.12
1.80	1.12	1.80
2.80	1.80	2.80
4.50	2.80	4.50
7.10	4.50	7.10
11.20	7.10	11.20
18.00	11.20	18.00
28.00	18.00	28.00
45.00	28.00	45.00
71.00	45.00	71.00

然后根据泵的中心高和转速将泵分类，共分四类，如表 8－10 所示。

表 8－10　泵分类

中心高/mm 转速/（r/min） 类别	≤225	>225～550	>550
第一类	≤1800	≤1000	
第二类	>1800～4500	>1000～1800	>600～1500
第三类	>4500～12000	>1800～4500	>1500～3600
第四类		>4500～12000	>3600～12000

表中泵的中心高对卧式泵为泵的轴线到泵的底座上平面的距离 h，立式泵为出口法兰密封面到泵轴线间的投影距离 h 作为它的相当中心高。

根据泵的类别及泵的振动烈度级，查表 8－11，即可得出泵的振动级别，分为 A、B、C、D 四个振动级别。

在无特殊要求情况下，认为 C 级为合格。但也可以提出特殊要求：B 级或 A 级，须在协议中注明要求。

表 8－11　泵的振动级别

<table>
<tr><th colspan="2">振动烈度范围</th><th colspan="4">判定泵的振动级别</th></tr>
<tr><th>振动烈度级</th><th>振动烈度分级界限/(mm/s)</th><th>第一类</th><th>第二类</th><th>第三类</th><th>第四类</th></tr>
<tr><td>0.28</td><td>0.28</td><td rowspan="3">A</td><td rowspan="4">A</td><td rowspan="5">A</td><td rowspan="6">A</td></tr>
<tr><td>0.45</td><td>0.45</td></tr>
<tr><td>0.71</td><td>0.71</td></tr>
<tr><td>1.12</td><td>1.12</td><td rowspan="2">B</td></tr>
<tr><td>1.80</td><td>1.80</td><td rowspan="2">B</td></tr>
<tr><td>2.80</td><td>2.80</td><td>C</td><td rowspan="2">B</td></tr>
<tr><td>4.50</td><td>4.50</td><td rowspan="6"></td><td>C</td><td rowspan="2">B</td></tr>
<tr><td>7.10</td><td>7.10</td><td rowspan="5"></td><td>C</td></tr>
<tr><td>11.20</td><td>11.20</td><td rowspan="4"></td><td>C</td></tr>
<tr><td>18.00</td><td>18.00</td><td rowspan="3"></td></tr>
<tr><td>28.00</td><td>28.00</td></tr>
<tr><td>45.00</td><td>45.00</td></tr>
</table>

五、由振动速度幅值换算成位移幅值

在一些老的标准中和一些使用单位，习惯用位移幅值来表征振动量，当知道主频的振动速度时，可用下式来换算：

$$\overline{S_f} = \frac{v_f}{\omega_f}\sqrt{2} = \frac{v_f}{2\pi f}\sqrt{2} = 0.225\frac{v_f}{f} \tag{8-37}$$

式中　$\overline{S_f}$ ——位移幅值(单峰值)；

v_f ——主频率为 f 的振动速度的均方根值；

ω_f ——角频率，$\omega_f = 2\pi f$。

也可以查图 8－35 得到。

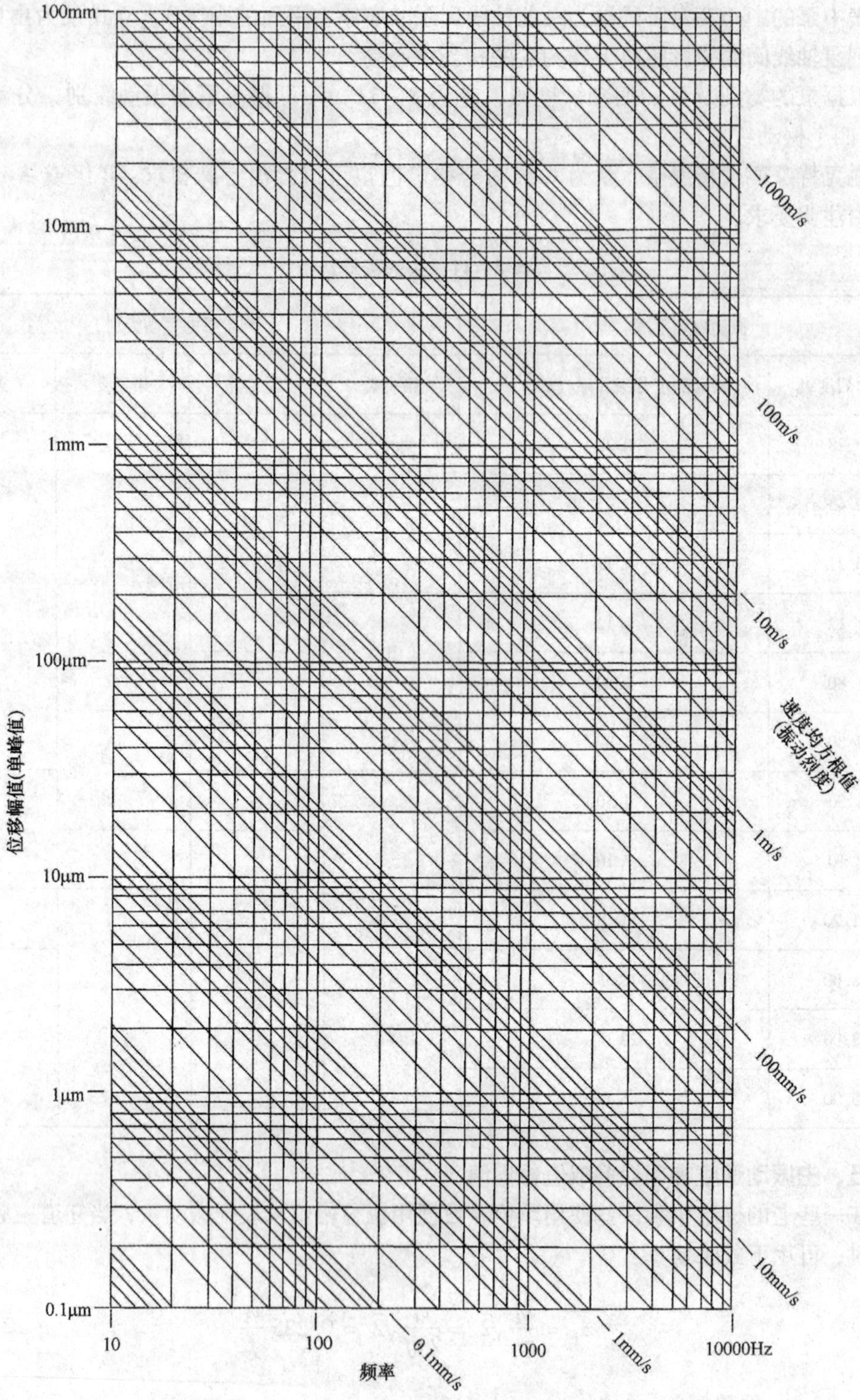

图 8－35　振动速度幅值与位移幅值换算图

第六节　泵的噪声测量与评价

一、测量准确度与测量仪器

测量准确度分为1级精密法、2级工程法和3级简易法三种，泵的测量一般用3级简易法即可，必要时可采用2级工程法。噪声测量常用仪器是声级计。声级计的精度应符合GB/T 3785规定的2型或2型以上的声级计，或准确度相当的其他测试仪器，每次测量前后应进行校准。

声级计使用时，传声器应对准声源方向，当风过大时应使用风罩。

二、泵噪声的测量条件与修正

1. 测量环境

要求除地面以外，应尽量不产生反射，倍距离声压级衰减值不小于5dB，即离泵体1m与2m或0.5m与1m处测得的A声级之差应小于5dB。如不能满足上述要求时，须注明测量场所的条件及倍距离声压级衰减值。

2. 泵的安装条件

测量时，要注意出口节流阀和吸入，排出管路和其他设备的噪声影响，出口节流阀应离泵远些，尽量降低吸入，排出管路的噪声。

3. 泵的运行工况

应在泵规定转速(允许偏差±5%)和规定流量下进行测量。

4. 背景噪声的修正

在测量泵的噪声前，应先测量测点的背景噪声，即被测量的泵不运转时，测三点处的声压级叫背景噪声。当泵工作时测得的A声压级$\overline{L'}_{PA}$与背景噪声的A声压级$\overline{L''}_{PA}$之差ΔL_A大于10dB时，可不考虑背景噪声对测量值的影响，不需修正。如果ΔL_A小于10dB，但大于3dB时，测量有效，但应加以修正，背景噪声修正值K_{1A}(dB)

$$K_{1A}(\mathrm{dB}) = 10\lg\left(\frac{1}{n}\sum_{i=1}^{n}10^{0.1\Delta L_A}\right) \tag{8-38}$$

或按表8-12选取。如果ΔL_A小于3dB时，则背景噪声影响过大，测量结果的准确度就要降低，背景噪声修正值K_{1A}(dB)最大修正值是3dB，这样的测量结果也可以报告，但必须在报告中详细说明。

表8-12　背景噪声的修正值K_{1A}　　dB

泵工作时测得的A声级与背景噪声A声级之差	应减去的修正量K_1
3	3
4	2
5	2
6, 7, 8	1
9, 10	0.5
>10	0

三、泵的声压级、测量方法与平均声压级$\overline{L}_{PA}$的计算

1. 测量方法

泵的噪声测量方法有两种，一种是声功率级测量方法，另一种是声压级测量方法。

声功率测量方法对环境要求较严格，测量计算较繁复，现场不易具备声功率级的测量条件。声压级测量方法测量计算比较方便，但精度不如声功率级测量方法，所以常用于现场测量或条件不具备情况下采用，如有争议时，应以声功率级为准。泵通常采用声压级测量方法，下面主要介绍声压级的测量和评价方法。

2. 测点位置

各类泵测量点位置如图 8－36～图 8－40、图 8－41 所示，其他类型泵的测点可参照决定。

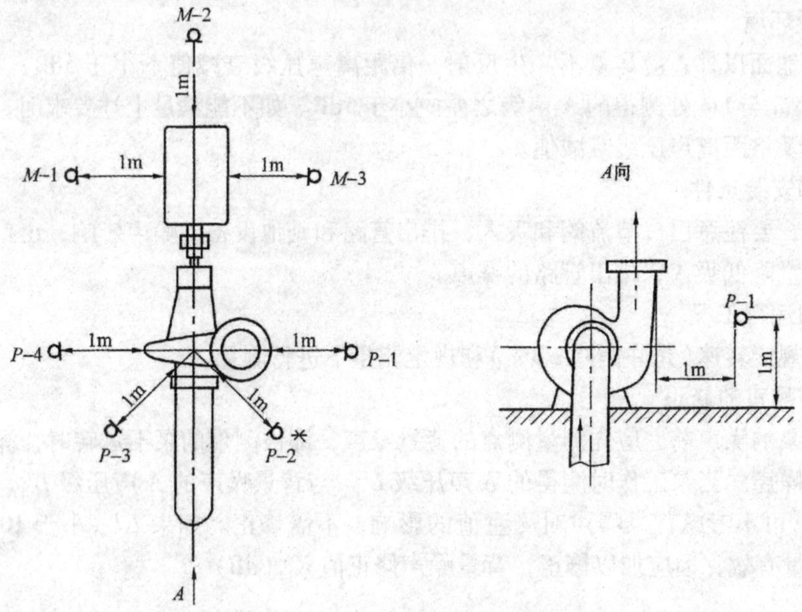

图 8－36　单级离心泵测点位置

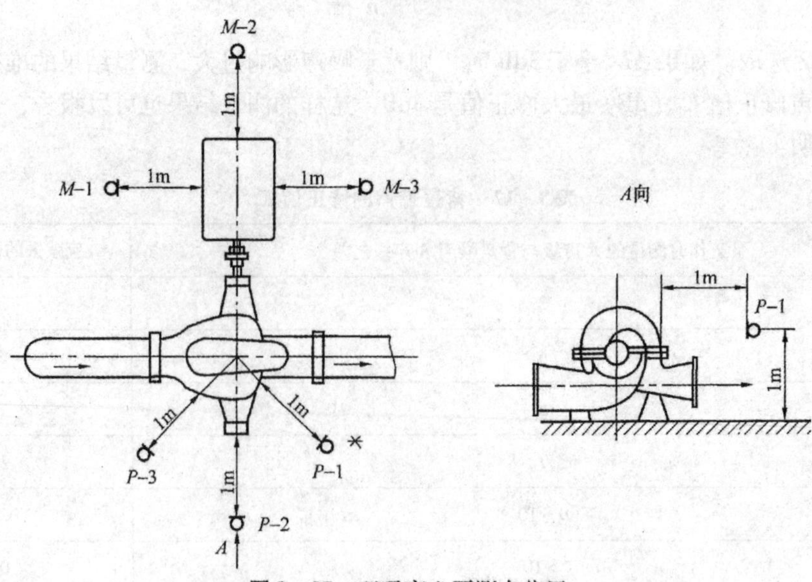

图 8－37　双吸离心泵测点位置

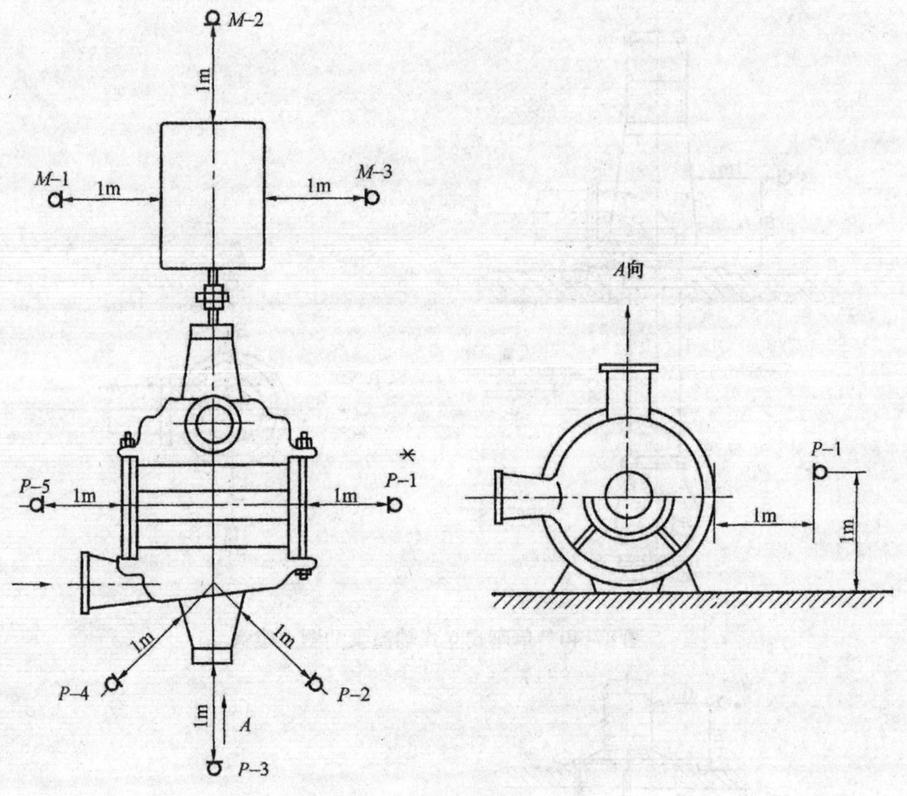

图 8－38　多级离心泵测点位置

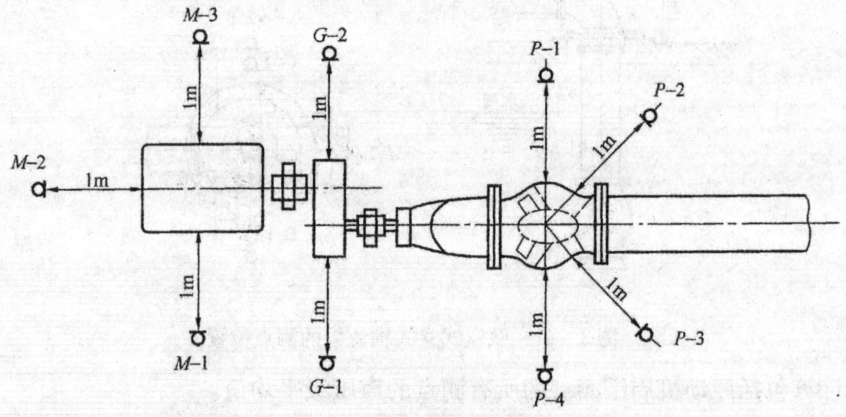

图 8－39　卧式轴流泵与混流泵测点位置

测点离泵体表面水平距离为 1m。

测点高度：当泵的中心高大于 1m 时，测点高规定为 1m；当泵的中心高小于 1m 时测点高为泵的中心高。

3. A 声压级的测定值与平均声压级 $\overline{L}_{PA}$ 的计算

可将规定点测得的 A 声级的测量值 L_{PAi}，对照各测点的背景噪声值 K_{1Ai} 进行修正后，得到的各测点的 A 声压级的测量值 $L_{PAi}-K_{1Ai}$，分别对泵周围各测点（$P_{-1}\sim P_{-5}$）原动机周围测点（$M_{-1}\sim M_{-3}$）进行平均计算。

如果是评价泵的噪声时，则只计算泵周围测点的平均声压级值。如果是考核机组噪声

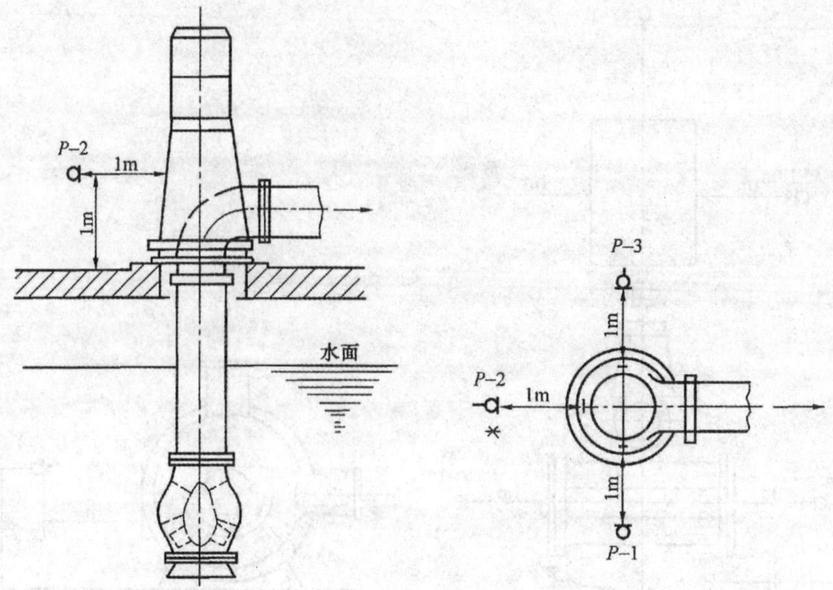

图 8－40　单座式立式轴流泵的测点位置

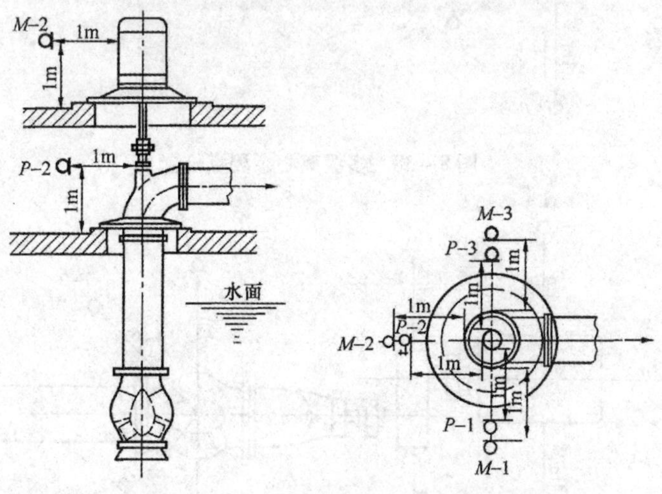

图 8－41　双座式立式轴流泵的测点位置

时，则应计算包括原动机周围测点的所有测点的声压级平均值。

四、泵的噪声级别评价方法

泵中噪声级别划分为 A、B、C、D 四个级别，A 为优，B 为良，C 为合格，D 为不合格。A、B、C、D 四个级别分别用 L_A、L_B、L_C 三个限值来划分，三个限值的计算如下：

$$L_A = 30 + 9.7\lg(P_u n) \tag{8-39}$$

$$L_B = 36 + 9.7\lg(P_u n) \tag{8-40}$$

$$L_C = 42 + 9.7\lg(P_u n) \tag{8-41}$$

式中　L_A、L_B、L_C——划分泵噪声级别的限值，dB；

P_u——泵的输出功率(有效功率)，kW；

n——泵的规定转速，r/min。

当 $\overline{L}_{PA} \leqslant L_A$ 时，泵的噪声评价为 A 级。

$L_A < \overline{L}_{PA} \leqslant L_B$ 时，泵的噪声评价为 B 级。

$L_B < \overline{L}_{PA} \leqslant L_C$ 时，泵的噪声评价为 C 级。

$\overline{L}_{PA} > L_C$ 时，泵的噪声评价为 D 级。

为了方便使用简略计算，将式(8－39)、式(8－40)、式(8－41)绘制成图 8－42 所示的泵的噪声评价图，可不必计算，查图就能直接得出泵的噪声的级别。图中横坐标为泵的输出功率 P_u(kW)，纵坐标为泵的转速 n(r/min)，每条斜线代表具有相同噪声限值的不同泵，图的上下各用一条噪声限值标尺，标尺刻度标示 L_A、L_B、L_C 的值。查找时，以输出功率为横坐标，转速为纵坐标确定交点 M 点，过 M 点作斜线的平行线，该平行线的端点得到在标尺上的刻度 L_A、L_B、L_C 三个限值。

对 $P_u n \leqslant 27101.3$ 的泵，因为它们的 $L_C \leqslant 85$dB，可不去区别其噪声的 A、B 级别，对这些泵

$\overline{L}_{PA} \leqslant 85$dB，泵评价为合格。

$\overline{L}_{PA} > 85$dB，泵评价为不合格。

对 $P_u n \leqslant 27101.3$ 的泵，如果要求评价时，L_A、L_B、L_C 三个限值在图 8－42 中用虚线绘出，可查图 8－42 中虚线得到，一般仅在下列情况下使用：

(1) 要求精确测定泵声源的噪声级，并且需要评价泵声源的噪声水平。

(2) 评价低噪声泵的噪声水平。

(3) 对泵采取低噪声措施后，评价其效果及达到的水平。

(4) 协议合同中有规定的。

【例】 一台多级泵，其参数为：流量 $Q = 450\text{m}^3/\text{h}$，扬程 $H = 600$m，转速 $n = 1480$r/min，测得 A 声级 $\overline{L}_{PA} = 94.6$dB，评价它的噪声级别。

【解 1】 计算法

计算有效功率：

$$P_u = \frac{\rho g Q H}{1000} = \frac{1000 \times 9.8 \times 450 \times 600}{1000 \times 3600} = 735.3(\text{kW})$$

计算 L_A、L_B、L_C 的限值：

将有效功率 $P_u = 735.3$kW，转速 $n = 1480$r/min，代入式(8－39)、式(8－40)、式(8－41)中：

$$L_A = 30 + 9.7\lg(735.3 \times 1480) = 88.6\text{dB}$$
$$L_B = 36 + 9.7\lg(735.3 \times 1480) = 94.6\text{dB}$$
$$L_C = 42 + 9.7\lg(735.3 \times 1480) = 100.6\text{dB}$$

由于 $\overline{L}_{PA} = L_B$，$\overline{L}_{PA} < L_C$

所以该泵的噪声评价为 B 级。

【解 2】 查图法

图 8－42 中，横坐标为泵的有效功率(输出功率) P_u (kW)，纵坐标为转速 n(r/min)，每条斜线代表具有相同噪声限值线图的上下各有一条噪声限值标尺，L_A、L_B、L_C 的值。

查图时，先在横坐标上找出有效功率 $P_u = 735.3$kW 的点，再在纵坐标上找出转速 $n = 1480$r/min 的点，两点的交点为 M 点，过 M 点作限制线的平行线，平行线的端点在标尺上

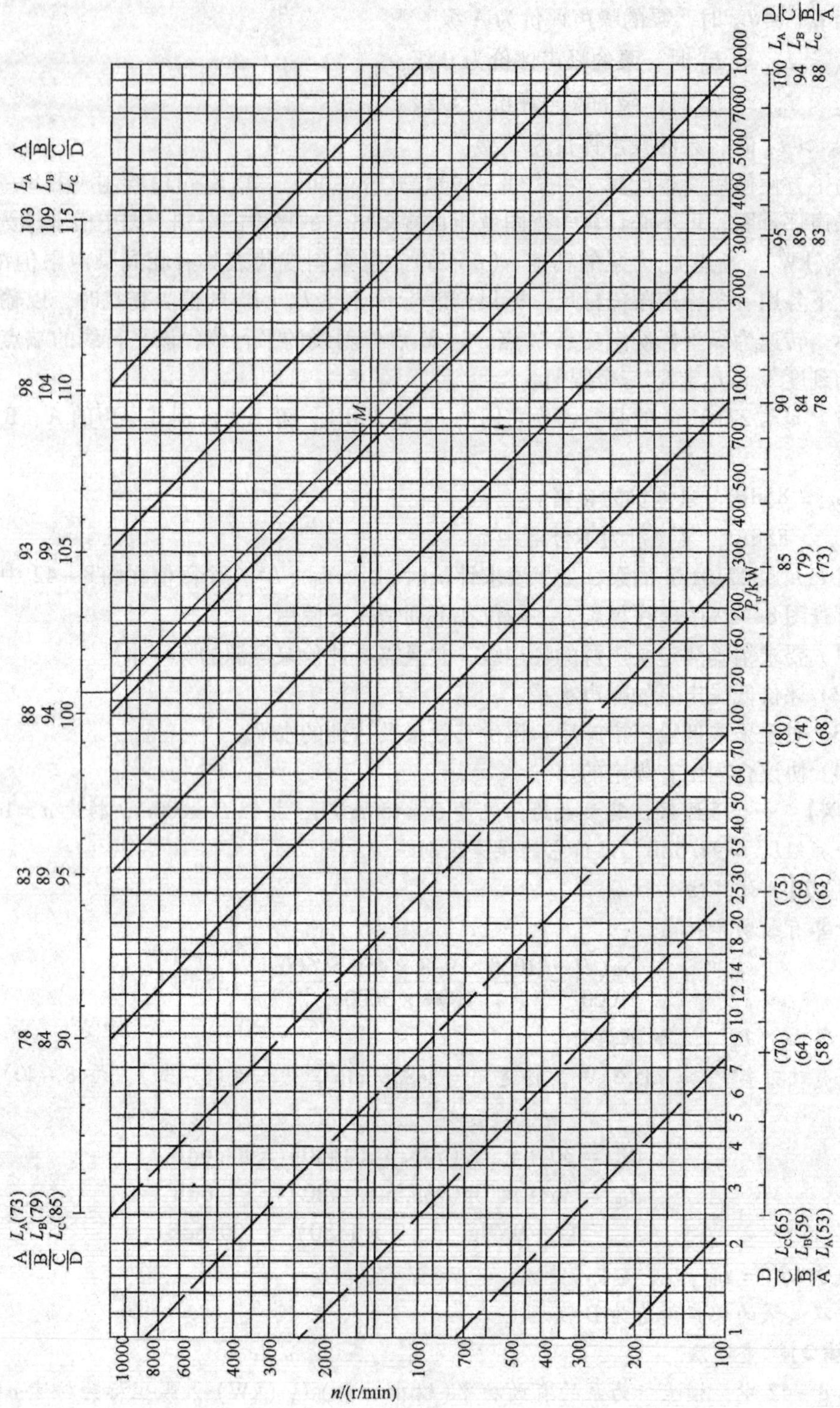

图 8－42　泵的噪声评价线图

得到 L_A 、L_B 、L_C 三个限值：

$$L_A = 88.6\text{dB}$$

$$L_B = 94.6\text{dB}$$

$$L_C = 100.6\text{dB}$$

所以该泵的噪声应评价为 B 级。

* *

参 考 文 献

[1] 沈阳水泵研究所，中国农业机械化科学研究院．叶片泵设计手册．北京：机械工业出版社，1983.

[2] 《离心泵设计基础》编写组．离心泵设计基础．北京：机械工业出版社，1977.

[3] 甘肃工业大学，丁成伟．离心泵与轴流泵．北京：机械工业出版社，1981.

[4] 北京水泵厂．离心泵．北京：机械工业出版社，1976.

[5] 北京有色冶金设计研究总院．机械设计手册．北京：化学工业出版社，2002.

[6] 郑梦海．泵测试实用技术．北京：机械工业出版社，2006.

[7] GB/T 3216—2005，回转动力泵水力性能验收试验　1 级和 2 级[S].

[8] JB/T 8097—1999，泵的振动测量与评价方法[S].

[9] JB/T 8098—1999，泵的噪声测量与评价方法[S].